建设工程施工安全管控丛书

房屋建筑施工安全风险评价手册

主　编　李　欣　　成连华
　　　　　石军胜　　曹东强

中国矿业大学出版社

·徐州·

内 容 提 要

在当前建筑施工领域生产安全形势依然严峻的背景下,制定出各类风险、隐患清单并科学合理评价,是预防建筑施工生产安全事故发生的关键。鉴于此,依据房屋建筑施工相关法规、标准,结合中国二十冶集团有限公司现场安全管理经验和房屋建筑施工领域1 300多份事故调查报告,按照房屋建筑施工风险耦合评价方法对房屋建筑施工涉及的安全基础管理、临时用电、脚手架、起重吊装、通用设备、施工准备、地基与基础、主体工程、安装工程、装饰装修工程等十个部分的风险因素进行风险评价,最终形成本手册。

本手册可作为建筑施工企业指导现场安全管理的工具书,也可作为建筑领域科研人员的参考资料。

图书在版编目(C I P)数据

房屋建筑施工安全风险评价手册/李欣等主编. —
徐州:中国矿业大学出版社,2023.4
ISBN 978 - 7 - 5646 - 5755 - 0

Ⅰ.①房… Ⅱ.①李… Ⅲ.①建筑工程－工程施工－
安全评价－手册 Ⅳ.①TU714-62

中国国家版本馆 CIP 数据核字(2023)第 037377 号

书　　名	房屋建筑施工安全风险评价手册
主　　编	李　欣　成连华　石军胜　曹东强
责任编辑	黄本斌
出版发行	中国矿业大学出版社有限责任公司
	(江苏省徐州市解放南路　邮编221008)
网　　址	http://www.cumtp.com　**E-mail**:cumtpvip@cumtp.com
营销热线	(0516)83884103　83885105
出版服务	(0516)83995789　83884920
印　　刷	苏州市古得堡数码印刷有限公司
开　　本	787 mm×1092 mm　1/16　**印张** 27.75　**字数** 693 千字
版次印次	2023 年 4 月第 1 版　2023 年 4 月第 1 次印刷
定　　价	78.00 元

(图书出现印装质量问题,本社负责调换)

前　言

　　建筑施工具有工期长、工序多、一次性建设、人员流动性大、机械设备繁多、多工种交叉作业、露天作业多、受季节气候影响等特点,且施工过程中存在安全管理不到位、安全生产责任履职不到位、监管不到位、从业人员自我保护意识差、生产安全危险因素多等问题,使得建筑施工风险管控难度大,事故发生率和死亡率居高不下,安全生产形势严峻。安全没有后悔药,生命没有回车键。为此,针对当前房屋建筑施工安全生产形势及暴露的安全问题,推进全风险分级管控和隐患排查治理双重预防机制尤为迫切,而风险评价作为安全风险管控"关口前移"的重要手段,对于提升房屋建筑施工安全管理水平具有重要价值。

　　本手册依据房屋建筑施工领域相关国家法律法规和标准,结合中国二十冶集团有限公司现场管理经验和1 300多起事故调查报告,通过分析、整理、汇总形成了房屋建筑施工中安全基础管理、临时用电、脚手架、起重吊装、通用设备、施工准备、地基与基础、主体工程、安装工程、装饰装修工程等十个部分的风险因素集及其风险评价结果,以期为建筑施工领域安全生产提供理论指导。

　　本手册适用于房屋建筑施工现场安全风险评价,以及冶金、市政等领域施工现场安全风险评价。虽然本手册在编写过程中尽可能识别房屋建筑施工过程中的危险因素,但由于新设备、新技术、新材料的应用和法律法规的更新变化,风险因素变化较快,手册中不足之处恳请批评指正!

　　本手册在编写过程中得到了西安科技大学安全科学与工程学院成连华教授团队的支持和帮助。

作　者

2022 年 10 月

目　　录

1　安全基础管理

　　安全管理主要是组织实施企业安全管理的规划、指导、检查和决策,同时,又是保证生产处于最佳安全状态的根本环节。安全管理的对象是生产中一切人、物、环境,安全管理是一种动态管理。

　　在建设项目施工过程中,管理与人、物、环境有着密不可分的联系,管理因素的缺陷将直接对其他因素产生影响。例如:对员工的安全教育培训不到位将直接影响施工人员的专业技能水平及突发状况的处理能力;安全奖惩不落实将会导致施工过程中人员对安全生产不重视,安全意识降低;组织体系不完善、管理制度不完整、责任不落实、系统管理人员不履职、安全监管不到位等将直接导致施工现场安全隐患增加,安全风险加大。

　　本手册安全基础管理部分主要内容包含安全生产责任体系、安全制度管理、消防管理、劳动防护用品管理、施工组织设计及专项施工方案、设备设施管理、安全教育与培训、分包管理、应急与事故管理、有限空间管理等。

1.1　安全生产责任体系

风险因素	管理要求	管理依据	判定方式	可能性	严重程度	风险值	风险等级	管控措施
(1)安全生产组织体系不健全	**第5.0.1条**　施工企业必须建立安全生产组织体系,明确企业安全生产的决策、管理、实施的机构或岗位。 **第5.0.2条**　施工企业安全生产组织体系应包括各管理层的主要负责人,各相关职能部门及专职安全生产管理机构,相关岗位及专兼职安全管理人员。	《施工企业安全生产管理规范》(GB 50656—2011)	基础管理固有风险定量评价	3	7	21	较大风险	管理措施
(2)安全生产组织体系运行不正常				3	7	21	较大风险	管理措施
(3)未建立安全管理网络				1	3	3	低风险	管理措施

续表

风险因素	管理要求	管理依据	判定方式	可能性	严重程度	风险值	风险等级	管控措施
(4)未建立全员安全生产责任制	**第四条** 生产经营单位必须遵守本法和其他有关安全生产的法律、法规,加强安全生产管理,建立健全全员安全生产责任制和安全生产规章制度,加大对安全生产资金、物资、技术、人员的投入保障力度,改善安全生产条件,加强安全生产标准化、信息化建设,构建安全风险分级管控和隐患排查治理双重预防机制,健全风险防范化解机制,提高安全生产水平,确保安全生产。 平台经济等新兴行业、领域的生产经营单位应当根据本行业、领域的特点,建立健全并落实全员安全生产责任制,加强从业人员安全生产教育和培训,履行本法和其他法律、法规规定的有关安全生产义务。	《中华人民共和国安全生产法》	基础管理固有风险定量评价	10	7	70	重大风险	管理措施
(5)专职安全生产管理人员的配备不符合要求	**第八条** 建筑施工企业安全生产管理机构专职安全生产管理人员的配备应满足下列要求,并应根据企业经营规模、设备管理和生产需要予以增加: (一)建筑施工总承包资质序列企业:特级资质不少于6人;一级资质不少于4人;二级和二级以下资质企业不少于3人。 (二)建筑施工专业承包资质序列企业:一级资质不少于3人;二级和二级以下资质企业不少于2人。 (三)建筑施工劳务分包资质序列企业:不少于2人。 (四)建筑施工企业的分公司、区域公司等较大的分支机构(以下简称分支机构)应依据实际生产情况配备不少于2人的专职安全生产管理人员。	《建筑施工企业安全生产管理机构设置及专职安全生产管理人员配备办法》	基础管理固有风险定量评价	3	7	21	较大风险	管理措施

风险因素	管理要求	管理依据	判定方式	可能性	严重程度	风险值	风险等级	管控措施
(5)专职安全生产管理人员的配备不符合要求	**第十三条**　总承包单位配备项目专职安全生产管理人员应当满足下列要求： (一)建筑工程、装修工程按照建筑面积配备： (1)1万平方米以下的工程不少于1人； (2)1万～5万平方米的工程不少于2人； (3)5万平方米及以上的工程不少于3人，且按专业配备专职安全生产管理人员。 (二)土木工程、线路管道、设备安装工程按照工程合同价配备： (1)5 000万元以下的工程不少于1人； (2)5 000万～1亿元的工程不少于2人； (3)1亿元及以上的工程不少于3人，且按专业配备专职安全生产管理人员。 **第十四条**　分包单位配备项目专职安全生产管理人员应当满足下列要求： (一)专业承包单位应当配置至少1人，并根据所承担的分部分项工程的工程量和施工危险程度增加。 (二)劳务分包单位施工人员在50人以下的，应当配备1名专职安全生产管理人员；50人～200人的，应当配备2名专职安全生产管理人员；200人及以上的，应当配备3名及以上专职安全生产管理人员，并根据所承担的分部分项工程施工危险实际情况增加，不得少于工程施工人员总人数的5‰。	《建筑施工企业安全生产管理机构设置及专职安全生产管理人员配备办法》	基础管理固有风险定量评价	3	7	21	较大风险	管理措施

风险因素	管理要求	管理依据	判定方式	可能性	严重程度	风险值	风险等级	管控措施
（5）专职安全生产管理人员的配备不符合要求	**第十五条** 采用新技术、新工艺、新材料或致害因素多、施工作业难度大的工程项目,项目专职安全生产管理人员的数量应当根据施工实际情况,在第十三条、第十四条规定的配备标准上增加。	《建筑施工企业安全生产管理机构设置及专职安全生产管理人员配备办法》	基础管理固有风险定量评价	3	7	21	较大风险	管理措施
	第三十九条 生产经营单位应当根据法律、法规规定,结合所在行业、领域的安全风险情况,以及本单位从业人员状况,合理设置安全生产管理机构或者配备安全生产管理人员。 矿山、金属冶炼、建筑施工、交通运输和危险物品的生产、经营、储存、装卸单位,从业人员不足300人的,应当至少配备1名专职安全生产管理人员;从业人员300人以上的,至少配备3名专职安全生产管理人员,每增长300人至少增配2名专职安全生产管理人员;从业人员1 000人以上的,至少配备8名专职安全生产管理人员,每增长1 000人至少增配2名专职安全生产管理人员;从业人员5 000人以上的,至少配备15名专职安全生产管理人员。 ……	《上海市安全生产条例》						
（6）未制定施工项目安全管理目标或目标未分解	**第4.0.1条** 施工企业应依据企业的总体发展规划,制定企业年度及中长期管理目标。	《施工企业安全生产管理规范》（GB 50656—2011）	基础管理固有风险定量评价	1	1	1	低风险	管理措施
（7）未制定安全管理目标责任考核规定	**第4.0.2条** 安全管理目标应包括生产安全事故控制指标、安全生产及文明施工管理目标。 **第4.0.3条** 安全管理目标应分解到各管理层及相关职能部门和岗位,并定期进行考核。		基础管理固有风险定量评价	1	1	1	低风险	管理措施
（8）安全管理目标责任考核规定未落实或落实不到位	**第4.0.4条** 施工企业各管理层及相关职能部门和岗位应根据分解的安全管理目标,配置相应的资源,并应有效管理。		基础管理固有风险定量评价	10	3	30	较大风险	管理措施

风险因素	管理要求	管理依据	判定方式	可能性	严重程度	风险值	风险等级	管控措施
(9) 未建立安全生产责任制的考核标准	**第二十二条** 生产经营单位的全员安全生产责任制应当明确各岗位的责任人员、责任范围和考核标准等内容。生产经营单位应当建立相应的机制,加强对全员安全生产责任制落实情况的监督考核,保证全员安全生产责任制的落实。	《中华人民共和国安全生产法》	基础管理固有风险定量评价	10	7	70	重大风险	管理措施
(10) 企业负责人每月检查时间不符合规定要求	**第六条** 建筑施工企业负责人要定期带班检查,每月检查时间不少于其工作日的25%。	《建筑施工企业负责人及项目负责人施工现场带班暂行办法》	基础管理固有风险定量评价	10	3	30	较大风险	管理措施
(11) 项目负责人每月带班时间未达到规定要求	**第十一条** 项目负责人每月带班生产时间不得少于本月施工时间的80%。因其他事务需离开施工现场时,应向工程项目的建设单位请假,经批准后方可离开。离开期间应委托项目相关负责人负责其外出时的日常工作。	《建筑施工企业负责人及项目负责人施工现场带班暂行办法》	基础管理固有风险定量评价	10	3	30	较大风险	管理措施
(12) 主要负责人未按规定履行安全生产工作职责	**第二十一条** 生产经营单位的主要负责人对本单位安全生产工作负有下列职责: (一)建立健全并落实本单位全员安全生产责任制,加强安全生产标准化建设; (二)组织制定并实施本单位安全生产规章制度和操作规程; (三)组织制订并实施本单位安全生产教育和培训计划; (四)保证本单位安全生产投入的有效实施; (五)组织建立并落实安全风险分级管控和隐患排查治理双重预防工作机制,督促、检查本单位的安全生产工作,及时消除生产安全事故隐患; (六)组织制订并实施本单位的生产安全事故应急救援预案; (七)及时、如实报告生产安全事故。	《中华人民共和国安全生产法》	基础管理固有风险定量评价	10	7	70	重大风险	管理措施

1.2 安全制度管理

1.2.1 安全生产费用管理

风险因素	管理要求	管理依据	判定方式	可能性	严重程度	风险值	风险等级	管控措施
(1) 未按规定足额提取安全生产费用	**第十七条** 建设工程施工企业以建筑安装工程造价为依据,于月末按工程进度计算提取企业安全生产费用。提取标准如下: (一) 矿山工程3.5%; (二) 铁路工程、房屋建筑工程、城市轨道交通工程3%; (三) 水利水电工程、电力工程2.5%;	《企业安全生产费用提取和使用管理办法》	基础管理固有风险定量评价	1	7	7	一般风险	管理措施
(2) 未对分包安全防护、文明施工措施费(简称安措费)进行使用监督	(四) 冶炼工程、机电安装工程、化工石油工程、通信工程2%; (五) 市政公用工程、港口与航道工程、公路工程1.5%。 建设工程施工企业编制投标报价应当包含并单列企业安全生产费用,竞标时不得删减。国家对基本建设投资概算另有规定的,从其规定。		基础管理固有风险定量评价	1	7	7	一般风险	管理措施
(3) 未编制安措费使用计划	本办法实施前建设工程项目已经完成招投标并签订合同的,企业安全生产费用按照原规定提取标准执行。 **第8.0.2条** 施工企业应按规定提取安全生产所需的费	《施工企业安全生产管理规范》 (GB 50656—2011)	基础管理固有风险定量评价	1	7	7	一般风险	管理措施
(4) 编制的安措费使用计划未明确费用使用的项目、类别、额度、实施单位及责任者、完成期限等内容	用。安全生产费用应包括安全技术措施、安全教育培训、劳动保护、应急准备等,以及必要的安全评价、监测、检测、论证所需费用。 **第8.0.3条** 施工企业各管理层应根据安全生产管理需要,编制安全生产费用使用计划,明确费用使用的项目、类别、额度、实施单位及责任者、完成期限等内容,并应经审核批准后执行。		基础管理固有风险定量评价	1	7	7	一般风险	管理措施

风险因素	管理要求	管理依据	判定方式	可能性	严重程度	风险值	风险等级	管控措施
（5）安全生产费用管理台账内容不全	第8.0.1条　安全生产费用管理应包括资金的提取、申请、审核审批、支付、使用、统计、分析、审计检查等工作内容。		基础管理固有风险定量评价	1	1	1	低风险	管理措施
（6）未定时上报安全生产费用台账	第8.0.4条　施工企业各管理层相关负责人必须在其管辖范围内，按专款专用、及时足额的要求，组织落实安全生产费用使用计划。 第8.0.5条　施工企业各管理层应建立安全生产费用分类使用台账，应定期统计，并报上一级管理层。 第8.0.7条　施工企业各管理层应对安全生产费用管理情况进行年度汇总分析，并应及时调整安全生产费用的比例。	《施工企业安全生产管理规范》（GB 50656—2011）	基础管理固有风险定量评价	1	1	1	低风险	管理措施
（7）根据安全生产费用的使用情况进行年度分析后未及时调整安全生产费用使用比例			基础管理固有风险定量评价	1	1	1	低风险	管理措施
（8）未定期对安全生产费用计划实施情况进行监督审查	第8.0.6条　施工企业各管理层应定期对下一级管理层的安全生产费用使用计划的实施情况进行监督审查和考核。	《施工企业安全生产管理规范》（GB 50656—2011）	基础管理固有风险定量评价	1	1	1	低风险	管理措施

1.2.2　安全检查制度

风险因素	管理要求	管理依据	判定方式	可能性	严重程度	风险值	风险等级	管控措施
(1) 工程项目部未建立安全检查制度			基础管理固有风险定量评价	10	3	30	较大风险	管理措施
(2) 未定期安全检查	**第3.1.3条**　安全管理保证项目的检查评定应符合下列规定: (4) 安全检查 ① 工程项目部应建立安全检查制度; ② 安全检查应由项目负责人组织,专职安全员及相关专业人员参加,定期进行并填写检查记录; ③ 对检查中发现的事故隐患应下达隐患整改通知单,定人、定时间、定措施进行整改。重大事故隐患整改后,应由相关部门组织复查。	《建筑施工安全检查标准》 (JGJ 59—2011)	基础管理固有风险定量评价	10	3	30	较大风险	管理措施
(3) 未按隐患整改通知单整改事故隐患			基础管理固有风险定量评价	10	7	70	重大风险	技术措施;管理措施;个体防护;应急处置
(4) 重大事故隐患整改后,未由相关部门组织复查			基础管理固有风险定量评价	1	7	7	一般风险	管理措施

风险因素	管理要求	管理依据	判定方式	可能性	严重程度	风险值	风险等级	管控措施
(5) 各类型安全检查不符合要求	**第 15.0.3 条** 施工企业安全检查的形式应包括各管理层的自查、互查以及对下级管理层的抽查等;安全检查的类型应包括日常巡查、专项检查、季节性检查、定期检查、不定期抽查等,并应符合下列要求: (1) 工程项目部每天应结合施工动态,实行安全巡查; (2) 总承包工程项目部应组织各分包单位每周进行安全检查; (3) 施工企业每月应对工程项目施工现场安全生产情况至少进行一次检查,并应针对检查中发现的倾向性问题、安全生产状况较差的工程项目,组织专项检查; (4) 施工企业应针对承建工程所在地区的气候与环境特点,组织季节性的安全检查。	《施工企业安全生产管理规范》(GB 50656—2011)	基础管理固有风险定量评价	10	3	30	较大风险	技术措施;管理措施;应急处置
(6) 未指定专人对专项方案实施情况进行现场监督和监测	**第十七条** ……项目专职安全生产管理人员应当对专项施工方案实施情况进行现场监督,对未按照专项施工方案施工的,应当要求立即整改,并及时报告项目负责人,项目负责人应当及时组织限期整改。 施工单位应当按照规定对危大工程进行施工监测和安全巡视,发现危及人身安全的紧急情况,应当立即组织作业人员撤离危险区域。	《危险性较大的分部分项工程安全管理规定》	基础管理固有风险定量评价	3	3	9	一般风险	技术措施;管理措施;个体防护

1.2.3 施工现场管理制度

风险因素	管理要求	管理依据	判定方式	可能性	严重程度	风险值	风险等级	管控措施
(1) 未设置相应的安全警示标志牌	**第3.1.4条** 安全管理一般项目的检查评定应符合下列规定： (4) 安全标志 ① 施工现场入口处及主要施工区域、危险部位应设置相应的安全警示标志牌； ② 施工现场应绘制安全标志布置图； ③ 应根据工程部位和现场设施的变化，调整安全标志牌设置； ④ 施工现场应设置重大危险源公示牌。	《建筑施工安全检查标准》(JGJ 59—2011)	施工条件定量风险评价	6	3	18	较大风险	管理措施
(2) 施工现场建筑材料管理落实不到位	**第3.2.3条** 文明施工保证项目的检查评定应符合下列规定： (4) 材料管理 ① 建筑材料、构件、料具应按总平面布局进行码放； ② 材料应码放整齐，并应标明名称、规格等； ③ 施工现场材料码放应采取防火、防锈蚀、防雨等措施； ④ 建筑物内施工垃圾的清运，应采用器具或管道运输，严禁随意抛掷； ⑤ 易燃易爆物应分类储藏在专用库房内，并应制定防火措施。		基础管理固有风险定量评价	1	7	7	一般风险	技术措施；管理措施
(3) 未在施工现场显著位置公告危大工程名称	**第十四条** 施工单位应当在施工现场显著位置公告危大工程名称、施工时间和具体责任人员，并在危险区域设置安全警示标志。	《危险性较大的分部分项工程安全管理规定》	施工条件定量风险评价	1	1	1	低风险	管理措施

风险因素	管理要求	管理依据	判定方式	可能性	严重程度	风险值	风险等级	管控措施
(4)未对危大工程作业人员进行登记	**第十七条** 施工单位应当对危大工程施工作业人员进行登记,项目负责人应当在施工现场履职。 项目专职安全生产管理人员应当对专项施工方案实施情况进行现场监督,对未按照专项施工方案施工的,应当要求立即整改,并及时报告项目负责人,项目负责人应当及时组织限期整改。 ……	《危险性较大的分部分项工程安全管理规定》	基础管理固有风险定量评价	1	1	1	低风险	管理措施
(5)危大工程实施期间项目负责人未在现场履职			基础管理固有风险定量评价	1	1	1	低风险	管理措施
(6)未组织危大工程验收擅自进入下一道工序	**第二十一条** 对于按照规定需要验收的危大工程,施工单位、监理单位应当组织相关人员进行验收。验收合格的,经施工单位项目技术负责人及总监理工程师签字确认后,方可进入下一道工序。 危大工程验收合格后,施工单位应当在施工现场明显位置设置验收标识牌,公示验收时间及责任人员。	《危险性较大的分部分项工程安全管理规定》	基础管理固有风险定量评价	6	7	42	重大风险	技术措施;管理措施
(7)危大工程验收合格后未设置验收标识牌			施工条件定量风险评价	6	1	6	一般风险	技术措施;管理措施
(8)未建立危大工程安全管理档案	**第二十四条** 施工、监理单位应当建立危大工程安全管理档案。 施工单位应当将专项施工方案及审核、专家论证、交底、现场检查、验收及整改等相关资料纳入档案管理。 ……	《危险性较大的分部分项工程安全管理规定》	基础管理固有风险定量评价	1	1	1	低风险	管理措施

风险因素	管理要求	管理依据	判定方式	可能性	严重程度	风险值	风险等级	管控措施
(9) 未制定项目安全管理目标或未实施责任考核	第12.0.3条 施工企业的工程项目部应根据企业安全生产管理制度,实施施工现场安全生产管理,应包括下列内容: (1) 制定项目安全管理目标,建立安全生产组织与责任体系,明确安全生产管理职责,实施责任考核; (2) 配置满足安全生产、文明施工要求的费用、从业人员、设施、设备、劳动防护用品及相关的检测器具; (3) 编制安全技术措施、方案、应急预案; (4) 落实施工过程的安全生产措施,组织安全检查,整改安全隐患; (5) 组织施工现场场容场貌、作业环境和生活设施安全文明达标; (6) 组织事故应急救援抢险; (7) 对施工安全生产管理活动进行必要的记录,保存应有的资料。	《施工企业安全生产管理规范》(GB 50656—2011)	基础管理固有风险定量评价	10	1	10	一般风险	管理措施
(10) 施工现场的安全技术措施、应急预案不符合要求			施工条件定量风险评价	6	3	18	较大风险	技术措施;管理措施;应急处置
(11) 施工现场隐患未及时落实整改			基础管理固有风险定量评价	10	3	30	较大风险	技术措施;管理措施
(12) 未对现场安全生产管理活动进行记录			基础管理固有风险定量评价	1	1	1	低风险	管理措施

风险因素	管理要求	管理依据	判定方式	可能性	严重程度	风险值	风险等级	管控措施
（13）施工现场安全生产责任体系不符合要求	第12.0.4条　工程项目部应建立健全安全生产责任体系,安全生产责任体系应符合下列要求: （1）项目经理应为工程项目安全生产第一责任人,应负责分解落实安全生产责任,实施考核奖惩,实现项目安全管理目标; （2）工程项目总承包单位、专业承包和劳务分包单位的项目经理、技术负责人和专职安全生产管理人员,应组成安全管理组织,并应协调、管理现场安全生产;项目经理应按规定到岗带班指挥生产; （3）总承包单位、专业承包和劳务分包单位应按规定配备项目专职安全生产管理人员,负责施工现场各自管理范围内的安全生产日常管理; （4）工程项目部其他管理人员应承担本岗位管理范围内的安全生产职责; （5）分包单位应服从总承包单位管理,并应落实总承包项目部的安全生产要求; （6）施工作业班组应在作业过程中执行安全生产要求; （7）作业人员应严格遵守安全操作规程,并应做到不伤害自己、不伤害他人和不被他人伤害。	《施工企业安全生产管理规范》 （GB 50656—2011）	基础管理固有风险定量评价	10	3	30	较大风险	管理措施

1.2.4 安全技术管理制度

风险因素	管理要求	管理依据	判定方式	可能性	严重程度	风险值	风险等级	管控措施
(1) 电焊工、气焊(割)工、架子工等工种安全技术操作规程未编制或者不齐全	**第 3.1.3 条** 安全管理保证项目的检查评定应符合下列规定: (1) 安全生产责任制 ① 工程项目部应建立以项目经理为第一责任人的各级管理人员安全生产责任制; ② 安全生产责任制应经责任人签字确认; ③ 工程项目部应有各工种安全技术操作规程; ④ 工程项目部应按规定配备专职安全员; ⑤ 对实行经济承包的工程项目,承包合同中应有安全生产考核指标; ⑥ 工程项目部应制定安全生产资金保障制度; ⑦ 按安全生产资金保障制度,应编制安全资金使用计划,并应按计划实施; ⑧ 工程项目部应制定以伤亡事故控制、现场安全达标、文明施工为主要内容的安全生产管理目标; ⑨ 按安全生产管理目标和项目管理人员的安全生产责任制,应进行安全生产责任目标分解; ⑩ 应建立对安全生产责任制和责任目标的考核制度; ⑪ 按考核制度,应对项目管理人员定期进行考核。	《建筑施工安全检查标准》 (JGJ 59—2011)	基础管理固有风险定量评价	3	3	9	一般风险	管理措施
(2) 未制定司索工安全操作规程			基础管理固有风险定量评价	3	3	9	一般风险	管理措施
(3) 未制定颚式破碎机操作规程			基础管理固有风险定量评价	3	3	9	一般风险	管理措施
(4) 未对铝合金模板旧板搬运进行规范,安全操作规程不健全			基础管理固有风险定量评价	3	3	9	一般风险	管理措施

风险因素	管理要求	管理依据	判定方式	可能性	严重程度	风险值	风险等级	管控措施
(5) 安全生产技术管理环节不完善	**第10.0.1条** 施工企业安全技术管理应包括对安全生产技术措施的制定、实施、改进等管理。	《施工企业安全生产管理规范》（GB 50656—2011）	基础管理固有风险定量评价	1	3	3	低风险	技术措施；管理措施
(6) 安全技术交底不符合规范	**第3.1.3条** 安全管理保证项目的检查评定应符合下列规定： (3) 安全技术交底 ① 施工负责人在分派生产任务时，应对相关管理人员、施工作业人员进行书面安全技术交底； ② 安全技术交底应按施工工序、施工部位、施工栋号分部分项进行； ③ 安全技术交底应结合施工作业场所状况、特点、工序，对危险因素、施工方案、规范标准、操作规程和应急措施进行交底； ④ 安全技术交底应由交底人、被交底人、专职安全员进行签字确认。	《建筑施工安全检查标准》（JGJ 59—2011）	基础管理固有风险定量评价	3	7	21	较大风险	技术措施；管理措施；应急处置

风险因素	管理要求	管理依据	判定方式	可能性	严重程度	风险值	风险等级	管控措施
（7）施工负责人在分派生产任务时未对相关管理人员、施工作业人员进行安全技术交底	**第3.1.3条** 安全管理保证项目的检查评定应符合下列规定： （3）安全技术交底 ① 施工负责人在分派生产任务时,应对相关管理人员、施工作业人员进行书面安全技术交底； ② 安全技术交底应按施工工序、施工部位、施工栋号分部分项进行； ③ 安全技术交底应结合施工作业场所状况、特点、工序,对危险因素、施工方案、规范标准、操作规程和应急措施进行交底； ④ 安全技术交底应由交底人、被交底人、专职安全员进行签字确认。	《建筑施工安全检查标准》（JGJ 59—2011）	基础管理固有风险定量评价	3	7	21	较大风险	技术措施
（8）安全技术交底未经交底人、被交底人、专职安全员进行签字确认			基础管理固有风险定量评价	10	3	30	较大风险	技术措施；管理措施；个体防护；应急处置

1.2.5　其他制度

风险因素	管理要求	管理依据	判定方式	可能性	严重程度	风险值	风险等级	管控措施
(1) 未结合法规和企业实际建立安全生产管理制度	**第6.0.1条**　施工企业依据法律法规,结合企业的安全管理目标、生产经营规模、管理体制建立安全生产管理制度。	《施工企业安全生产管理规范》(GB 50656—2011)	基础管理固有风险定量评价	10	3	30	较大风险	管理措施
(2) 安全生产管理制度不健全	**第3.0.2条**　施工企业应根据施工生产特点和规模,并以安全生产责任制为核心,建立健全安全生产管理制度。	《施工企业安全生产管理规范》(GB 50656—2011)	基础管理固有风险定量评价	10	3	30	较大风险	管理措施
(3) 安全生产管理制度内容不齐全	**第6.0.2条**　施工企业安全生产管理制度应包括安全生产教育培训,安全费用管理,施工设施、设备及劳动防护用品的安全管理,安全生产技术管理,分包(供)方安全生产管理,施工现场安全管理,应急救援管理,生产安全事故管理,安全检查和改进,安全考核和奖惩等制度。	《施工企业安全生产管理规范》(GB 50656—2011)	基础管理固有风险定量评价	10	3	30	较大风险	管理措施
(4) 安全生产管理制度未及时更新、修订完善	**第6.0.4条**　施工企业安全生产管理制度,应随有关法律法规以及企业生产经营、管理体制的变化,适时更新、修订完善。	《施工企业安全生产管理规范》(GB 50656—2011)	基础管理固有风险定量评价	10	3	30	较大风险	管理措施

风险因素	管理要求	管理依据	判定方式	可能性	严重程度	风险值	风险等级	管控措施
(5) 未设置门卫值班室			基础管理固有风险定量评价	1	1	1	低风险	管理措施
(6) 未建立门卫值守管理制度	第3.2.3条 文明施工保证项目的检查评定应符合下列规定： (2) 封闭管理 ① 施工现场进出口应设置大门，并应设置门卫值班室； ② 应建立门卫值守管理制度，并应配备门卫值守人员； ③ 施工人员进入施工现场应佩戴工作卡； ④ 施工现场出入口应标有企业名称或标识，并应设置车辆冲洗设施。	《建筑施工安全检查标准》（JGJ 59—2011）	基础管理固有风险定量评价	1	1	1	低风险	管理措施
(7) 未配备专职门卫值守人员			基础管理固有风险定量评价	1	1	1	低风险	管理措施
(8) 施工人员进入施工现场未佩戴工作卡			基础管理固有风险定量评价	1	1	1	低风险	管理措施
(9) 项目专职安全生产管理人员未按要求履职	第12.0.5条 项目专职安全生产管理人员应按规定到岗，并应履行下列主要安全生产职责： (1) 对项目安全生产管理情况应实施巡查，阻止和处理违章指挥、违章作业和违反劳动纪律等现象，并应做好记录； (2) 对危险性较大的分部分项工程应依据方案实施监督并做好记录； (3) 应建立项目安全生产管理档案，并应定期向企业报告项目安全生产情况。	《施工企业安全生产管理规范》（GB 50656—2011）	基础管理固有风险定量评价	10	3	30	较大风险	管理措施

续表

风险因素	管理要求	管理依据	判定方式	可能性	严重程度	风险值	风险等级	管控措施
(10) 项目部在建设行政主管部门及其他相关部门的业务指导与监督检查时,对发现的问题未及时整改回复	第12.0.2条 施工企业的工程项目部应接受建设行政主管部门及其他相关部门的监督检查,对发现的问题应按要求落实整改。	《施工企业安全生产管理规范》(GB 50656—2011)	基础管理固有风险定量评价	10	3	30	较大风险	管理措施
(11) 考核内容不全	第16.0.4条 安全考核应包括下列内容: (1) 安全目标实现程度; (2) 安全职责履行情况; (3) 安全行为; (4) 安全业绩。 第16.0.5条 施工企业应针对生产经营规模和管理状况,明确安全考核的周期,并应及时兑现奖惩。	《施工企业安全生产管理规范》(GB 50656—2011)	基础管理固有风险定量评价	1	1	1	低风险	管理措施
(12) 未明确安全考核周期			基础管理固有风险定量评价	1	1	1	低风险	管理措施
(13) 考核完成后未及时奖励或惩罚			基础管理固有风险定量评价	1	1	1	低风险	管理措施

1.3 消防管理

风险因素	管理要求	管理依据	判定方式	可能性	严重程度	风险值	风险等级	管控措施
(1) 消防安全管理制度不齐全	**第6.1.4条** 施工单位应针对施工现场可能导致火灾发生的施工作业及其他活动,制定消防安全管理制度。消防安全管理应包括下列主要内容:消防安全教育与培训制度;可燃及易燃易爆危险品管理制度;用火、用电、用气管理制度;消防安全检查制度;应急预案演练制度。	《建设工程施工现场消防安全技术规范》(GB 50720—2011)	基础管理固有风险定量评价	10	3	30	较大风险	管理措施
(2) 临时用房和作业场所防火设计不符合规范要求	**第3.2.3条** 文明施工保证项目的检查评定应符合下列规定:	《建筑施工安全检查标准》(JGJ 59—2011)	基础管理固有风险定量评价	1	15	15	较大风险	技术措施;管理措施
(3) 消防通道、消防水源不符合规范要求	(6) 现场防火 ① 施工现场应建立消防安全管理制度,制定消防措施; ② 施工现场临时用房和作业场所的防火设计应符合规范要求; ③ 施工现场应设置消防通道、消防水源,并应符合规范要求;		施工条件定量风险评价	6	3	18	较大风险	技术措施;管理措施
(4) 灭火器材失效或布局不符合要求	④ 施工现场灭火器材应保证可靠有效,布局配置应符合规范要求;		施工条件定量风险评价	3	3	9	一般风险	技术措施;管理措施;个体防护;应急处置
(5) 明火作业未履行动火审批手续并配备监护人员	⑤ 明火作业应履行动火审批手续,配备动火监护人员。		基础管理固有风险定量评价	3	3	9	一般风险	技术措施;管理措施

风险因素	管理要求	管理依据	判定方式	可能性	严重程度	风险值	风险等级	管控措施
(6)施工现场出入口的设置不满足消防车通行要求	**第3.1.3条** 施工现场出入口的设置应满足消防车通行的要求,并宜布置在不同方向,其数量不宜少于2个,当确有困难只能设置1个出入口时,应在施工现场内设置满足消防车通行的环形道路。	《建设工程施工现场消防安全技术规范》(GB 50720—2011)	施工条件定量风险评价	6	1	6	一般风险	技术措施;管理措施
(7)消防给水及消火栓系统施工前条件不符合要求	**第12.1.4条** 消防给水及消火栓系统施工前应具备下列条件: (1)施工图应经国家相关机构审查审核批准或备案后再施工; (2)平面图、系统图(展开系统原理图)、详图等图纸及说明书、设备表、材料表等技术文件应齐全; (3)设计单位应向施工、建设、监理单位进行技术交底; (4)系统主要设备、组件、管材管件及其他设备、材料,应能保证正常施工; (5)施工现场及施工中使用的水、电、气应满足施工要求。	《消防给水及消火栓系统技术规范》(GB 50974—2014)	施工条件定量风险评价	6	3	18	较大风险	技术措施;管理措施
(8)未按规定布置固定动火作业场所	**第3.1.5条** 固定动火作业场应布置在可燃材料堆场及其加工场、易燃易爆危险品库房等全年最小频率风向的上风侧,并宜布置在临时办公用房、宿舍、可燃材料库房、在建工程等全年最小频率风向的上风侧。	《建设工程施工现场消防安全技术规范》(GB 50720—2011)	施工条件定量风险评价	6	3	18	较大风险	技术措施;管理措施

风险因素	管理要求	管理依据	判定方式	可能性	严重程度	风险值	风险等级	管控措施
(9)可燃材料及易燃易爆危险品最小间距不够	**第6.2.2条** 可燃材料及易燃易爆危险品应按计划限量进场。进场后,可燃材料宜存放于库房内,露天存放时,应分类成垛堆放,垛高不应超过2 m,单垛体积不应超过50 m³,垛与垛之间的最小间距不应小于2 m,且应采用不燃或难燃材料覆盖;易燃易爆危险品应分类专库储存,库房内应通风良好,并应设置严禁明火标志。	《建设工程施工现场消防安全技术规范》(GB 50720—2011)	施工条件定量风险评价	3	7	21	重大风险	技术措施;管理措施
(10)易燃易爆危险品库房的安全距离不符合要求	**第3.1.6条** 易燃易爆危险品库房应远离明火作业区、人员密集区和建筑物相对集中区。 **第3.2.1条** 易燃易爆危险品库房与在建工程的防火间距不应小于15 m……	《建设工程施工现场消防安全技术规范》(GB 50720—2011)	施工条件定量风险评价	3	7	21	重大风险	技术措施;管理措施;应急处置
(11)可燃材料堆场及其加工场、固定动火作业场等与在建工程的防火间距不符合要求	**第3.2.1条** 易燃易爆危险品库房与在建工程的防火间距不应小于15 m,可燃材料堆场及其加工场、固定动火作业场与在建工程的防火间距不应小于10 m,其他临时用房、临时设施与在建工程的防火间距不应小于6 m。	《建设工程施工现场消防安全技术规范》(GB 50720—2011)	施工条件定量风险评价	3	7	21	重大风险	技术措施;管理措施;应急处置
(12)在架空电力线路下布置可燃材料堆场、加工场、易燃易爆危险品库房	**第3.1.7条** 可燃材料堆场及其加工场、易燃易爆危险品库房不应布置在架空电力线下。	《建设工程施工现场消防安全技术规范》(GB 50720—2011)	施工条件定量风险评价	3	7	21	重大风险	技术措施;管理措施

续表

风险因素	管理要求	管理依据	判定方式	可能性	严重程度	风险值	风险等级	管控措施
（13）临时用房和在建工程未采取可靠的防火技术措施	第4.1.1条 临时用房和在建工程应采取可靠的防火分隔和安全疏散等防火技术措施。	《建设工程施工现场消防安全技术规范》（GB 50720—2011）	基础管理固有风险定量评价	3	3	9	一般风险	技术措施；管理措施
（14）施工现场未设置临时消防设施	第5.1.1条 施工现场应设置灭火器、临时消防给水系统和应急照明等临时消防设施。	《建设工程施工现场消防安全技术规范》（GB 50720—2011）	基础管理固有风险定量评价	6	1	6	一般风险	技术措施；管理措施
（15）施工现场的消火栓泵未采用专用消防配电线路	第5.1.4条 施工现场的消火栓泵应采用专用消防配电线路。专用消防配电线路应自施工现场总配电箱的总断路器上端接入，且应保持不间断供电。	《建设工程施工现场消防安全技术规范》（GB 50720—2011）	基础管理固有风险定量评价	6	1	6	一般风险	技术措施；管理措施
（16）施工现场临时用房选址不符合安全、消防要求	第3.0.7条 施工现场临时设施、临时道路的设置应科学合理，并应符合安全、消防、节能、环保等有关规定……	《建设工程施工现场环境与卫生标准》（JGJ 146—2013）	基础管理固有风险定量评价	1	15	15	较大风险	技术措施；管理措施
	第3.1.5条 固定动火作业场应布置在可燃材料堆场及其加工场、易燃易爆危险品库房等全年最小频率风向的上风侧，并宜布置在临时办公用房、宿舍、可燃材料库房、在建工程等全年最小频率风向的上风侧。	《建设工程施工现场消防安全技术规范》（GB 50720—2011）						

风险因素	管理要求	管理依据	判定方式	可能性	严重程度	风险值	风险等级	管控措施
(17) 施工现场防火技术方案编制内容不齐全	**第6.1.5条** 施工单位应编制施工现场防火技术方案,并应根据现场情况变化及时对其修改、完善。防火技术方案应包括下列主要内容: (1) 施工现场重大火灾危险源辨识。 (2) 施工现场防火技术措施。 (3) 临时消防设施、临时疏散设施配备。 (4) 临时消防设施和消防警示标识布置图。	《建设工程施工现场消防安全技术规范》(GB 50720—2011)	基础管理固有风险定量评价	1	3	3	低风险	技术措施;管理措施
(18) 施工现场灭火及应急疏散预案内容不齐全	**第6.1.6条** 施工单位应编制施工现场灭火及应急疏散预案。灭火及应急疏散预案应包括下列主要内容: (1) 应急灭火处置机构及各级人员应急处置职责。 (2) 报警、接警处置的程序和通讯联络的方式。 (3) 扑救初起火灾的程序和措施。 (4) 应急疏散及救援的程序和措施。	《建设工程施工现场消防安全技术规范》(GB 50720—2011)	基础管理固有风险定量评价	1	3	3	低风险	技术措施;管理措施
(19) 施工现场未建立消防组织机构	**第6.1.3条** 施工单位应根据建设项目规模、现场消防安全管理的重点,在施工现场建立消防安全管理组织机构及义务消防组织,并应确定消防安全负责人和消防安全管理人员,同时应落实相关人员的消防安全管理责任。	《建设工程施工现场消防安全技术规范》(GB 50720—2011)	基础管理固有风险定量评价	3	7	21	较大风险	管理措施
(20) 未指定消防责任人及管理人员落实责任			基础管理固有风险定量评价	10	7	70	重大风险	管理措施

风险因素	管理要求	管理依据	判定方式	可能性	严重程度	风险值	风险等级	管控措施
（21）施工管理人员未向作业人员进行消防安全技术交底	**第6.1.8条** 施工作业前，施工现场的施工管理人员应向作业人员进行消防安全技术交底。消防安全技术交底应包括下列主要内容： （1）施工过程中可能发生火灾的部位或环节。 （2）施工过程应采取的防火措施及应配备的临时消防设施。 （3）初起火灾的扑救方法及注意事项。 （4）逃生方法及路线。	《建设工程施工现场消防安全技术规范》（GB 50720—2011）	基础管理固有风险定量评价	3	3	9	一般风险	管理措施
（22）消防安全管理人员未向施工人员进行消防安全教育和培训	**第6.1.7条** 施工人员进场时，施工现场的消防安全管理人员应向施工人员进行消防安全教育和培训。消防安全教育和培训应包括下列内容： （1）施工现场消防安全管理制度、防火技术方案、灭火及应急疏散预案的主要内容。 （2）施工现场临时消防设施的性能及使用、维护方法。 （3）扑灭初起火灾及自救逃生的知识和技能。 （4）报警、接警的程序和方法。	《建设工程施工现场消防安全技术规范》（GB 50720—2011）	基础管理固有风险定量评价	10	3	30	较大风险	管理措施
（23）未将临时消防设施纳入施工现场总平面布局	**第3.1.2条** 下列临时用房和临时设施应纳入施工现场总平面布局： （1）施工现场的出入口、围墙、围挡。 （2）场内临时道路。 （3）给水管网或管路和配电线路敷设或架设的走向、高度。 （4）施工现场办公用房、宿舍、发电机房、变配电房、可燃材料库房、易燃易爆危险品库房、可燃材料堆场及其加工场、固定动火作业场等。 （5）临时消防车道、消防救援场地和消防水源。	《建设工程施工现场消防安全技术规范》（GB 50720—2011）	基础管理固有风险定量评价	3	3	9	一般风险	技术措施；管理措施

风险因素	管理要求	管理依据	判定方式	可能性	严重程度	风险值	风险等级	管控措施
(24) 施工现场用火不规范	第6.3.1条　施工现场用火应符合下列规定： (1) 动火作业应办理动火许可证；动火许可证的签发人收到动火申请后，应前往现场查验并确认动火作业的防火措施落实后，再签发动火许可证。 (2) 动火操作人员应具有相应资格。 (3) 焊接、切割、烘烤或加热等动火作业前，应对作业现场的可燃物进行清理；作业现场及其附近无法移走的可燃物应采用不燃材料对其覆盖或隔离。 (4) 施工作业安排时，宜将动火作业安排在使用可燃建筑材料的施工作业前进行。确需在使用可燃建筑材料的施工作业之后进行动火作业时，应采取可靠的防火措施。 (5) 裸露的可燃材料上严禁直接进行动火作业。 (6) 焊接、切割、烘烤或加热等动火作业应配备灭火器材，并应设置动火监护人进行现场监护，每个动火作业点均应设置1个监护人。 (7) 五级(含五级)以上风力时，应停止焊接、切割等室外动火作业；确需动火作业时，应采取可靠的挡风措施。 (8) 动火作业后，应对现场进行检查，并应在确认无火灾危险后，动火操作人员再离开。 (9) 具有火灾、爆炸危险的场所严禁明火。 (10) 施工现场不应采用明火取暖。 (11) 厨房操作间炉灶使用完毕后，应将炉火熄灭，排油烟机及油烟管道应定期清理油垢。	《建设工程施工现场消防安全技术规范》(GB 50720—2011)	基础管理固有风险定量评价	3	3	9	一般风险	技术措施；管理措施
(25) 动火作业人员不具备相应资格			基础管理固有风险定量评价	6	3	18	较大风险	技术措施
(26) 动火作业前未清理周边可燃物			施工条件定量风险评价	6	3	18	较大风险	技术措施；管理措施；个体防护
(27) 现场可燃物附近动火作业时未采取有效措施			施工条件定量风险评价	6	3	18	较大风险	技术措施；管理措施；个体防护
(28) 五级以上风力时未采取有效挡风措施			施工条件定量风险评价	6	3	18	较大风险	技术措施；管理措施；个体防护
(29) 动火作业完成后未确认火灾危险			施工条件定量风险评价	6	3	18	较大风险	技术措施；管理措施；个体防护
(30) 施工现场使用明火取暖			施工条件定量风险评价	6	3	18	较大风险	技术措施；管理措施；个体防护

续表

风险因素	管理要求	管理依据	判定方式	可能性	严重程度	风险值	风险等级	管控措施
(31) 消防安全负责人未定期开展消防安全检查	**第6.1.9条** 施工过程中,施工现场的消防安全负责人应定期组织消防安全管理人员对施工现场的消防安全进行检查。消防安全检查应包括下列主要内容: (1) 可燃物及易燃易爆危险品的管理是否落实。 (2) 动火作业的防火措施是否落实。 (3) 用火、用电、用气是否存在违章操作,电、气焊及保温防水施工是否执行操作规程。 (4) 临时消防设施是否完好有效。 (5) 临时消防车道及临时疏散设施是否畅通。	《建设工程施工现场消防安全技术规范》(GB 50720—2011)	基础管理固有风险定量评价	10	3	30	较大风险	技术措施;管理措施
(32) 施工单位未做好施工现场临时消防设施维护工作	**第6.4.2条** 施工单位应做好施工现场临时消防设施的日常维护工作,对已失效、损坏或丢失的消防设施应及时更换、修复或补充。	《建设工程施工现场消防安全技术规范》(GB 50720—2011)	基础管理固有风险定量评价	3	3	9	一般风险	技术措施;管理措施
(33) 临时用房、临时设施的布置不符合要求	**第3.1.1条** 临时用房、临时设施的布置应满足现场防火、灭火及人员安全疏散的要求。	《建设工程施工现场消防安全技术规范》(GB 50720—2011)	基础管理固有风险定量评价	1	7	7	一般风险	技术措施;管理措施
(34) 施工现场临时消防车道与可燃物堆场距离大于40 m	**第3.3.1条** 施工现场内应设置临时消防车道,临时消防车道与在建工程、临时用房、可燃材料堆场及其加工场的距离不宜小于5 m,且不宜大于40 m;施工现场周边道路满足消防车通行及灭火救援要求时,施工现场内可不设置临时消防车道。	《建设工程施工现场消防安全技术规范》(GB 50720—2011)	基础管理固有风险定量评价	3	3	9	一般风险	技术措施;管理措施

风险因素	管理要求	管理依据	判定方式	可能性	严重程度	风险值	风险等级	管控措施
（35）宿舍、办公用房防火设计不符合要求	**第4.2.1条** 宿舍、办公用房防火设计应符合下列规定： （1）建筑构件的燃烧性能等级应为A级。当采用金属夹芯板材时，其芯材的燃烧性能等级应为A级。 （2）建筑层数不应超过3层，每层建筑面积不应大于300 m^2。 （3）层数为3层或每层建筑面积大于200 m^2时，应设置至少2部疏散楼梯，房间疏散门至疏散楼梯的最大距离不应大于25 m。 （4）单面布置用房时，疏散走道的净宽度不应小于1.0 m；双面布置用房时，疏散走道的净宽度不应小于1.5 m。 （5）疏散楼梯的净宽度不应小于疏散走道的净宽度。 （6）宿舍房间的建筑面积不应大于30 m^2，其他房间的建筑面积不宜大于100 m^2。 （7）房间内任一点至最近疏散门的距离不应大于15 m，房门的净宽度不应小于0.8 m；房间建筑面积超过50 m^2时，房门的净宽度不应小于1.2 m。 （8）隔墙应从楼地面基层隔断至顶板基层底面。	《建设工程施工现场消防安全技术规范》（GB 50720—2011）	基础管理固有风险定量评价	1	7	7	一般风险	技术措施；管理措施

风险因素	管理要求	管理依据	判定方式	可能性	严重程度	风险值	风险等级	管控措施
(36) 在建工程作业场所临时疏散通道的设置不符合要求	**第4.3.2条** 在建工程作业场所临时疏散通道的设置应符合下列规定： (1) 耐火极限不应低于 0.5 h。 (2) 设置在地面上的临时疏散通道,其净宽度不应小于 1.5 m;利用在建工程施工完毕的水平结构、楼梯作临时疏散通道时,其净宽度不宜小于 1.0 m;用于疏散的爬梯及设置在脚手架上的临时疏散通道,其净宽度不应小于 0.6 m。 (3) 临时疏散通道为坡道,且坡度大于 25°时,应修建楼梯或台阶踏步或设置防滑条。 (4) 临时疏散通道不宜采用爬梯,确需采用时,应采取可靠固定措施。 (5) 临时疏散通道的侧面为临空面时,应沿临空面设置高度不小于 1.2 m 的防护栏杆。 (6) 临时疏散通道设置在脚手架上时,脚手架应采用不燃材料搭设。 (7) 临时疏散通道应设置明显的疏散指示标识。 (8) 临时疏散通道应设置照明设施。	《建设工程施工现场消防安全技术规范》(GB 50720—2011)	基础管理固有风险定量评价	3	3	9	一般风险	技术措施;管理措施
(37) 作业场所未设置安全疏散示意图和疏散指示标志	**第4.3.6条** 作业场所应设置明显的疏散指示标志,其指示方向应指向最近的临时疏散通道入口。 **第4.3.7条** 作业层的醒目位置应设置安全疏散示意图。	《建设工程施工现场消防安全技术规范》(GB 50720—2011)	施工条件定量风险评价	6	3	18	较大风险	管理措施
(38) 现场临时消防系统未设置醒目标识	**第5.1.6条** 临时消防给水系统的贮水池、消火栓泵、室内消防竖管及水泵接合器等应设置醒目标识。	《建设工程施工现场消防安全技术规范》(GB 50720—2011)	施工条件定量风险评价	6	3	18	较大风险	管理措施

风险因素	管理要求	管理依据	判定方式	可能性	严重程度	风险值	风险等级	管控措施
(39) 在建工程及临时用房的场所,未按要求配备灭火器	第5.2.1条　在建工程及临时用房的下列场所应配置灭火器: (1) 易燃易爆危险品存放及使用场所。 (2) 动火作业场所。 (3) 可燃材料存放、加工及使用场所。 (4) 厨房操作间、锅炉房、发电机房、变配电房、设备用房、办公用房、宿舍等临时用房。 (5) 其他具有火灾危险的场所。	《建设工程施工现场消防安全技术规范》(GB 50720—2011)	施工条件定量风险评价	6	3	18	较大风险	管理措施
(40) 临时消防用水量不符合要求	第5.3.2条　临时消防用水量应为临时室外消防用水量与临时室内消防用水量之和。 第5.3.3条　临时室外消防用水量应按临时用房和在建工程的临时室外消防用水量的较大者确定,施工现场火灾次数可按同时发生1次确定。	《建设工程施工现场消防安全技术规范》(GB 50720—2011)	施工条件定量风险评价	3	3	9	一般风险	技术措施;管理措施
(41) 建筑高度大于24 m 未设置临时室内消防给水系统	第5.3.8条　建筑高度大于24 m 或单体体积超过30 000 m³的在建工程,应设置临时室内消防给水系统。	《建设工程施工现场消防安全技术规范》(GB 50720—2011)	施工条件定量风险评价	6	3	18	较大风险	技术措施;管理措施
(42) 严寒和寒冷地区的现场临时消防给水系统未采取防冻措施	第5.3.18条　严寒和寒冷地区的现场临时消防给水系统应采取防冻措施。	《建设工程施工现场消防安全技术规范》(GB 50720—2011)	施工条件定量风险评价	6	3	18	较大风险	技术措施;管理措施

风险因素	管理要求	管理依据	判定方式	可能性	严重程度	风险值	风险等级	管控措施
（43）施工现场遮挡、挪动疏散指示标识或挪用消防设施	第6.4.3条　临时消防车道、临时疏散通道、安全出口应保持畅通，不得遮挡、挪动疏散指示标识，不得挪用消防设施。 第6.4.4条　施工期间，不应拆除临时消防设施及临时疏散设施。 第6.4.5条　施工现场严禁吸烟。	《建设工程施工现场消防安全技术规范》（GB 50720—2011）	施工条件定量风险评价	6	3	18	较大风险	管理措施
（44）施工期间拆除临时消防设施及临时疏散设施			施工条件定量风险评价	6	3	18	较大风险	管理措施；个体防护
（45）施工现场未设置禁止吸烟标识			施工条件定量风险评价	3	3	9	一般风险	管理措施
（46）施工现场未设置安全消防设施及安全疏散设施	第16.7.3条　施工现场应设置安全消防设施及安全疏散设施，并应定期进行防火巡查。	《钢结构工程施工规范》（GB 50755—2012）	施工条件定量风险评价	6	3	18	较大风险	技术措施；管理措施
（47）施工现场未定期进行防火巡查			基础管理固有风险定量评价	10	3	30	较大风险	管理措施
（48）气体切割和高空焊接作业时，未清除作业区危险易燃物	第16.7.4条　气体切割和高空焊接作业时，应清除作业区危险易燃物，并应采取防火措施。	《钢结构工程施工规范》（GB 50755—2012）	施工条件定量风险评价	6	3	18	较大风险	技术措施；管理措施
（49）气体切割和高空焊接作业时，未采取防火措施			施工条件定量风险评价	6	3	18	较大风险	技术措施；管理措施

1.4 劳动防护用品管理

风险因素	管理要求	管理依据	判定方式	可能性	严重程度	风险值	风险等级	管控措施
(1)未按标准配备劳动防护用品	**第4.0.1条** 建筑施工企业应选定劳动防护用品的合格供货方,为作业人员配备的劳动防护用品必须符合国家有关标准,应具备生产许可证、产品合格证等相关资料。经本单位安全生产管理部门审查合格后方可使用。 建筑施工企业不得采购和使用无厂家名称、无产品合格证、无安全标志的劳动防护用品。	《建筑施工作业劳动防护用品配备及使用标准》(JGJ 184—2009)	基础管理固有风险定量评价	10	3	30	较大风险	管理措施;个体防护
(2)作业人员进入施工现场未配备个人防护用品	**第2.0.2条** 从事施工作业人员必须配备符合国家现行有关标准的劳动防护用品,并应按规定正确使用。	《建筑施工作业劳动防护用品配备及使用标准》(JGJ 184—2009)	基础管理固有风险定量评价	10	3	30	较大风险	管理措施;个体防护
(3)施工作业人员在无可靠安全防护设施的高处作业时,未系挂安全带			基础管理固有风险定量评价	10	3	30	较大风险	管理措施;个体防护
(4)从事机械作业的女工及长发者未配备个人防护用品	**第2.0.5条** 从事机械作业的女工及长发者应配备工作帽等个人防护用品。	《建筑施工作业劳动防护用品配备及使用标准》(JGJ 184—2009)	基础管理固有风险定量评价	10	3	30	较大风险	管理措施;个体防护

风险因素	管理要求	管理依据	判定方式	可能性	严重程度	风险值	风险等级	管控措施
(5)登高架设作业、起重吊装作业、自然强光环境下作业的施工人员未配备劳动防护用品	**第2.0.6条** 从事登高架设作业、起重吊装作业的施工人员应配备防止滑落的劳动防护用品,应为从事自然强光环境下作业的施工人员配备防止强光伤害的劳动防护用品。	《建筑施工作业劳动防护用品配备及使用标准》(JGJ 184—2009)	基础管理固有风险定量评价	10	3	30	较大风险	管理措施;个体防护
(6)临时用电工程作业的施工人员未配备劳动防护用品	**第2.0.7条** 从事施工现场临时用电工程作业的施工人员应配备防止触电的劳动防护用品。	《建筑施工作业劳动防护用品配备及使用标准》(JGJ 184—2009)	基础管理固有风险定量评价	10	3	30	较大风险	管理措施;个体防护
(7)焊接作业的施工人员未配备劳动防护用品	**第2.0.8条** 从事焊接作业的施工人员应配备防止触电、灼伤、强光伤害的劳动防护用品。	《建筑施工作业劳动防护用品配备及使用标准》(JGJ 184—2009)	基础管理固有风险定量评价	10	3	30	较大风险	管理措施;个体防护
(8)从事锅炉、压力容器、管道安装作业的施工人员未配备劳动防护用品	**第2.0.9条** 从事锅炉、压力容器、管道安装作业的施工人员应配备防止触电、强光伤害的劳动防护用品。	《建筑施工作业劳动防护用品配备及使用标准》(JGJ 184—2009)	基础管理固有风险定量评价	10	3	30	较大风险	管理措施;个体防护
(9)从事防水、防腐和油漆作业的施工人员未配备劳动防护用品	**第2.0.10条** 从事防水、防腐和油漆作业的施工人员应配备防止触电、中毒、灼伤的劳动防护用品。	《建筑施工作业劳动防护用品配备及使用标准》(JGJ 184—2009)	基础管理固有风险定量评价	10	3	30	较大风险	管理措施;个体防护

风险因素	管理要求	管理依据	判定方式	可能性	严重程度	风险值	风险等级	管控措施
(10) 未给从事基础施工、主体结构、屋面施工、装饰装修作业人员配备劳动防护用品	**第2.0.11条** 从事基础施工、主体结构、屋面施工、装饰装修作业人员应配备防止身体、手足、眼部等受到伤害的劳动防护用品。	《建筑施工作业劳动防护用品配备及使用标准》(JGJ 184—2009)	基础管理固有风险定量评价	10	3	30	较大风险	管理措施;个体防护
(11) 作业人员继续使用达到年限或报废标准的劳动防护用品	**第4.0.2条** 劳动防护用品的使用年限应按国家现行相关标准执行。劳动防护用品达到使用年限或报废标准的应由建筑施工企业统一收回报废,并应为作业人员配备新的劳动防护用品。劳动防护用品有定期检测要求的应按照其产品的检测周期进行检测。	《建筑施工作业劳动防护用品配备及使用标准》(JGJ 184—2009)	基础管理固有风险定量评价	10	3	30	较大风险	管理措施;个体防护
(12) 建筑施工企业未对从业人员使用劳动防护用品进行教育培训	**第4.0.4条** 建筑施工企业应教育从业人员按照劳动防护用品使用规定和防护要求,正确使用劳动防护用品。	《建筑施工作业劳动防护用品配备及使用标准》(JGJ 184—2009)	基础管理固有风险定量评价	10	3	30	较大风险	管理措施;个体防护
(13) 用人单位未按要求给作业人员按工种配备劳动防护用品	**第2.0.3条** 劳动防护用品的配备,应按照"谁用工,谁负责"的原则,由用人单位为作业人员按作业工种配备。	《建筑施工作业劳动防护用品配备及使用标准》(JGJ 184—2009)	基础管理固有风险定量评价	10	3	30	较大风险	管理措施;个体防护

续表

风险因素	管理要求	管理依据	判定方式	可能性	严重程度	风险值	风险等级	管控措施
(14) 冬季施工时未按要求配备防寒类防护用品	**第2.0.12条**　冬期施工期间或作业环境温度较低的,应为作业人员配备防寒类防护用品。	《建筑施工作业劳动防护用品配备及使用标准》(JGJ 184—2009)	基础管理固有风险定量评价	10	1	10	一般风险	管理措施;个体防护
(15) 雨期施工期间未按要求给室外作业人员配备防护用品	**第2.0.13条**　雨期施工期间应为室外作业人员配备雨衣、雨鞋等个人防护用品。对环境潮湿及水中作业的人员应配备相应的劳动防护用品。	《建筑施工作业劳动防护用品配备及使用标准》(JGJ 184—2009)	基础管理固有风险定量评价	10	1	10	一般风险	管理措施;个体防护
(16) 施工企业未建立健全劳动防护用品管理制度	**第4.0.3条**　建筑施工企业应建立健全劳动防护用品购买、验收、保管、发放、使用、更换、报废管理制度。在劳动防护用品使用前,应对其防护功能进行必要的检查。	《建筑施工作业劳动防护用品配备及使用标准》(JGJ 184—2009)	基础管理固有风险定量评价	10	1	10	一般风险	管理措施;个体防护
(17) 劳动防护用品使用前未对其防护功能进行必要检查		《建筑施工作业劳动防护用品配备及使用标准》(JGJ 184—2009)	基础管理固有风险定量评价	10	1	10	一般风险	管理措施;个体防护
(18) 针对危险较大的施工作业场所及具有尘毒危害的作业环境,安全防护用品未设置相应标识牌	**第4.0.6条**　建筑施工企业应对危险性较大的施工作业场所及具有尘毒危害的作业环境设置安全警示标识及应使用的安全防护用品标识牌。	《建筑施工作业劳动防护用品配备及使用标准》(JGJ 184—2009)	施工条件定量风险评价	6	3	18	较大风险	管理措施;个体防护

1.5 施工组织设计及专项施工方案

风险因素	管理要求	管理依据	判定方式	可能性	严重程度	风险值	风险等级	管控措施
(1) 工程项目部在施工前未编制施工组织设计	**第3.1.3条** 安全管理保证项目的检查评定应符合下列规定： (2) 施工组织设计及专项施工方案 ① 工程项目部在施工前应编制施工组织设计，施工组织设计应针对工程特点、施工工艺制定安全技术措施； ② 危险性较大的分部分项工程应按规定编制安全专项施工方案，专项施工方案应有针对性，并按有关规定进行设计计算； ③ 超过一定规模危险性较大的分部分项工程，施工单位应组织专家对专项施工方案进行论证； ④ 施工组织设计、安全专项施工方案，应由有关部门审核，施工单位技术负责人、监理单位项目总监批准； ⑤ 工程项目部应按施工组织设计、专项施工方案组织实施。	《建筑施工安全检查标准》 (JGJ 59—2011)	基础管理固有风险定量评价	3	3	9	一般风险	技术措施；管理措施
(2) 施工组织设计、专项施工方案未审批			基础管理固有风险定量评价	3	3	9	一般风险	技术措施；管理措施
(3) 危大工程施工前未编制针对性专项施工方案	**第十条** 施工单位应当在危大工程施工前组织工程技术人员编制专项施工方案……	《危险性较大的分部分项工程安全管理规定》	直接判定				重大风险	技术措施；管理措施
(4) 超过一定规模的危大工程专项方案未组织专家论证	**第十二条** 对于超过一定规模的危大工程，施工单位应当组织召开专家论证会对专项施工方案进行论证。实行施工总承包的，由施工总承包单位组织召开专家论证会。专家论证前专项施工方案应当通过施工单位审核和总监理工程师审查……		直接判定				重大风险	技术措施；管理措施

风险因素	管理要求	管理依据	判定方式	可能性	严重程度	风险值	风险等级	管控措施
(5)擅自修改或变更危大工程的安全专项施工方案	**第十六条**　施工单位应当严格按照专项施工方案组织施工,不得擅自修改专项施工方案。 因规划调整、设计变更等原因确需调整的,修改后的专项施工方案应当按照本规定重新审核和论证。涉及资金或者工期调整的,建设单位应当按照约定予以调整。	《危险性较大的分部分项工程安全管理规定》	基础管理固有风险定量评价	3	7	21	较大风险	技术措施;管理措施
(6)设计变更或方案修订未按规定重新审批和论证			基础管理固有风险定量评价	3	7	21	较大风险	技术措施;管理措施
(7)施工组织设计未制定针对性安全技术措施	**第3.1.3条**　安全管理保证项目的检查评定应符合下列规定: (2)施工组织设计及专项施工方案 ① 工程项目部在施工前应编制施工组织设计,施工组织设计应针对工程特点、施工工艺制定安全技术措施; ② 危险性较大的分部分项工程应按规定编制安全专项施工方案,专项施工方案应有针对性,并按有关规定进行设计计算; ③ 超过一定规模危险性较大的分部分项工程,施工单位应组织专家对专项施工方案进行论证; ④ 施工组织设计、专项施工方案,应由有关部门审核,施工单位技术负责人、监理单位项目总监批准; ⑤ 工程项目部应按施工组织设计、专项施工方案组织实施。	《建筑施工安全检查标准》 (JGJ 59—2011)	基础管理固有风险定量评价	3	3	9	一般风险	技术措施;管理措施

1.6 设备设施管理

风险因素	管理要求	管理依据	判定方式	可能性	严重程度	风险值	风险等级	管控措施
(1) 未设立相应的设备管理机构或者未配备专职的人员进行设备管理	**第 9.0.3 条** 生产经营活动内容可能包含机械设备的施工企业,应按规定设置相应的设备管理机构或者配备专职的人员进行设备管理。	《施工企业安全生产管理规范》(GB 50656—2011)	基础管理固有风险定量评价	3	7	21	较大风险	管理措施
(2) 各类生产设备、安全设施、安全物资进场前未进行查验	**第三十四条** 施工单位采购、租赁的安全防护用具、机械设备、施工机具及配件,应当具有生产(制造)许可证、产品合格证,并在进入施工现场前进行查验。………	《建设工程安全生产管理条例》	基础管理固有风险定量评价	6	3	18	较大风险	技术措施;管理措施
(3) 生产设备、安全设施安装完成后,在投入使用前未按规定进行验收	**第 5.4.1.2 条** 设备设施验收 企业应执行设备设施采购、到货验收制度,购置、使用设计符合要求、质量合格的设备设施。设备设施安装后企业应进行验收,并对相关过程及结果进行记录。	《企业安全生产标准化基本规范》(GB/T 33000—2016)	基础管理固有风险定量评价	6	3	18	较大风险	技术措施;管理措施
(4) 购置设备设施的质量不合格或不符合要求			基础管理固有风险定量评价	6	3	18	较大风险	技术措施;管理措施

风险因素	管理要求	管理依据	判定方式	可能性	严重程度	风险值	风险等级	管控措施
(5) 进场料具未按阶段平面布置图分类堆放	**第3.2.3条** 文明施工保证项目的检查评定应符合下列规定： (4) 材料管理 ① 建筑材料、构件、料具应按总平面布局进行码放； ② 材料应码放整齐，并应标明名称、规格等； ……	《建筑施工安全检查标准》(JGJ 59—2011)	基础管理固有风险定量评价	1	7	7	一般风险	管理措施
(6) 易燃易爆物品未分类储藏在专用库房内	⑤ 易燃易爆物品应分类储藏在专用库房内，并应制定防火措施。		施工条件定量风险评价	6	7	42	重大风险	技术措施；管理措施
(7) 拆除现场使用的小型机具，超负荷或带故障运转	**第5.1.8条** 拆除现场使用的小型机具，严禁超负荷或带故障运转。	《建筑拆除工程安全技术规范》(JGJ 147—2016)	施工条件定量风险评价	3	3	9	一般风险	管理措施
(8) 当采用机械拆除建筑时，拆除顺序错误	**第3.5.14条** 拆除作业应符合下列规定： (1) 拆除作业应从上至下逐层拆除，并应分段进行，不得垂直交叉作业。 (2) 人工拆除作业时，作业人员应在稳定的结构或专用设备上操作，水平构件上严禁人员聚集或物料集中堆放；拆除建筑墙体时，严禁采用底部掏掘或推倒的方法。 (3) 拆除建筑时应先拆除非承重结构，再拆除承重结构。 (4) 上部结构拆除过程中应保证剩余结构的稳定。	《建筑与市政施工现场安全卫生与职业健康通用规范》(GB 55034—2022)	直接判定				重大风险	技术措施；管理措施；个体防护；应急处置
(9) 拆卸的各种构件及物料摆放杂乱	**第3.0.15条** 拆卸的各种构件及物料应及时清理、分类存放，并应处于安全稳定状态。	《建筑拆除工程安全技术规范》(JGJ 147—2016)	施工条件定量风险评价	3	3	9	一般风险	管理措施

风险因素	管理要求	管理依据	判定方式	可能性	严重程度	风险值	风险等级	管控措施
(10) 机械拆除作业时,施工荷载大于支撑结构承载能力	**第5.2.1条** 对拆除施工使用的机械设备,应符合施工组织设计要求,严禁超载作业或任意扩大使用范围。供机械设备停放、作业的场地应具有足够的承载力。	《建筑拆除工程安全技术规范》(JGJ 147—2016)	施工条件定量风险评价	6	3	18	较大风险	管理措施
(11) 特种设备进场未按规定办理使用登记	**第3.1条** 一般要求 (1) 特种设备在投入使用前或者投入使用后30日内,使用单位应当向特种设备所在地的直辖市或者设区的市的特种设备安全监管部门申请办理使用登记,办理使用登记的直辖市或者设区的市的特种设备安全监管部门,可以委托其下一级特种设备安全监管部门(以下简称登记机关)办理使用登记;对于整机出厂的特种设备,一般应当在投入使用前办理使用登记; (2) 流动作业的特种设备,向产权单位所在地的登记机关申请办理使用登记; (3) 移动式大型游乐设施每次重新安装后、投入使用前,使用单位应当向使用地的登记机关申请办理使用登记; (4) 车用气瓶应当在投入使用前,向产权单位所在地的登记机关自请办理使用登记;	《特种设备使用管理规则》(TSG 08—2017)	施工条件定量风险评价	3	1	3	低风险	管理措施

1.7 安全教育与培训

风险因素	管理要求	管理依据	判定方式	可能性	严重程度	风险值	风险等级	管控措施
（1）未建立安全培训管理制度	**第十条** 生产经营单位应当建立安全培训管理制度，保障从业人员安全培训所需经费，对从业人员进行与其所从事岗位相应的安全教育培训；从业人员调整工作岗位或者采用新工艺、新技术、新设备、新材料的，应当对其进行专门的安全教育和培训。未经安全教育和培训合格的从业人员，不得上岗作业。 ……	《安全生产培训管理办法》	基础管理固有风险定量评价	10	3	30	较大风险	管理措施
（2）各级、各类安全生产教育和培训计划未按需求进行编制	**第7.0.2条** 施工企业安全生产教育培训计划应依据类型、对象、内容、时间安排、形式等需求进行编制。 **第7.0.3条** 安全教育和培训的类型应包括各类上岗证书的初审、复审培训，三级教育（企业、项目、班组）、岗前教育、日常教育、年度继续教育。 **第7.0.4条** 安全生产教育培训的对象应包括企业各管理层的负责人、管理人员、特殊工种以及新上岗、待岗复工、转岗、换岗的作业人员。	《施工企业安全生产管理规范》 （GB 50656—2011）	基础管理固有风险定量评价	10	3	30	较大风险	管理措施
（3）安全教育和培训的类型不全面			基础管理固有风险定量评价	10	1	10	一般风险	管理措施

风险因素	管理要求	管理依据	判定方式	可能性	严重程度	风险值	风险等级	管控措施
(4) 施工企业的从业人员上岗不符合要求	**第7.0.5条** 施工企业的从业人员上岗应符合下列要求： (1) 企业主要负责人、项目负责人和专职安全生产管理人员必须经安全生产知识和管理能力考核合格，依法取得安全生产考核合格证书； (2) 企业的各类管理人员必须具备与岗位相适应的安全生产知识和管理能力，依法取得必要的岗位资格证书； (3) 特殊工种作业人员必须经安全技术理论和操作技能考核合格，依法取得建筑施工特种作业人员操作资格证书。	《施工企业安全生产管理规范》 (GB 50656—2011)	直接判定				重大风险	管理措施
(5) 施工人员入场未按规定进行三级安全教育	**第3.1.3条** 安全管理保证项目的检查评定应符合下列规定： (5) 安全教育 ① 工程项目部应建立安全教育培训制度； ② 当施工人员入场时，工程项目部应组织进行以国家安全法律法规、企业安全制度、施工现场安全管理规定及各工种安全技术操作规程为主要内容的三级安全教育培训和考核；	《建筑施工安全检查标准》 (JGJ 59—2011)	基础管理固有风险定量评价	10	3	30	较大风险	管理措施
(6) 变换工种或采用"四新"技术时未按规定进行安全教育培训	③ 当施工人员变换工种或采用新技术、新工艺、新设备、新材料施工时，应进行安全教育培训； ④ 施工管理人员、专职安全员每年度应进行安全教育培训和考核。		基础管理固有风险定量评价	10	3	30	较大风险	管理措施

风险因素	管理要求	管理依据	判定方式	可能性	严重程度	风险值	风险等级	管控措施
(7) 特种作业人员未持有效证件上岗	**第 3.1.4 条** 安全管理一般项目的检查评定应符合下列规定： (2) 持证上岗	《建筑施工安全检查标准》 (JGJ 59—2011)	直接判定				重大风险	管理措施
(8) 各级施工管理人员、专职安全生产管理人员未持有效证件上岗	① 从事建筑施工的项目经理、专职安全员和特种作业人员,必须经行业主管部门培训考核合格,取得相应资格证书,方可上岗作业; ② 项目经理、专职安全员和特种作业人员应持证上岗。		直接判定				重大风险	管理措施
(9) 对从业人员进行教育培训的内容不全	**第 7.0.8 条** 施工企业每年应按规定对所有从业人员进行安全生产继续教育,教育培训应包括以下内容: (1) 新颁布的安全生产法律法规、安全技术标准规范和规范性文件; (2) 先进的安全生产技术和管理经验; (3) 典型事故案例分析。	《施工企业安全生产管理规范》 (GB 50656—2011)	基础管理固有风险定量评价	10	3	30	较大风险	管理措施
(10) 未对所有从业人员进行教育培训	**第三十六条** ……施工单位应当对管理人员和作业人员每年至少进行一次安全生产教育培训,其教育培训情况记入个人工作档案。安全生产教育培训考核不合格的人员,不得上岗。	《建设工程安全生产管理条例》	基础管理固有风险定量评价	10	3	30	较大风险	管理措施

风险因素	管理要求	管理依据	判定方式	可能性	严重程度	风险值	风险等级	管控措施
(11) 施工企业新上岗操作工人未进行岗前教育培训	**第7.0.6条** 施工企业新上岗操作工人必须进行岗前教育培训,教育培训应包括以下内容: (1) 安全生产法律法规和规章制度; (2) 安全操作规程; (3) 针对性的安全防范措施; (4) 违章指挥、违章作业、违反劳动纪律产生的后果; (5) 预防、减少安全风险以及紧急情况下应急救援的基本知识、方法和措施。	《施工企业安全生产管理规范》(GB 50656—2011)	基础管理固有风险定量评价	10	3	30	较大风险	管理措施
(12) 未定期对从业人员持证上岗情况进行审核、检查	**第7.0.9条** 施工企业应定期对从业人员持证上岗情况进行审核、检查,并应及时统计、汇总从业人员的安全教育培训和资格认定等相关记录。	《施工企业安全生产管理规范》(GB 50656—2011)	基础管理固有风险定量评价	6	3	18	较大风险	管理措施
(13) 未记录安全生产教育和培训情况			基础管理固有风险定量评价	1	1	1	低风险	管理措施
(14) 调整工作岗位或离岗一年以上重新上岗时未进行培训	**第十七条** 从业人员在本生产经营单位内调整工作岗位或离岗一年以上重新上岗时,应当重新接受车间(工段、区、队)和班组级的安全培训。 生产经营单位实施新工艺、新技术或者使用新设备、新材料时,应当对有关从业人员重新进行有针对性的安全培训。	《生产经营单位安全培训规定》	基础管理固有风险定量评价	10	3	30	较大风险	管理措施

风险因素	管理要求	管理依据	判定方式	可能性	严重程度	风险值	风险等级	管控措施
（15）特种设备作业人员现场违章指挥或指派不具备相应资格的人员作业	第二十条 用人单位应当加强对特种设备作业现场和作业人员的管理,履行下列义务: （一）制定特种设备操作规程和有关安全管理制度; （二）聘用持证作业人员,并建立特种设备作业人员管理档案; （三）对作业人员进行安全教育和培训; （四）确保持证上岗和按章操作; （五）提供必要的安全作业条件; （六）其他规定的义务。	《特种设备作业人员监督管理办法》	基础管理固有风险定量评价	6	3	18	较大风险	管理措施
（16）特种设备作业人员未遵守相关规定	第二十一条 特种设备作业人员应当遵守以下规定: （一）作业时随身携带证件,并自觉接受用人单位的安全管理和质量技术监督部门的监督检查; （二）积极参加特种设备安全教育和安全技术培训; （三）严格执行特种设备操作规程和有关安全规章制度; （四）拒绝违章指挥; （五）发现事故隐患或者不安全因素应当立即向现场管理人员和单位有关负责人报告; （六）其他有关规定。	《特种设备作业人员监督管理办法》	基础管理固有风险定量评价	6	3	18	较大风险	管理措施

1.8　分包管理

风险因素	管理要求	管理依据	判定方式	可能性	严重程度	风险值	风险等级	管控措施
(1) 未建立分包安全管理制度	第5.4.2.4条　企业应建立承包商、供应商等安全管理制度,将承包商、供应商等相关方的安全生产和职业卫生纳入企业内部管理,对承包商、供应商等相关方的资格预审、选择、作业人员培训、作业过程检查监督、提供的产品与服务、绩效评估、续用或退出等进行管理。 ……	《企业安全生产标准化基本规范》(GB/T 33000—2016)	基础管理固有风险定量评价	10	3	30	较大风险	管理措施
(2) 分包单位不具备相关资质	第3.0.1条　施工企业必须依法取得安全生产许可证,并应在资质等级许可的范围内承揽工程。	《施工企业安全生产管理规范》(GB 50656—2011)	直接判定				重大风险	管理措施
(3) 总包单位未对分包单位进行资质审查	第3.1.4条　……总包单位应对承揽分包工程的分包单位进行资质、安全生产许可证和相关人员安全生产资格的审查……	《建筑施工安全检查标准》(JGJ 59—2011)	基础管理固有风险定量评价	6	3	18	较大风险	管理措施
	第八条　分包工程承包人必须具有相应的资质,并在其资质等级许可的范围内承揽业务。 严禁个人承揽分包工程业务。	《房屋建筑和市政基础设施工程施工分包管理办法》						

风险因素	管理要求	管理依据	判定方式	可能性	严重程度	风险值	风险等级	管控措施
(4) 未按合同要求支付分包单位安全生产费用	**第十七条** ……建设工程施工企业编制投标报价应当包含并单列企业安全生产费用,竞标时不得删减…… **第十八条** ……总包单位应当在合同中单独约定并于分包工程开工日一个月内将至少50%企业安全生产费用直接支付分包单位并监督使用,分包单位不再重复提取……	《企业安全生产费用提取和使用管理办法》	基础管理固有风险定量评价	1	7	7	一般风险	管理措施
(5) 总包单位未与分包单位签订安全生产协议	**第3.1.4条** ……当总包单位与分包单位签订分包合同时,应签订安全生产协议书,明确双方的安全责任;分包单位应按规定建立安全机构,配备专职安全员……	《建筑施工安全检查标准》(JGJ 59—2011)	基础管理固有风险定量评价	1	7	7	一般风险	管理措施
(6) 分包单位未建立安全机构或未按规定配备专职安全员			基础管理固有风险定量评价	3	7	21	较大风险	管理措施
(7) 未对分包单位驻场项目经理、技术负责人、专职安全管理人员、特种作业人员资格进行审核	**第11.0.4条** 施工企业对分包(供)单位检查和考核,应包括下列内容: (1) 分包单位安全生产管理机构的设置、人员配备及资格情况; (2) 分包(供)单位违约、违章情况; (3) 分包单位安全生产绩效。	《施工企业安全生产管理规范》(GB 50656—2011)	基础管理固有风险定量评价	6	3	18	较大风险	管理措施

续表

风险因素	管理要求	管理依据	判定方式	可能性	严重程度	风险值	风险等级	管控措施
(8) 未对分包单位管理人员进行安全技术交底	**第8.2.4条〔条文说明〕** 安全技术交底应分级进行,交底人可分为总包、分包、作业班组三个层级。总承包施工项目应由总承包单位相关技术人员对分包进行安全技术交底……安全技术交底的最终对象是具体施工作业人员。同时明确了交底应有书面记录和签字留存。	《建筑施工安全技术统一规范》(GB 50870—2013)	基础管理固有风险定量评价	6	3	18	较大风险	管理措施
(9) 未组织专业分包单位技术负责人进行安全技术交底	**第二十七条** 建设工程施工前,施工单位负责项目管理的技术人员应当对有关安全施工的技术要求向施工作业班组、作业人员作出详细说明,并由双方签字确认。	《建设工程安全生产管理条例》	基础管理固有风险定量评价	6	3	18	较大风险	管理措施
(10) 未对专业分包工程安全技术措施进行验收	**第8.3.1条** 建筑施工安全技术措施实施应按规定组织验收。	《建筑施工安全技术统一规范》(GB 50870—2013)	基础管理固有风险定量评价	3	7	21	较大风险	技术措施;管理措施
(11) 施工企业对分包单位的安全生产管理不符合要求	**第11.0.3条** 施工企业对分包单位的安全生产管理应符合下列要求: (1) 选择合法的分包(供)单位; (2) 与分包(供)单位签订安全协议,明确安全责任和义务; (3) 对分包单位施工过程的安全生产实施检查和考核; (4) 及时清退不符合安全生产要求的分包(供)单位; (5) 分包工程竣工后对分包(供)单位安全生产能力进行评价。	《施工企业安全生产管理规范》(GB 50656—2011)	基础管理固有风险定量评价	6	3	18	较大风险	管理措施

风险因素	管理要求	管理依据	判定方式	可能性	严重程度	风险值	风险等级	管控措施
（12）未明确对分包（供）单位和人员的选择和清退标准、合同条款约定和履约过程控制的管理要求	第11.0.2条　施工企业应依据安全生产管理责任和目标，明确对分包（供）单位和人员的选择和清退标准、合同约定和履约控制等的管理要求。	《施工企业安全生产管理规范》（GB 50656—2011）	基础管理固有风险定量评价	1	7	7	一般风险	管理措施

1.9　应急与事故管理

风险因素	管理要求	管理依据	判定方式	可能性	严重程度	风险值	风险等级	管控措施
（1）应急救援体系不健全	第13.0.1条　施工企业的应急救援管理应包括建立组织机构，应急预案编制、审批、演练、评价、完善和应急救援响应工作程序及记录等内容。 第13.0.2条　施工企业应建立应急救援组织机构，并应组织救援队伍，同时应定期进行演练调整等日常管理。	《施工企业安全生产管理规范》（GB 50656—2011）	基础管理固有风险定量评价	1	3	3	低风险	技术措施；应急处置
（2）应急物资保障体系不健全	第13.0.3条　施工企业应建立应急物资保障体系，应明确应急设备和器材配备、储存的场所和数量，并应定期对应急设备和器材进行检查、维护、保养。	《施工企业安全生产管理规范》（GB 50656—2011）	基础管理固有风险定量评价	1	3	3	低风险	技术措施；应急处置

续表

风险因素	管理要求	管理依据	判定方式	可能性	严重程度	风险值	风险等级	管控措施
(3)未制订安全生产应急救援预案	**第八十一条** 生产经营单位应当制订本单位生产安全事故应急救援预案,与所在地县级以上地方人民政府组织制订的生产安全事故应急救援预案相衔接,并定期组织演练。	《中华人民共和国安全生产法》	基础管理固有风险定量评价	1	3	3	低风险	技术措施;应急处置
(4)应急预案内容不规范或不齐全	**第八条** 应急预案的编制应当符合下列基本要求: (一)有关法律、法规、规章和标准的规定; (二)本地区、本部门、本单位的安全生产实际情况; (三)本地区、本部门、本单位的危险性分析情况; (四)应急组织和人员的职责分工明确,并有具体的落实措施; (五)有明确、具体的应急程序和处置措施,并与其应急能力相适应; (六)有明确的应急保障措施,满足本地区、本部门、本单位的应急工作需要; (七)应急预案基本要素齐全、完整,应急预案附件提供的信息准确; (八)应急预案内容与相关应急预案相互衔接。	《生产安全事故应急预案管理办法》	基础管理固有风险定量评价	1	3	3	低风险	技术措施;应急处置
(5)未进行应急救援预案培训和交底	**第13.0.5条** 施工企业各管理层应对全体从业人员进行应急救援预案的培训和交底;接到相关报告后,应及时启动预案。	《施工企业安全生产管理规范》(GB 50656—2011)	基础管理固有风险定量评价	10	3	30	较大风险	管理措施;应急处置
(6)接到相关报告后,未及时启动应急救援预案			基础管理固有风险定量评价	1	15	15	较大风险	管理措施;应急处置

续表

风险因素	管理要求	管理依据	判定方式	可能性	严重程度	风险值	风险等级	管控措施
(7)未定期进行应急救援演练	**第四十条** 生产经营单位对重大危险源应当登记建档,进行定期检测、评估、监控,并制订应急预案,告知从业人员和相关人员在紧急情况下应当采取的应急措施。 生产经营单位应当按照国家有关规定将本单位重大危险源及有关安全措施、应急措施报有关地方人民政府应急管理部门和有关部门备案。有关地方人民政府应急管理部门和有关部门应当通过相关信息系统实现信息共享。	《中华人民共和国安全生产法》	基础管理固有风险定量评价	1	3	3	低风险	技术措施;应急处置
	第13.0.4条 施工企业应根据施工管理和环境特征,组织各管理层制订应急救援预案,应包括下列内容: (1)紧急情况、事故类型及特征分析; (2)应急救援组织机构与人员及职责分工、联系方式; (3)应急救援设备和器材的调用程序; (4)与企业内部相关职能部门和外部政府、消防、抢险、医疗等相关单位与部门的信息报告、联系方法; (5)抢险急救的组织、现场保护、人员撤离及疏散等活动的具体安排。	《施工企业安全生产管理规范》 (GB 50656—2011)						
(8)重大危险源未进行定期检测、评估、监控	**第四十条** 生产经营单位对重大危险源应当登记建档,进行定期检测、评估、监控,并制订应急预案,告知从业人员和相关人员在紧急情况下应当采取的应急措施。 生产经营单位应当按照国家有关规定将本单位重大危险源及有关安全措施、应急措施报有关地方人民政府应急管理部门和有关部门备案。有关地方人民政府应急管理部门和有关部门应当通过相关信息系统实现信息共享。	《中华人民共和国安全生产法》	基础管理固有风险定量评价	3	15	45	重大风险	技术措施;管理措施;应急处置

风险因素	管理要求	管理依据	判定方式	可能性	严重程度	风险值	风险等级	管控措施
(9) 应急救援预案内容不完善	**第13.0.4条** 施工企业应根据施工管理和环境特征,组织各管理层制订应急救援预案,应包括下列内容: (1) 紧急情况、事故类型及特征分析; (2) 应急救援组织机构与人员及职责分工、联系方式; (3) 应急救援设备和器材的调用程序; (4) 与企业内部相关职能部门和外部政府、消防、抢险、医疗等相关单位与部门的信息报告、联系方法; (5) 抢险急救的组织、现场保护、人员撤离及疏散等活动的具体安排。	《施工企业安全生产管理规范》(GB 50656—2011)	基础管理固有风险定量评价	1	3	3	低风险	技术措施;管理措施;应急处置
(10) 施工现场发生生产安全事故时,未按规定及时上报	**第3.1.4条** 安全管理一般项目的检查评定应符合下列规定: (3) 生产安全事故处理 ① 当施工现场发生生产安全事故时,施工单位应按规定及时报告; ② 施工单位应按规定对生产安全事故进行调查分析,制定防范措施; ③ 应依法为施工作业人员办理保险。	《建筑施工安全检查标准》(JGJ 59—2011)	基础管理固有风险定量评价	1	15	15	较大风险	管理措施;应急处置
(11) 未建立应急救援队伍或未配备充足应急救援人员	**第13.0.2条** 施工企业应建立应急救援组织机构,并应组织救援队伍,同时应定期进行演练调整等日常管理。	《施工企业安全生产管理规范》(GB 50656—2011)	基础管理固有风险定量评价	3	7	21	较大风险	管理措施

风险因素	管理要求	管理依据	判定方式	可能性	严重程度	风险值	风险等级	管控措施
（12）应急预案未按规定到当地政府主管部门备案	第二十六条　易燃易爆物品、危险化学品等危险物品的生产、经营、储存、运输单位,矿山、金属冶炼、城市轨道交通运营、建筑施工单位,以及宾馆、商场、娱乐场所、旅游景区等人员密集场所经营单位,应当在应急预案公布之日起20个工作日内,按照分级属地原则,向县级以上人民政府应急管理部门和其他负有安全生产监督管理职责的部门进行备案,并依法向社会公布……	《生产安全事故应急预案管理办法》	基础管理固有风险定量评价	1	15	15	较大风险	管理措施;应急处置
（13）未根据演练中发现的问题对应急救援预案进行修改和完善	第13.0.6条　施工企业应根据应急救援预案,定期组织专项应急演练;应针对演练、实战的结果,对应急预案的适宜性和可操作性组织评价,必要时应进行修改和完善。	《施工企业安全生产管理规范》（GB 50656—2011）	基础管理固有风险定量评价	1	3	3	低风险	管理措施;应急处置
（14）未建立内部事故调查和处理制度	第5.7.2条　……企业应建立内部事故调查和处理制度,按照有关规定、行业标准和国际通行做法,将造成人员伤亡(轻伤、重伤、死亡等人身伤害和急性中毒)和财产损失的事故纳入事故调查和处理范畴……	《企业安全生产标准化基本规范》（GB/T 33000—2016）	基础管理固有风险定量评价	10	3	30	较大风险	管理措施;应急处置
（15）发生事故未按预案及时启动应急救援	第三十九条　生产经营单位发生事故时,应当第一时间启动应急响应,组织有关力量进行救援,并按照规定将事故信息及应急响应启动情况报告事故发生地县级以上人民政府应急管理部门和其他负有安全生产监督管理职责的部门。	《生产安全事故应急预案管理办法》	基础管理固有风险定量评价	1	15	15	较大风险	管理措施;应急处置

风险因素	管理要求	管理依据	判定方式	可能性	严重程度	风险值	风险等级	管控措施
(16)发生重伤及以下事件,未按规定组织调查、分析、处理	**第5.7.2条** ……企业发生事故后,应及时成立事故调查组,明确其职责与权限,进行事故调查。……事故调查组应根据有关证据、资料,分析事故的直接、间接原因和事故责任,提出应吸取的教训、整改措施和处理建议,编制事故调查报告。 企业应开展事故案例警示教育活动,认真吸取事故教训,落实防范和整改措施,防止类似事故再次发生……	《企业安全生产标准化基本规范》(GB/T 33000—2016)	基础管理固有风险定量评价	1	15	15	较大风险	管理措施;应急处置
(17)未按"四不放过"原则进行事故处理	**第14.0.5条** 生产安全事故调查和处理应做到事故原因不查清楚不放过、事故责任者和从业人员未受到教育不放过、事故责任者未受到处理不放过、没有采取防范事故再发生的措施不放过。	《施工企业安全生产管理规范》(GB 50656—2011)	基础管理固有风险定量评价	1	15	15	较大风险	管理措施;应急处置
(18)项目根据工程特点制订应急救援预案,未对易发生重大安全事故的部位进行监控	**第3.1.3条** (6)应急救援 ① 工程项目部应针对工程特点,进行重大危险源的辨识;应制订防触电、防坍塌、防高处坠落、防起重及机械伤害、防火灾、防物体打击等主要内容的专项应急救援预案,并对施工现场易发生重大安全事故的部位、环节进行监控; ② 施工现场应建立应急救援组织,培训、配备应急救援人员,定期组织员工进行应急救援演练; ③ 按应急救援预案要求,应配备应急救援器材和设备。	《建筑施工安全检查标准》(JGJ 59—2011)	基础管理固有风险定量评价	3	10	30	较大风险	管理措施;应急处置
(19)未定期组织应急演练			基础管理固有风险定量评价	3	3	9	一般风险	管理措施;应急处置
(20)未配备应急救援器材和设备			基础管理固有风险定量评价	3	3	9	一般风险	管理措施;应急处置

1.10 有限空间管理

风险因素	管理要求	管理依据	判定方式	可能性	严重程度	风险值	风险等级	管控措施
（1）未制定有限空间作业制度	**第五条** 存在有限空间作业的工贸企业应当建立下列安全生产制度和规程： （一）有限空间作业安全责任制度； （二）有限空间作业审批制度； （三）有限空间作业现场安全管理制度； （四）有限空间作业现场负责人、监护人员、作业人员、应急救援人员安全培训教育制度； （五）有限空间作业应急管理制度； （六）有限空间作业安全操作规程。	《工贸企业有限空间作业安全管理与监督暂行规定》	基础管理固有风险定量评价	10	7	70	重大风险	管理措施
（2）未制定有限空间操作规程			基础管理固有风险定量评价	3	7	21	较大风险	管理措施
（3）有限空间作业前未组织培训	**第六条** 工贸企业应当对从事有限空间作业的现场负责人、监护人员、作业人员、应急救援人员进行专项安全培训。专项安全培训应当包括下列内容： （一）有限空间作业的危险有害因素和安全防范措施； （二）有限空间作业的安全操作规程； （三）检测仪器、劳动防护用品的正确使用； （四）紧急情况下的应急处置措施。 安全培训应当有专门记录，并由参加培训的人员签字确认。	《工贸企业有限空间作业安全管理与监督暂行规定》	基础管理固有风险定量评价	10	3	30	较大风险	管理措施
（4）有限空间作业未正确使用劳动防护用品			基础管理固有风险定量评价	10	3	30	较大风险	管理措施
（5）有限空间作业前未进行检测			基础管理固有风险定量评价	3	10	30	较大风险	管理措施
（6）有限空间作业培训未签字确认			基础管理固有风险定量评价	10	1	10	一般风险	管理措施

风险因素	管理要求	管理依据	判定方式	可能性	严重程度	风险值	风险等级	管控措施
(7) 有限空间出入口未保持畅通	**第十九条** 工贸企业有限空间作业还应当符合下列要求： （一）保持有限空间出入口畅通； （二）设置明显的安全警示标志和警示说明； （三）作业前清点作业人员和工器具； （四）作业人员与外部有可靠的通讯联络； （五）监护人员不得离开作业现场，并与作业人员保持联系； （六）存在交叉作业时，采取避免互相伤害的措施。	《工贸企业有限空间作业安全管理与监督暂行规定》	基础管理固有风险定量评价	3	3	9	一般风险	管理措施
(8) 未设置明显的安全警示标志和说明			施工条件定量风险评价	6	3	18	较大风险	管理措施
(9) 监护人员未及时与作业人员取得联系			基础管理固有风险定量评价	3	3	9	一般风险	管理措施
(10) 有限空间作业结束后，未对现场进行清理	**第十一条** 有限空间作业有下列情形之一的，应判定为重大事故隐患： （一）有限空间作业未履行"作业审批制度"，未对施工人员进行专项安全教育培训，未执行"先通风、再检测、后作业"原则； （二）有限空间作业时现场未有专人负责监护工作。	《房屋市政工程生产安全重大事故隐患判定标准》	施工条件定量风险评价	3	3	9	一般风险	管理措施

1.11　高处作业管理

风险因素	管理要求	管理依据	判定方式	可能性	严重程度	风险值	风险等级	管控措施
(1) 未制定高处作业安全技术措施	第3.0.1条　建筑施工中凡涉及临边与洞口作业、攀登作业与悬空作业、操作平台、交叉作业及安全网搭设的,应在施工组织涉及或施工方案中制定高处作业安全技术措施。	《建筑施工高处作业安全技术规范》(JGJ 80—2016)	基础管理固有风险定量评价	10	3	30	较大风险	管理措施
(2) 未对安全防护设施进行检查、验收	第3.0.2条　高处作业施工前,应按类别对安全防护设施进行检查、验收,验收合格后方可进行作业,并应做验收记录。验收可分层或分阶段进行。	《建筑施工高处作业安全技术规范》(JGJ 80—2016)	基础管理固有风险定量评价	10	3	30	较大风险	管理措施
(3) 未对作业人员进行安全技术交底	第3.0.3条　高处作业施工前,应对作业人员进行安全技术交底,并应记录。应对初次作业人员进行培训。	《建筑施工高处作业安全技术规范》(JGJ 80—2016)	基础管理固有风险定量评价	10	3	30	较大风险	管理措施
(4) 未配备、正确佩戴和使用高处作业安全防护用品	第3.0.5条　高处作业人员应根据作业的实际情况配备相应的高处作业安全防护用品,并应按规定正确佩戴和使用相应的安全防护用品、用具。	《建筑施工高处作业安全技术规范》(JGJ 80—2016)	基础管理固有风险定量评价	10	3	30	较大风险	管理措施
(5) 未签订交叉作业安全生产管理协议	第四十八条　两个以上生产经营单位在同一作业区域内进行生产经营活动,可能危及对方生产安全的,应当签订安全生产管理协议,明确各自的安全生产管理职责和应当采取的安全措施,并指定专职安全生产管理人员进行安全检查与协调。	《中华人民共和国安全生产法》	基础管理固有风险定量评价	10	3	30	较大风险	管理措施

2 临时用电

随着建筑行业的迅猛发展,临时用电范围日趋广泛,规模不断扩大,各种施工用的电气装置、建设机械也日益增多,电能已经成为建筑施工不可或缺的主要能源。电是施工现场各种作业的主要动力来源,各种机械、工具、照明等主要依靠电来驱动。施工现场临时用电是指临时电力线路、安装的各种电气、配电箱提供的机械设备动力源和照明,必须按国家相关法规标准执行。由于施工现场环境的特殊性、复杂性,使得施工现场临时用电不安全问题突出,为有效防止各种不安全因素引起的触电事故和电气火灾事故的发生,建筑施工现场应采取科学的管理措施和可靠的安全防护技术措施。

本手册施工现场临时用电部分主要内容包括临时用电管理、外电线路及电气设备防护、接地与防雷、配电室及自备电源、配电线路、配电箱及开关箱、电动建筑机械和手持式电动工具、照明,易引发的事故类型有触电、火灾等。

2.1 临时用电管理

风险因素	管理要求	管理依据	判定方式	可能性	严重程度	人员自身危险性	耦合概率	风险值	风险等级	管控措施
(1)未编制施工现场临时用电方案	**第二十六条** 施工单位应当在施工组织设计中编制安全技术措施和施工现场临时用电方案……	《建设工程安全生产管理条例》	基础管理固有风险定量评价	3	3			9	一般风险	技术措施;管理措施

续表

风险因素	管理要求	管理依据	判定方式	可能性	严重程度	人员自身危险性	耦合概率	风险值	风险等级	管控措施
(2) 电工未持证上岗	**第3.2.1条** 电工必须经过按国家现行标准考核合格后,持证上岗工作;其他用电人员必须通过相关安全教育培训和技术交底,考核合格后方可上岗工作。	《施工现场临时用电安全技术规范》(JGJ 46—2005)	直接判定						重大风险	管理措施
(3) 电工安装、维修或拆除临时用电设备时,无人监护	**第3.2.2条** 安装、巡检、维修或拆除临时用电设备和线路,必须由电工完成,并应有人监护。电工等级应同工程的难易程度和技术复杂性相适应。	《施工现场临时用电安全技术规范》(JGJ 46—2005)	基础管理固有风险定量评价	3	3			9	一般风险	管理措施
(4) 操作人员私自接线、拆线			施工过程定量风险评价	3	3	6	2	108	较大风险	技术措施;管理措施;个体防护;应急处置
(5) 临时用电工程未定期检查	**第3.3.3条** 临时用电工程应定期检查。定期检查时,应复查接地电阻值和绝缘电阻值。	《施工现场临时用电安全技术规范》(JGJ 46—2005)	基础管理固有风险定量评价	10	3			30	较大风险	管理措施
(6) 与分包单位未签订临时用电管理协议并明确相关责任	**第3.14.4条** 施工用电一般项目的检查评定应符合下列规定: (3) 用电档案 ① 总包单位与分包单位应签订临时用电管理协议,明确各方相关责任; ② 施工现场应制订专项用电施工组织设计、外电防护专项方案;	《建筑施工安全检查标准》(JGJ 59—2011)	基础管理固有风险定量评价	1	7			7	一般风险	管理措施

风险因素	管理要求	管理依据	判定方式	可能性	严重程度	人员自身危险性	耦合概率	风险值	风险等级	管控措施
(7)未按规定填写用电记录	③ 专项用电施工组织设计、外电防护专项方案应履行审批程序,实施后应由相关部门组织验收; ④ 用电各项记录应按规定填写,记录应真实有效; ⑤ 用电档案资料应齐全,并应设专人管理。	《建筑施工安全检查标准》(JGJ 59—2011)	基础管理固有风险定量评价	1	1			1	低风险	管理措施
(8)施工现场用电不规范	**第6.3.2条** 施工现场用电应符合下列规定: (1)施工现场供用电设施的设计、施工、运行和维护应符合现行国家标准《建设工程施工现场供用电安全规范》GB 50194 的有关规定。 (2)电气线路应具有相应的绝缘强度和机械强度,严禁使用绝缘老化或失去绝缘性能的电气线路,严禁在电气线路上悬挂物品。破损、烧焦的插座、插头应及时更换。 (3)电气设备与可燃、易燃易爆危险品和腐蚀性物品应保持一定的安全距离。	《建设工程施工现场消防安全技术规范》(GB 50720—2011)	施工条件定量风险评价	6	3			18	较大风险	技术措施;管理措施;个体防护;应急处置
(9)施工现场使用绝缘老化的电线			施工条件定量风险评价	6	3			18	较大风险	技术措施;管理措施;个体防护;应急处置
(10)施工现场电器线路上悬挂物品			施工条件定量风险评价	6	3			18	较大风险	管理措施

续表

风险因素	管理要求	管理依据	判定方式	可能性	严重程度	人员自身危险性	耦合概率	风险值	风险等级	管控措施
（11）电气设备与易燃易爆危险物未保持相应距离	（4）有爆炸和火灾危险的场所，应按危险场所等级选用相应的电气设备。	《建设工程施工现场消防安全技术规范》（GB 50720—2011）	施工条件定量风险评价	6	3			18	较大风险	管理措施
（12）可燃材料仓库使用高热灯具	（5）配电屏上每个电气回路应设置漏电保护器、过载保护器，距配电屏 2 m 范围内不应堆放可燃物，5 m 范围内不应设置可能产生较多易燃、易爆气体、粉尘的作业区。		施工条件定量风险评价	6	3			18	较大风险	管理措施
（13）电气设备超负荷运行	（6）可燃材料库房不应使用高热灯具，易燃易爆危险品库房内应使用防爆灯具。（7）普通灯具与易燃物的距离不宜小于300 mm，聚光灯、碘钨灯等高热灯具与易燃物的距离不宜小于 500 mm。		施工条件定量风险评价	6	3			18	较大风险	管理措施
（14）私自改装现场供用电设施	（8）电气设备不应超负荷运行或带故障使用。（9）严禁私自改装现场供用电设施。（10）应定期对电气设备和线路的运行及维护情况进行检查。		施工条件定量风险评价	6	3			18	较大风险	管理措施
（15）未对现场电气设备定期检查			基础管理固有风险定量评价	10	3			30	较大风险	管理措施

风险因素	管理要求	管理依据	判定方式	可能性	严重程度	人员自身危险性	耦合概率	风险值	风险等级	管控措施
(16) 使用电气设备时未按要求穿戴劳动防护用品	**第3.2.3条** 各类用电人员应掌握安全用电基本知识和所用设备的性能,并应符合下列规定: (1) 使用电气设备前必须按规定穿戴和配备好相应的劳动防护用品,并应检查电气装置和保护设施,严禁设备带"缺陷"运转; (2) 保管和维护所用设备,发现问题及时报告解决; (3) 暂时停用设备的开关箱必须分断电源隔离开关,并应关门上锁; (4) 移动电气设备时,必须经电工切断电源并做妥善处理后进行。		施工条件定量风险评价	6	3			18	较大风险	管理措施
(17) 电气设备防护措施损坏未及时修复		《施工现场临时用电安全技术规范》(JGJ 46—2005)	施工条件定量风险评价	6	3			18	较大风险	管理措施
(18) 私自移动电气设备			施工条件定量风险评价	6	3			18	较大风险	管理措施

2.2　外电线路及电气设备防护

风险因素	管理要求	管理依据	判定方式	可能性	严重程度	人员自身危险性	耦合概率	风险值	风险等级	管控措施
(1) 外电架空线路下搭设库房、作业棚、堆放材料	**第4.1.1条** 在建工程不得在外电架空线路正下方施工、搭设作业棚、建造生活设施或堆放构件、架具、材料及其他杂物等。	《施工现场临时用电安全技术规范》(JGJ 46—2005)	施工条件定量风险评价	6	3			18	较大风险	技术措施;管理措施

风险因素	管理要求	管理依据	判定方式	可能性	严重程度	人员自身危险性	耦合概率	风险值	风险等级	管控措施
(2) 外电架空线路与在建工程脚手架、起重机械、场内机动车道的安全距离小于规范要求,且未采取绝缘隔离防护措施	第3.14.3条 施工用电保证项目的检查评定应符合下列规定: (1) 外电防护 ① 外电线路与在建工程及脚手架、起重机械、场内机动车道的安全距离应符合规范要求; ② 当安全距离不符合规范要求时,必须采取绝缘隔离防护措施,并应悬挂明显的警示标志; ③ 防护设施与外电线路的安全距离应符合规范要求,并应坚固、稳定; ④ 外电架空线路正下方不得进行施工、建造临时设施或堆放材料物品。	《建筑施工安全检查标准》(JGJ 59—2011)	施工条件定量风险评价	6	3			18	较大风险	技术措施;管理措施
(3) 外电架空线路与防护设施的安全距离不符合规范要求			施工条件定量风险评价	6	3			18	较大风险	技术措施;管理措施
(4) 外电架空线路防护设施搭设不稳固、兜风			施工条件定量风险评价	3	3			9	一般风险	管理措施
(5) 外电架空线路防护设施上未悬挂明显警示标志			施工条件定量风险评价	6	3			18	较大风险	管理措施
(6) 电气设备防护不当	第4.2.1条 电气设备现场周围不得存放易燃易爆物、污源和腐蚀介质,否则应予清除或做防护处置,其防护等级必须与环境条件相适应。 第4.2.2条 电气设备设置场所应能避免物体打击和机械损伤,否则应做防护处置。	《施工现场临时用电安全技术规范》(JGJ 46—2005)	施工条件定量风险评价	6	3			18	较大风险	管理措施

风险因素	管理要求	管理依据	判定方式	可能性	严重程度	人员自身危险性	耦合概率	风险值	风险等级	管控措施
(7) 潮湿环境电气设备防护等级不符合要求	**第11.4.5条** 在潮湿环境中所使用的照明设备应选用密闭式防水防潮型,其防护等级应满足潮湿环境的安全使用要求。 **第11.4.6条** 潮湿环境中使用的行灯电压不应超过12 V。其电源线应使用橡皮绝缘橡皮护套铜芯软电缆。	《建设工程施工现场供用电安全规范》(GB 50194—2014)	直接判定						重大风险	技术措施; 管理措施
(8) 泥浆泵、电动机、电焊机、气泵、真空泵等电气设备外壳未做保护接零	**第5.2.1条** 在TN系统中,下列电气设备不带电的外露可导电部分应做保护接零: (1) 电机、变压器、电器、照明器具、手持式电动工具的金属外壳; (2) 电气设备传动装置的金属部件; (3) 配电柜与控制柜的金属框架; (4) 配电装置的金属箱体、框架及靠近带电部分的金属围栏和金属门; (5) 电力线路的金属保护管、敷线的钢索、起重机的底座和轨道、滑升模板金属操作平台等; (6) 安装在电力线路杆(塔)上的开关、电容器等电气装置的金属外壳及支架。	《施工现场临时用电安全技术规范》(JGJ 46—2005)	施工条件定量风险评价	3	3			9	一般风险	技术措施; 管理措施; 个体防护; 应急处置
(9) 部分电气设备不带电的外露可导电部分未做保护接零			施工条件定量风险评价	3	3			9	一般风险	技术措施; 管理措施; 个体防护; 应急处置

2.3 接地与防雷

风险因素	管理要求	管理依据	判定方式	可能性	严重程度	人员自身危险性	耦合概率	风险值	风险等级	管控措施
(1) 雷害特别严重地区施工防雷设施不符合要求	第8.2.1条 位于山区或多雷地区的变电所、箱式变电站、配电室应装设防雷装置；高压架空线路及变压器高压侧应装设避雷器；自室外引入有重要电气设备的办公室低压线路宜装设电涌保护器。	《建设工程施工现场供用电安全规范》(GB 50194—2014)	施工条件定量风险评价	6	7			42	重大风险	技术措施；管理措施；应急处置
(2) 保护零线不符合要求	第5.1.9条 保护零线必须采用绝缘导线。配电装置和电动机械相连接PE线应为截面不小于2.5 mm²的绝缘多股铜线。手持式电动工具的PE线应为截面不小于1.5 mm²的绝缘多股铜线。	《施工现场临时用电安全技术规范》(JGJ 46—2005)	施工条件定量风险评价	3	3			9	一般风险	技术措施；管理措施；应急处置
(3) 接地体材质不符合要求	第5.3.4条 每一接地装置的接地线应采用2根及以上导体,在不同点与接地体做电气连接。不得采用铝导体做接地体或地下接地线。垂直接地体宜采用角钢、钢管或光面圆钢,不得采用螺纹钢。接地可利用自然接地体,但应保证其电气连接和热稳定。	《施工现场临时用电安全技术规范》(JGJ 46—2005)	施工条件定量风险评价	6	3			18	较大风险	技术措施；管理措施；应急处置
(4) 接地与接零保护系统设置不规范	第3.14.3条 施工用电保证项目的检查评定应符合下列规定：(2) 接地与接零保护系统	《建筑施工安全检查标准》(JGJ 59—2011)	施工条件定量风险评价	6	3			18	较大风险	技术措施；管理措施；应急处置

风险因素	管理要求	管理依据	判定方式	可能性	严重程度	人员自身危险性	耦合概率	风险值	风险等级	管控措施
(5)施工现场配电系统同时采用两种保护系统	① 施工现场专用的电源中性点直接接地的低压配电系统应采用 TN-S 接零保护系统; ② 施工现场配电系统不得同时采用两种保护系统;		施工条件定量风险评价	6	3			18	较大风险	技术措施; 管理措施; 应急处置
(6)保护零线规格和颜色不符合要求	③ 保护零线应由工作接地线、总配电箱电源侧零线或总漏电保护器电源零线处引出,电气设备的金属外壳必须与保护零线连接; ④ 保护零线应单独敷设,线路上严禁装设开关或熔断器,严禁通过工作电流;		施工条件定量风险评价	6	3			18	较大风险	技术措施; 管理措施; 应急处置
(7)接地装置的接地体未采用角钢、钢管或光面圆钢	⑤ 保护零线应采用绝缘导线,规格和颜色标记应符合规范要求; ⑥ 保护零线应在总配电箱处、配电系统的中间处和末端处做重复接地;	《建筑施工安全检查标准》 (JGJ 59—2011)	施工条件定量风险评价	6	3			18	较大风险	技术措施; 管理措施; 应急处置
(8)工作接地和重复接地电阻不符合要求	⑦ 接地装置的接地线应采用 2 根及以上导体,在不同点与接地体做电气连接。接地体应采用角钢、钢管或光面圆钢; ⑧ 工作接地电阻不得大于 4 Ω,重复接地电阻不得大于 10 Ω;		施工条件定量风险评价	6	3			18	较大风险	技术措施; 管理措施; 应急处置
(9)电气设备未做重复接地	⑨ 施工现场起重机、物料提升机、施工升降机、脚手架应按规范要求采取防雷措施,防雷装置的冲击接地电阻值不得大于 30 Ω; ⑩ 做防雷接地机械上的电气设备,保护零线必须同时做重复接地。		施工条件定量风险评价	6	3			18	较大风险	技术措施; 管理措施; 应急处置

续表

风险因素	管理要求	管理依据	判定方式	可能性	严重程度	人员自身危险性	耦合概率	风险值	风险等级	管控措施
(10)重复接地与 N 线相连接	第5.1.4条 在 TN 接零保护系统中,PE 零线应单独敷设。重复接地线必须与 PE 线相连接,严禁与 N 线相连接。	《施工现场临时用电安全技术规范》(JGJ 46—2005)	施工条件定量风险评价	6	3			18	较大风险	技术措施;管理措施;应急处置
(11)施工现场电力系统用大地做相线或零线	第5.1.6条 施工现场的临时用电电力系统严禁利用大地做相线或零线。	《施工现场临时用电安全技术规范》(JGJ 46—2005)	施工条件定量风险评价	6	3			18	较大风险	技术措施;管理措施;应急处置
(12)线缆敷设未采取有效保护措施	第3.10.3条 施工现场配电线路应符合下列规定: (1)线缆敷设应采取有效保护措施,防止对线路的导体造成机械损伤和介质腐蚀。 (2)电缆中应包含全部工作芯线、中性导体(N)及保护接地导体(PE)或保护中性导体(PEN);保护接地导体(PE)及保护中性导体(PEN)外绝缘层应为黄绿双色;中性导体(N)外绝缘层应为淡蓝色;不同功能导体外绝缘色不应混用。	《建筑与市政施工现场安全卫生与职业健康通用规范》(GB 55034—2022)	施工条件定量风险评价	6	3			18	较大风险	技术措施;管理措施;应急处置
(12)PE 线规格不符合规范要求	第5.1.8条 PE 线所用材质与相线、工作零线(N 线)相同时,其最小截面应符合下列要求:相线芯线截面 $S \leqslant 16 \text{ mm}^2$ 时,PE 线截面$\geqslant 5 \text{ mm}^2$;$16 \text{ mm}^2 < S \leqslant 35 \text{ mm}^2$,PE 线截面$\geqslant 16 \text{ mm}^2$;$S > 35 \text{ mm}^2$ 时,PE 线截面$\geqslant S/2$。	《施工现场临时用电安全技术规范》(JGJ 46—2005)	施工条件定量风险评价	6	3			18	较大风险	技术措施;管理措施;应急处置

风险因素	管理要求	管理依据	判定方式	可能性	严重程度	人员自身危险性	耦合概率	风险值	风险等级	管控措施
（13）施工现场机械设备未按要求安装防雷装置	**第5.4.2条** 施工现场内的起重机、井字架、龙门架等机械设备,以及钢脚手架和正在施工的在建工程等的金属结构,当在相邻建筑物、构筑物等设施的防雷装置接闪器的保护范围以外时;应按表5.4.2规定安装防雷装置。 表5.4.2 	地区年平均雷暴日/d	机械设备高度/m
≤15	≥50
>15,<40	≥32
≥40,<90	≥20
≥90及雷害特别严重地区	≥12 | ……	《施工现场临时用电安全技术规范》(JGJ 46—2005)	施工条件定量风险评价	6	3			18	较大风险	技术措施;管理措施;应急处置
（14）保护接地与防雷接地不符合要求	**第3.10.1条** 施工现场用电的保护接地与防雷接地应符合下列规定: (1)保护接地导体(PE)、接地导体和保护联结导体应确保自身可靠连接; (2)采用剩余电流动作保护电器时应装设保护接地导体(PE); (3)共用接地装置的电阻值应满足各种接地的最小电阻值的要求。	《建筑与市政施工现场安全卫生与职业健康通用规范》(GB 55034—2022)	施工条件定量风险评价	6	3			18	较大风险	技术措施;管理措施;应急处置

风险因素	管理要求	管理依据	判定方式	可能性	严重程度	人员自身危险性	耦合概率	风险值	风险等级	管控措施
(15)人工接地埋深不符合要求	第8.1.8条 接地装置的敷设应符合下列要求: (1)人工接地体的顶面埋设深不宜小于0.6 m。 (2)人工垂直接地体宜采用热浸镀锌圆钢、角钢、钢管,长度宜为2.5 m;人工水平接地体宜采用热浸镀锌的扁钢或圆钢;圆钢直径不应小于12 mm;扁钢、角钢等型钢截面不应小于90 mm²,其厚度不应小于3 mm;钢管壁厚不应小于2 mm;人工接地体不得采用螺纹钢筋。 (3)人工垂直接地体的埋设间距不宜小于5 m。 (4)接地装置的焊接应采用搭接焊接……	《建设工程施工现场供用电安全规范》(GB 50194—2014)	施工条件定量风险评价	6	3			18	较大风险	技术措施;管理措施;应急处置
(16)人工垂直接地体的埋设间距不符合要求			施工条件定量风险评价	6	3			18	较大风险	技术措施;管理措施;应急处置
(17)接地装置的焊接未采用搭接焊接			施工条件定量风险评价	6	3			18	较大风险	技术措施;管理措施;应急处置

2.4 配电室及自备电源

风险因素	管理要求	管理依据	判定方式	可能性	严重程度	人员自身危险性	耦合概率	风险值	风险等级	管控措施
(1) 配电室无警示标志、工地供电平面图和系统图	**第3.14.4条** 施工用电一般项目的检查评定应符合下列规定： (1) 配电室与配电装置 ① 配电室的建筑耐火等级不应低于三级,配电室应配置适用于电气火灾的灭火器材； ② 配电室、配电装置的布设应符合规范要求； ③ 配电装置中的仪表、电器元件设置应符合规范要求； ④ 备用发电机组应与外电线路进行连锁； ⑤ 配电室应采取防止风雨和小动物侵入的措施； ⑥ 配电室应设置警示标志、工地供电平面图和系统图。	《建筑施工安全检查标准》(JGJ 59—2011)	施工条件定量风险评价	6	3			18	较大风险	技术措施；管理措施；应急处置
(2) 配电室未配备必要消防器材			施工条件定量风险评价	6	3			18	较大风险	技术措施；管理措施；应急处置
(3) 配电室布设不符合规范	**第3.14.4条** 施工用电一般项目的检查评定应符合下列规定： (1) 配电室与配电装置 ① 配电室的建筑耐火等级不应低于三级,配电室应配置适用于电气火灾的灭火器材；	《建筑施工安全检查标准》(JGJ 59—2011)	施工条件定量风险评价	6	3			18	较大风险	技术措施；管理措施；应急处置

风险因素	管理要求	管理依据	判定方式	可能性	严重程度	人员自身危险性	耦合概率	风险值	风险等级	管控措施
(4) 备用发电未与外电线进行连锁	② 配电室、配电装置的布设应符合规范要求； ③ 配电装置中的仪表、电器元件设置应符合规范要求； ④ 备用发电机组应与外电线路进行连锁； ⑤ 配电室应采取防止风雨和小动物侵入的措施； ⑥ 配电室应设置警示标志、工地供电平面图和系统图。	《建筑施工安全检查标准》(JGJ 59—2011)	施工条件定量风险评价	6	3			18	较大风险	技术措施；管理措施；应急处置
(5) 配电室未采用防风雨措施			施工条件定量风险评价	3	3			9	一般风险	技术措施；管理措施
(6) 配电室未设置挡鼠板			施工条件定量风险评价	3	3			9	一般风险	技术措施；管理措施
(7) 供用电设施未制定管理制度、操作规程	**第 12.0.1 条** 供用电设施的管理应符合下列规定： (1) 供用电设施投入运行前,应建立、健全供用电管理机构,设立运行、维修专业班组并明确职责及管理范围。 (2) 应根据用电情况制定用电、运行、维修等管理制度以及安全操作规程。运行、维护专业人员应熟悉有关规章制度。 (3) 应建立用电安全岗位责任制,明确各级用电安全负责人。	《建设工程施工现场供用电安全规范》(GB 50194—2014)	基础管理固有风险定量评价	10	3			30	较大风险	技术措施；管理措施
(8) 配电室、配电箱等供用电设施的管理未指定责任人			基础管理固有风险定量评价	10	7			70	重大风险	管理措施

风险因素	管理要求	管理依据	判定方式	可能性	严重程度	人员自身危险性	耦合概率	风险值	风险等级	管控措施
(9)电缆沟内敷设电缆线路不符合规定			施工条件定量风险评价	6	3			18	较大风险	技术措施；管理措施；应急处置
(10)电缆沟盖板不符合要求	**第7.4.3条** 电缆沟内敷设电缆线路应符合下列规定： (1)电缆沟沟壁、盖板及其材质构成，应满足承受荷载和适合现场环境耐久的要求； (2)电缆沟应有排水措施。	《建设工程施工现场供用电安全规范》(GB 50194—2014)	施工条件定量风险评价	6	3			18	较大风险	技术措施；管理措施；应急处置
(11)电缆沟无排水措施			施工条件定量风险评价	6	3			18	较大风险	技术措施；管理措施；应急处置
(12)配电室距离电源较远且紧邻腐蚀介质、易燃易爆物	**第6.1.1条** 配电室应靠近电源，并应设在无灰尘、潮气少、无腐蚀介质、无易燃易爆物及道路畅通的地方。	《施工现场临时用电安全技术规范》(JGJ 46—2005)	施工条件定量风险评价	6	3			18	较大风险	技术措施；管理措施；应急处置
(13)配电室内成列的配电柜和控制柜两端未与重复接地线及保护零线做电气连接	**第6.1.2条** 成列的配电柜和控制柜两端应与重复接地线及保护零线做电气连接。	《施工现场临时用电安全技术规范》(JGJ 46—2005)	施工条件定量风险评价	3	3			9	一般风险	技术措施；管理措施；应急处置

风险因素	管理要求	管理依据	判定方式	可能性	严重程度	人员自身危险性	耦合概率	风险值	风险等级	管控措施
(14) 配电室无窗或未安装百叶窗,无法保证自然通风	第6.1.3条 配电室和控制室应能自然通风,并应采取防止雨雪侵入和动物进入的措施。	《施工现场临时用电安全技术规范》(JGJ 46—2005)	施工条件定量风险评价	3	3			9	一般风险	管理措施;应急处置
(15) 配电室门设置不合理	第6.1.4条 (1)配电柜正面的操作通道宽度,单列布置或双列背对背布置不小于1.5 m,双列面对面布置不小于2 m;	《施工现场临时用电安全技术规范》(JGJ 46—2005)	施工条件定量风险评价	3	3			9	一般风险	管理措施;应急处置
(16) 配电室建筑耐火等级不符合规范要求	(2)配电柜后面的维护通道宽度,单列布置或双列布置面对面不小于0.8 m,双列面对面布置不小于1.5 m,个别地点有建筑物结构凸出的地方,则此点通道宽度可减少0.2 m;		施工条件定量风险评价	3	3			9	一般风险	管理措施
(17) 配电柜正、反面操作维修通道宽度不符合规范要求	(10)配电室的建筑物和构筑物的耐火等级不低于3级……		施工条件定量风险评价	3	3			9	一般风险	技术措施;管理措施
(18) 配电室未设置应急照明设备	(11)配电室的门向外开,并配锁; (12)配电室的照明分别设置正常照明和事故照明。		施工条件定量风险评价	6	1			6	一般风险	管理措施
(19) 分配箱与开关箱间距离超过30 m	第3.14.3条 施工用电保证项目的检查评定应符合下列规定: (4)配电箱与开关箱 ⑦分配箱与开关箱间的距离不应超过30 m,开关箱与用电设备间的距离不应超过3 m。	《建筑施工安全检查标准》(JGJ 59—2011)	施工条件定量风险评价	6	3			18	较大风险	管理措施

风险因素	管理要求	管理依据	判定方式	可能性	严重程度	人员自身危险性	耦合概率	风险值	风险等级	管控措施
（20）配电柜或配电线路停电维修时，未挂接地线	**第3.10.5条** 电气设备和线路检修应符合下列规定： （1）电气设备检修、线路维修时，严禁带电作业。应切断并隔离相关配电回路及设备的电源，并应检验、确认电源被切除，对应配电间的门、配电箱或切断电源的开关上锁，及应在锁具或其箱门、墙壁等醒目位置设置警示标识牌。 （2）电气设备发生故障时，应采用验电器检验，确认断电后方可检修，并在控制开关明显部位悬挂"禁止合闸、有人工作"停电标识牌。停送电必须由专人负责。 （3）线路和设备作业严禁预约停送电。	《建筑与市政施工现场安全卫生与职业健康通用规范》（GB 55034—2022）	施工条件定量风险评价	6	3			18	较大风险	技术措施；管理措施
（21）配电柜或配电线路停电维修时，未悬挂停电标志牌			施工条件定量风险评价	6	3			18	较大风险	管理措施
（22）配电室堆放杂物	**第6.1.9条** 配电室应保持整洁，不得堆放任何妨碍操作、维修的杂物。	《施工现场临时用电安全技术规范》（JGJ 46—2005）	施工条件定量风险评价	3	1			3	低风险	管理措施
（23）备用发电机组未与外电线路进行连锁	**第3.10.2条** 施工用电的发电机组电源应与其他电源互相闭锁，严禁并列运行。	《建筑与市政施工现场安全卫生与职业健康通用规范》（GB 55034—2022）	施工条件定量风险评价	3	3			9	一般风险	技术措施；管理措施

续表

风险因素	管理要求	管理依据	判定方式	可能性	严重程度	人员自身危险性	耦合概率	风险值	风险等级	管控措施
(24) 备用发电机组配置、设置不符合规范要求	**第6.2.1条** 发电机组及其控制、配电、修理室等可分开设置；在保证安全距离和满足防火要求的情况下可合并设置。	《施工现场临时用电安全技术规范》(JGJ 46—2005)	施工条件定量风险评价	3	3			9	一般风险	技术措施；管理措施
(25) 自备发电机组配电室未配置灭火器	**第6.2.2条** 发电机组的排烟管道必须伸出室外。发电机组及其控制、配电室内必须配置可用于扑灭电气火灾的灭火器，严禁存放贮油桶。		施工条件定量风险评价	3	3			9	一般风险	管理措施
(26) 发电机供电系统未设置保护装置	**第6.2.6条** 发电机供电系统应设置电源隔离开关及短路、过载、漏电保护电器。电源隔离开关分断时应有明显可见分断点。	《施工现场临时用电安全技术规范》(JGJ 46—2005)	施工条件定量风险评价	6	3			18	较大风险	管理措施

2.5 配 电 线 路

风险因素	管理要求	管理依据	判定方式	可能性	严重程度	人员自身危险性	耦合概率	风险值	风险等级	管控措施
(1) 场内架空线未采用绝缘导线	**第7.1.1条** 架空线路必须采用绝缘导线。	《施工现场临时用电安全技术规范》(JGJ 46—2005)	施工条件定量风险评价	6	3			18	较大风险	技术措施；管理措施

风险因素	管理要求	管理依据	判定方式	可能性	严重程度	人员自身危险性	耦合概率	风险值	风险等级	管控措施
(2) 场内架空线未架设在专用电杆上	**第7.1.2条** 架空线必须架设在专用电杆上,严禁架设在树木、脚手架及其他设施上。	《施工现场临时用电安全技术规范》(JGJ 46—2005)	施工条件定量风险评价	6	3			18	较大风险	管理措施
(3) 架空线路档距内接头数量不符合规定	**第7.1.4条** 架空线在一个档距内,每层导线的接头数不得超过该层导线条数的50%,且一条导线应只有一个接头。在跨越铁路、公路、河流、电力线路档距内,架空线不得有接头。	《施工现场临时用电安全技术规范》(JGJ 46—2005)	施工条件定量风险评价	3	3			9	一般风险	技术措施;管理措施
(4) 场内架空线,架空线路的档距大于35 m	**第7.1.6条** 架空线路的档距不得大于35 m。	《施工现场临时用电安全技术规范》(JGJ 46—2005)	施工条件定量风险评价	3	3			9	一般风险	技术措施;管理措施
(5) 施工升降机与架空线路安全距离小于规范要求或未采取防护措施	**第3.16.4条** 施工升降机一般项目的检查评定应符合下列规定: (3) 电气安全 ① 施工升降机与架空线路的安全距离和防护措施应符合规范要求; ② 电缆导向架设置应符合说明书及规范要求; ③ 施工升降机在其他避雷装置保护范围外应设置避雷装置,并应符合规范要求。	《建筑施工安全检查标准》(JGJ 59—2011)	施工条件定量风险评价	6	3			18	较大风险	技术措施;管理措施

风险因素	管理要求	管理依据	判定方式	可能性	严重程度	人员自身危险性	耦合概率	风险值	风险等级	管控措施
(6) 配电线路设置不符合要求,电缆芯线不足	**第3.14.3条** 施工用电保证项目的检查评定应符合下列规定: (3) 配电线路 ① 线路及接头应保证机械强度和绝缘强度; ② 线路应设短路、过载保护,导线截面应满足线路负荷电流;		施工条件定量风险评价	6	3			18	较大风险	技术措施;管理措施
(7) 室内非埋地明敷主干线电缆距地面高度小于2.5 m	③ 线路的设施、材料及相序排列、档距、与邻近线路或固定物的距离应符合规范要求; ④ 电缆应采用架空或埋地敷设并应符合规范要求,严禁沿地面明设或沿脚手架、树木等敷设;	《建筑施工安全检查标准》(JGJ 59—2011)	施工条件定量风险评价	3	3			9	一般风险	技术措施;管理措施
(8) 线路及接头机械强度和绝缘强度不足	⑤ 电缆中必须包含全部工作芯线和用作保护零线的芯线,并应按规定接用; ⑥ 室内非埋地明敷主干线距地面高度不得小于2.5 m。		施工条件定量风险评价	3	3			9	一般风险	技术措施;管理措施

风险因素	管理要求	管理依据	判定方式	可能性	严重程度	人员自身危险性	耦合概率	风险值	风险等级	管控措施
(9) 配电线路敷设在树木上	**第 7.1.2 条** 配电线路的敷设方式应符合下列规定： ① 应根据施工现场环境特点,以满足线路安全运行、便于维护和拆除的原则来选择,敷设方式应能够避免受到机械性损伤或其他损伤; ② 供用电电缆可采用架空、直埋、沿支架等方式进行敷设; ③ 不应敷设在树木上或直接绑挂在金属构架和金属脚手架上; ④ 不应接触潮湿地面或接近热源。	《建设工程施工现场供用电安全规范》(GB 50194—2014)	施工条件定量风险评价	3	3			9	一般风险	技术措施;管理措施
(10) 电缆埋地敷设穿越道路、构筑物等时未加设套管	**第 7.3.2 条** (5)直埋电缆在穿越建筑物、构筑物、道路,易受机械损伤、腐蚀介质场所及引出地面 2.0 m 高至地下 0.2 m 处,应加设防护套管。防护套管应固定牢固,端口应有防止电缆损伤的措施,其内径不应小于电缆外径的 1.5 倍。	《建设工程施工现场供用电安全规范》(GB 50194—2014)	施工条件定量风险评价	3	3			9	一般风险	技术措施;管理措施
(11) 电缆埋地敷设深度小于 0.7 m	**第 7.2.5 条** 电缆直接埋地敷设的深度不应小于 0.7 m,并应在电缆紧邻上、下、左、右侧均匀敷设不小于 50 mm 厚的细砂,然后覆盖砖或混凝土板等硬质保护层。	《施工现场临时用电安全技术规范》(JGJ 46—2005)	施工条件定量风险评价	3	3			9	一般风险	技术措施;管理措施

风险因素	管理要求	管理依据	判定方式	可能性	严重程度	人员自身危险性	耦合概率	风险值	风险等级	管控措施
（12）架空电缆未加设防护套	第7.2.6条 埋地电缆在穿越建筑物、构筑物、道路、易受机械损伤、介质腐蚀场所及引出地面从2.0m高到地下0.2m处,必须加设防护套管,防护套管内径不应小于电缆外径的1.5倍。	《施工现场临时用电安全技术规范》（JGJ 46—2005）	施工条件定量风险评价	6	3			18	较大风险	技术措施；管理措施
（13）埋地电缆接头未远离易燃、易爆、易腐蚀场所	第7.2.8条 埋地电缆的接头应设在地面上的接线盒内,接线盒应能防水、防尘、防机械损伤,并应远离易燃、易爆、易腐蚀场所。	《施工现场临时用电安全技术规范》（JGJ 46—2005）	施工条件定量风险评价	6	3			18	较大风险	技术措施；管理措施
（14）电缆桥架固定支架不牢	第5.2.6条 电缆桥架在每个支吊架上的固定应牢固,连接板的螺栓应紧固,螺母应位于电缆桥架的外侧。电缆托盘应有可供电缆绑扎的固定点,铝合金梯架在钢制支吊架上固定时,应有防电化腐蚀的措施。	《电气装置安装工程电缆线路施工及验收标准》（GB 50168—2018）	施工条件定量风险评价	3	3			9	一般风险	技术措施；管理措施

风险因素	管理要求	管理依据	判定方式	可能性	严重程度	人员自身危险性	耦合概率	风险值	风险等级	管控措施
（15）敷设电缆时电缆盘支架不牢固	第5.2.3条　电缆支架应安装牢固……	《电气装置安装工程电缆线路施工及验收标准》（GB 50168—2018）	施工条件定量风险评价	6	1			6	一般风险	技术措施；管理措施
（16）埋地电缆埋置深度不符合要求	第6.2.2条　电缆埋置深度应符合下列规定： （1）电缆表面距地面的距离不应小于0.7 m，穿越农田或在车行道下敷设时不应小于1 m，在引入建筑物、与地下建筑物交叉及绕过地下建筑物处可浅埋，但应采取保护措施； （2）电缆应埋设于冻土层以下，当受条件限制时，应采取防止电缆受到损伤的措施。	《电气装置安装工程电缆线路施工及验收标准》（GB 50168—2018）	施工条件定量风险评价	3	3			9	一般风险	技术措施；管理措施
（17）电缆埋设在冻土下未采取防止电缆受损的措施			施工条件定量风险评价	6	3			18	较大风险	技术措施；管理措施

风险因素	管理要求	管理依据	判定方式	可能性	严重程度	人员自身危险性	耦合概率	风险值	风险等级	管控措施
（18）金属软管与设备、器具连接时未采用专用接头	第5.1.10条 钢制保护管应可靠接地；钢管与金属软管、金属软管与设备间宜使用金属管接头连接，并保证可靠电气连接。	《电气装置安装工程电缆线路施工及验收标准》（GB 50168—2018）	施工条件定量风险评价	3	3			9	一般风险	技术措施；管理措施
（19）电缆桥架无可靠接地	第5.2.10条 金属电缆支架、桥架及竖井全长均必须有可靠的接地。	《电气装置安装工程电缆线路施工及验收标准》（GB 50168—2018）	施工条件定量风险评价	6	3			18	较大风险	技术措施；管理措施
（20）电力电缆接头布置不合理	第6.1.16条 电力电缆接头布置应符合下列规定：		施工条件定量风险评价	6	3			18	较大风险	技术措施；管理措施
（21）电缆共通道敷设接头未采用防火隔板或防爆盒进行隔离	（1）并列敷设的电缆，其接头位置宜相互错开； （2）电缆明敷接头，应用托板托置固定；电缆共通道敷设存在接头时，接头宜采用防火隔板或防爆盒进行隔离；	《电气装置安装工程电缆线路施工及验收标准》（GB 50168—2018）	施工条件定量风险评价	6	3			18	较大风险	技术措施；管理措施
（22）直埋电缆接头未设防止机械损伤的保护结构或外设保护盒	（3）直埋电缆接头应有防止机械损伤的保护结构或外设保护盒，位于冻土层内的保护盒，盒内宜注入沥青。		施工条件定量风险评价	3	3			9	一般风险	技术措施；管理措施

风险因素	管理要求	管理依据	判定方式	可能性	严重程度	人员自身危险性	耦合概率	风险值	风险等级	管控措施
(23) 电气管线,电控、启动装置,线路等电气系统设置不规范	第3.0.11条 电气系统应符合下列规定: (1) 电气管线排列应整齐,卡固应牢靠,不应有损伤和老化;		施工条件定量风险评价	6	3			18	较大风险	技术措施;管理措施
(24) 机械设备接线不规范	(2) 电控装置反应应灵敏;熔断器配置应合理、正确;各电器仪表指示数据应准确,绝缘应良好; (3) 启动装置反应应灵敏,与发动机飞轮啮合应良好;	《施工现场机械设备检查技术规范》(JGJ 160—2016)	施工条件定量风险评价	6	3			18	较大风险	技术措施;管理措施
(25) 机械设备电缆破损老化	(4) 电瓶应清洁,固定应牢靠;液面应高于电极板10 mm～15 mm;免维护电瓶标志应符合现行国家有关标准的规定; (5) 照明装置应齐全,亮度应符合使用要求; (6) 线路应整齐,不应损伤和老化,包扎和卡固应可靠;绝缘应良好,电缆电线不应有老化、裸露;		施工条件定量风险评价	6	3			18	较大风险	技术措施;管理措施
(26) 电器元件动作不灵敏	(7) 电器元件性能应良好,动作应灵敏可靠,集电环集电性能应良好; (8) 仪表指示数据应正确; (9) 电机运行不应有异响;温升应正常。		施工条件定量风险评价	6	3			18	较大风险	技术措施;管理措施

风险因素	管理要求	管理依据	判定方式	可能性	严重程度	人员自身危险性	耦合概率	风险值	风险等级	管控措施
（27）电杆拉线材质及规格不符合规定	**第7.2.4条** 拉线的设置应符合下列规定： （1）拉线应采用镀锌钢绞线，最小规格不应小于35 mm²； （2）拉线坑的深度不应小于1.2 m，拉线坑的拉线侧应有斜坡； （3）拉线应根据电杆的受力情况装设，拉线与电杆的夹角不宜小于45°，当受到地形限制时不得小于30°； （4）拉线从导线之间穿过时应装设拉线绝缘子，在拉线断开时，绝缘子对地距离不得小于2.5 m。	《建设工程施工现场供用电安全规范》（GB 50194—2014）	施工条件定量风险评价	6	3			18	较大风险	技术措施；管理措施
（28）电杆拉线角度、埋深不符合规范要求			施工条件定量风险评价	3	3			9	一般风险	技术措施；管理措施
（29）架空线路间距不符合要求	**第7.1.7条** 架空线路的线间距不得小于0.3 m，靠近电杆的两导线的间距不得小于0.5 m。	《施工现场临时用电安全技术规范》（JGJ 46—2005）	施工条件定量风险评价	6	3			18	较大风险	技术措施；管理措施
（30）埋地电缆与其附近外电电缆和管沟的平行间距、交叉间距不符合要求	**第7.2.7条** 埋地电缆与其附近外电电缆和管沟的平行间距不得小于2 m，交叉间距不得小于1 m。	《施工现场临时用电安全技术规范》（JGJ 46—2005）	施工条件定量风险评价	6	3			18	较大风险	技术措施；管理措施
（31）架空电缆沿脚手架敷设	**第7.2.9条** ……架空电缆严禁沿脚手架、树木或其他设施敷设。	《施工现场临时用电安全技术规范》（JGJ 46—2005）	施工条件定量风险评价	6	3			18	较大风险	技术措施；管理措施

风险因素	管理要求	管理依据	判定方式	可能性	严重程度	人员自身危险性	耦合概率	风险值	风险等级	管控措施
(32)电缆敷设在金属架上时,金属架未接地	**第7.4.1条** 以支架方式敷设的电缆线路应符合下列规定: (1)当电缆敷设在金属支架上时,金属支架应可靠接地; (2)固定点间应保证电缆能承受自重及风雪等带来的荷载; (3)电缆线路固定牢固,绑扎线应使用绝缘材料; (4)沿构、建筑物水平敷设的电缆线路,距离地面高度不宜小于2.5 m; (5)垂直引上敷设的电缆线路,固定点每楼层不得少于1处。	《建设工程施工现场供用电安全规范》(GB 50194—2014)	施工条件定量风险评价	6	3			18	较大风险	技术措施;管理措施
(33)电缆固定点不牢固,未使用绝缘材料绑扎			施工条件定量风险评价	6	3			18	较大风险	技术措施;管理措施
(34)水平敷设电缆线高度不符合要求			施工条件定量风险评价	3	3			9	一般风险	技术措施;管理措施
(35)垂直引上敷设电缆线固定点数量未按要求设置			施工条件定量风险评价	3	3			9	一般风险	技术措施;管理措施
(36)电缆线敷设路径未设置醒目警告标识	**第7.4.2条** 沿墙面或地面敷设电缆线路应符合下列规定: (1)电缆线路宜敷设在人不易触及的地方; (2)电缆线路敷设路径应有醒目的警告标识; (3)沿地面明敷的电缆线路应沿建筑物墙体根部敷设,穿越道路或其他易受机械损伤的区域,应采取防机械损伤的措施,周围环境应保持干燥; (4)在电缆敷设路径附近,当有产生明火的作业时,应采取防止火花损伤电缆的措施。	《建设工程施工现场供用电安全规范》(GB 50194—2014)	施工条件定量风险评价	6	3			18	较大风险	管理措施
(37)电缆敷设穿越道路时未采取防机械损伤的措施,周围环境潮湿			施工条件定量风险评价	3	3			9	一般风险	技术措施;管理措施;个体防护;应急处置
(38)电缆线附近进行明火作业未采取有效措施			施工条件定量风险评价	3	3			9	一般风险	技术措施;管理措施;个体防护;应急处置

续表

风险因素	管理要求	管理依据	判定方式	可能性	严重程度	人员自身危险性	耦合概率	风险值	风险等级	管控措施
(39) 在易燃、易爆区域未使用阻燃电缆	第11.2.2条 在易燃、易爆区域,应采用阻燃电缆。	《建设工程施工现场供用电安全规范》(GB 50194—2014)	施工条件定量风险评价	3	3			9	一般风险	技术措施;管理措施;个体防护;应急处置
(40) 固定敷设的电缆弯曲半径不符合要求	第8.5.5条 固定敷设的电缆弯曲半径不应小于5倍电缆外径。除电缆卷筒外,可移动电缆的弯曲半径不应小于8倍电缆外径。	《塔式起重机安全规程》(GB 5144—2006)	施工条件定量风险评价	3	3			9	一般风险	技术措施;管理措施;个体防护;应急处置
(41) 轨道式塔机的电缆卷筒无张紧装置	第8.6.1条 轨道式塔机的电缆卷筒应具有张紧装置,电缆收放速度应与塔机运行速度同步。	《塔式起重机安全规程》(GB 5144—2006)	施工条件定量风险评价	6	3			18	较大风险	技术措施;管理措施;应急处置
(42) 电缆在卷筒上的连接不牢固	第8.6.2条 电缆在卷筒上的连接应牢固,以保护电气接点不被拉曳。	《塔式起重机安全规程》(GB 5144—2006)	施工条件定量风险评价	6	3			18	较大风险	技术措施;管理措施;应急处置
(43) 塔身悬挂电缆未按要求固定	第7.7.3.3条 ……塔身悬挂电缆的固定,宜使用电缆网套悬挂方式,每20 m设置一个电缆网套。	《塔式起重机设计规范》(GB/T 13752—2017)	施工条件定量风险评价	3	3			9	一般风险	技术措施;管理措施

2.6 配电箱及开关箱

风险因素	管理要求	管理依据	判定方式	可能性	严重程度	人员自身危险性	耦合概率	风险值	风险等级	管控措施
（1）漏电保护器未进行定期检测	**第8.2.14条** 漏电保护器应按产品说明书安装、使用。对搁置已久重新使用或连续使用的漏电保护器应逐月检测其特性，发现问题应及时修理或更换……	《施工现场临时用电安全技术规范》（JGJ 46—2005）	基础管理固有风险定量评价	3	7			21	较大风险	技术措施；管理措施
（2）配电箱、开关箱等未进行定期巡检	**第8.3.3条** 配电箱、开关箱应定期检查、维修。检查、维修人员必须是专业电工。检查、维修时必须按规定穿、戴绝缘鞋、手套，必须使用电工绝缘工具，并应做检查、维修工作记录。	《施工现场临时用电安全技术规范》（JGJ 46—2005）	基础管理固有风险定量评价	10	3			30	较大风险	技术措施；管理措施
（3）配电箱未配锁、开关箱	**第8.3.2条** 配电箱、开关箱箱门应配锁，并应由专人负责。	《施工现场临时用电安全技术规范》（JGJ 46—2005）	施工条件定量风险评价	6	3			18	较大风险	管理措施
（4）配电箱、开关箱设置不符合规范要求	**第3.14.3条** 施工用电保证项目的检查评定应符合下列规定：（4）配电箱与开关箱	《建筑施工安全检查标准》（JGJ 59—2011）	施工条件定量风险评价	6	3			18	较大风险	管理措施

续表

风险因素	管理要求	管理依据	判定方式	可能性	严重程度	人员自身危险性	耦合概率	风险值	风险等级	管控措施
(5) 配电箱接线,保护零线、工作零线未通过各自端子板连接	① 施工现场配电系统应采用三级配电、二级漏电保护系统,用电设备必须有各自专用的开关箱; ② 箱体结构、箱内电器设置及使用应符合规范要求; ③ 配电箱必须分设工作零线端子板和保护零线端子板,保护零线、工作零线必须通过各自的端子板连接; ④ 总配电箱与开关箱应安装漏电保护器,漏电保护器参数应匹配并灵敏可靠; ⑤ 箱体应设置系统接线图和分路标记,并应有门、锁及防雨措施; ⑥ 箱体安装位置、高度及周边通道应符合规范要求; ⑦ 分配箱与开关箱间的距离不应超过30 m,开关箱与用电设备间的距离不应超过3 m。	《建筑施工安全检查标准》(JGJ 59—2011)	施工条件定量风险评价	6	3			18	较大风险	管理措施
(6) 漏电保护器参数不匹配			施工条件定量风险评价	6	3			18	较大风险	技术措施;管理措施
(7) 漏电保护器失灵			施工条件定量风险评价	6	3			18	较大风险	管理措施
(8) 配电箱内无系统图及使用标识			施工条件定量风险评价	6	3			18	较大风险	管理措施
(9) 施工现场配电系统未采用三级配电、二级漏电保护系统			施工条件定量风险评价	6	3			18	较大风险	技术措施;管理措施
(10) 配电箱未见系统接线图和分路标识			施工条件定量风险评价	3	3			9	一般风险	管理措施
(11) 配电箱未见门、锁及防雨措施			施工条件定量风险评价	3	3			9	一般风险	技术措施
(12) 分配箱与开关箱间的距离不符合要求			施工条件定量风险评价	3	3			9	一般风险	技术措施

风险因素	管理要求	管理依据	判定方式	可能性	严重程度	人员自身危险性	耦合概率	风险值	风险等级	管控措施
(13) 配电箱、开关箱周边通道不符合规范要求	**第8.1.6条** 配电箱、开关箱周围应有足够2人同时工作的空间和通道,不得堆放任何妨碍操作、维修的物品,不得有灌木、杂草。	《施工现场临时用电安全技术规范》(JGJ 46—2005)	施工条件定量风险评价	3	1			3	低风险	管理措施
(14) 配电箱、开关箱周边通道随意堆放			施工条件定量风险评价	3	1			3	低风险	管理措施
(15) 分配电箱、开关箱间距超过30 m	**第8.1.2条** 总配电箱以下可设若干分配电箱;分配电箱以下可设若干开关箱。总配电箱应设在靠近电源的区域,分配电箱应设在用电设备或负荷相对集中的区域,分配电箱与开关箱的距离不得超过30 m,开关箱与其控制的固定式用电设备的水平距离不宜超过3 m。	《施工现场临时用电安全技术规范》(JGJ 46—2005)	施工条件定量风险评价	3	3			9	一般风险	管理措施
(16) 开关箱与用电设备距离超过3 m			施工条件定量风险评价	3	3			9	一般风险	管理措施
(17) 动力开关箱与照明开关箱未分设	**第8.1.4条** 动力配电箱与照明配电箱宜分别设置,当合并设置为同一配电箱时,动力和照明应分路配电;动力开关箱与照明开关箱必须分设。	《施工现场临时用电安全技术规范》(JGJ 46—2005)	施工条件定量风险评价	6	3			18	较大风险	技术措施;管理措施
(18) 配电箱与开关箱的进出线混乱	**第8.1.15条** 配电箱、开关箱中导线的进线口和出线口应设在箱体的下底面。**第8.1.16条** 配电箱、开关箱的进、出线口应配置固定线卡,进出线应加绝缘护套并成	《施工现场临时用电安全技术规范》(JGJ 46—2005)	施工条件定量风险评价	6	3			18	较大风险	管理措施

风险因素	管理要求	管理依据	判定方式	可能性	严重程度	人员自身危险性	耦合概率	风险值	风险等级	管控措施
（18）配电箱与开关箱的进出线混乱	束卡固在箱体上,不得与箱体直接接触。移动式配电箱、开关箱的进、出线应采用橡皮护套绝缘电缆,不得有接头。	《施工现场临时用电安全技术规范》(JGJ 46—2005)	施工条件定量风险评价	6	3			18	较大风险	管理措施
（19）室外配电箱、开关箱无防雨	第8.1.17条　配电箱、开关箱外形结构应能防雨、防尘。	《施工现场临时用电安全技术规范》(JGJ 46—2005)	施工条件定量风险评价	6	3			18	较大风险	管理措施
（20）箱体结构、箱内电器设置不符合规范要求	第3.14.3条　施工用电保证项目的检查评定应符合下列规定: (4) 配电室与开关箱 ② 箱体结构、箱内电器设置及使用应符合规范要求。	《建筑施工安全检查标准》(JGJ 59—2011)	施工条件定量风险评价	3	3			9	一般风险	管理措施
（21）电气设备检修、线路维修时带电作业	第3.10.5条　电气设备和线路检修应符合下列规定: (1) 电气设备检修、线路维修时,严禁带电作业。应切断并隔离相关配电回路及设备的电源,并应检验、确认电源被切除,对应配电间的门、配电箱或切断电源的开关上锁,及应在锁具或其箱门、墙壁等醒目位置设置警示标识牌。 (2) 电气设备发生故障时,应采用验电器检验,确认断电后方可检修,并在控制开关明显部位悬挂"禁止合闸、有人工作"停电标识牌。停送电必须由专人负责。 (3) 线路和设备作业严禁预约停送电。	《建筑与市政施工现场安全卫生与职业健康通用规范》(GB 55034—2022)	施工条件定量风险评价	6	3			18	较大风险	管理措施

风险因素	管理要求	管理依据	判定方式	可能性	严重程度	人员自身危险性	耦合概率	风险值	风险等级	管控措施
（22）停止作业时配电箱、开关箱未断电上锁	第3.2.3条　（3）暂时停用设备的开关箱必须分断电源隔离开关，并应关门上锁……	《施工现场临时用电安全技术规范》（JGJ 46—2005）	施工条件定量风险评价	6	3			18	较大风险	管理措施
（23）总配电箱未安装漏电保护器	第3.14.3条　施工用电保证项目的检查评定应符合下列规定：	《建筑施工安全检查标准》	施工条件定量风险评价	6	3			18	较大风险	管理措施
（24）开关箱未安装漏电保护器	（4）配电箱与开关箱 ④ 总配电箱与开关箱应安装漏电保护器，漏电保护器参数应匹配并灵敏可靠。	（JGJ 59—2011）	施工条件定量风险评价	6	3			18	较大风险	管理措施
（25）开关箱倾倒放置	第8.1.8条　配电箱、开关箱应装设端正、牢固。固定式配电箱、开关箱的中心点与地面的垂直距离应为1.4～1.6 m。移动式配电箱、开关箱应装设在坚固、稳定的支架上。其中心点与地面的垂直距离宜为0.8～1.6 m。	《施工现场临时用电安全技术规范》（JGJ 46—2005）	施工条件定量风险评价	3	3			9	一般风险	管理措施
（26）吊笼作业结束后控制开关未扳至零位，未切断电源，开关箱未上锁	第11.0.11条　作业结束后，应将吊笼返回最底层停放，控制开关应扳至零位，并应切断电源，锁好开关箱。	《龙门架及井架物料提升机安全技术规范》（JGJ 88—2010）	施工条件定量风险评价	6	3			18	较大风险	管理措施

续表

风险因素	管理要求	管理依据	判定方式	可能性	严重程度	人员自身危险性	耦合概率	风险值	风险等级	管控措施
(27) 用电设备无专用开关箱	第3.14.3条　施工用电保证项目的检查评定应符合下列规定： (4) 配电箱与开关箱 ① 施工现场配电系统应采用三级配电、二级漏电保护系统,用电设备必须有各自专用的开关箱。	《建筑施工安全检查标准》(JGJ 59—2011)	施工条件定量风险评价	6	3			18	较大风险	管理措施
(28) 箱门接地线未采用铜编织带,采用软芯护套地线	第8.1.13条　配电箱、开关箱的金属箱体、金属电器安装板以及电器正常不带电的金属底座、外壳等必须通过PE线端子板与PE线做电气连接,金属箱门与金属箱体必须通过采用编织软铜线做电气连接。	《施工现场临时用电安全技术规范》(JGJ 46—2005)	施工条件定量风险评价	3	3			9	一般风险	管理措施
(29) 施工升降机、塔式起重机等大型设备未配置专用配电箱	第6.1.4条　消防泵、施工升降机、塔式起重机、混凝土输送泵等大型设备应设专用配电箱。	《建设工程施工现场供用电安全规范》(GB 50194—2014)	施工条件定量风险评价	3	3			9	一般风险	管理措施
(30) 配电室配电装置与棚顶距离小于0.5 m	第6.2.2条　配电室配电装置的布置应符合下列规定： ……	《建设工程施工现场供用电安全规范》(GB 50194—2014)	施工条件定量风险评价	3	3			9	一般风险	管理措施
(31) 配电室配电装置正上方安装照明灯具	(3) 配电装置的上端距棚顶距离不宜小于0.5 m; (4) 配电装置的正上方不应安装照明灯具。		施工条件定量风险评价	3	3			9	一般风险	管理措施

2.7 电动建筑机械和手持式电动工具

风险因素	管理要求	管理依据	判定方式	可能性	严重程度	人员自身危险性	耦合概率	风险值	风险等级	管控措施
(1) 电动设备未设置短路、过载保护装置	**第 9.1.5 条** 每一台电动建筑机械或手持式电动工具的开关箱内,除应装设过载、短路、漏电保护电器外,还应按本规范第 8.2.5 条要求装设隔离开关或具有可见分断点的断路器,以及按照本规范第 8.2.6 条要求装设控制装置……	《施工现场临时用电安全技术规范》(JGJ 46—2005)	施工条件定量风险评价	6	3			18	较大风险	管理措施
(2) 电动设备漏电保护装置不齐全或不灵敏			施工条件定量风险评价	6	3			18	较大风险	管理措施
(3) 手持式电动工具操作人员未穿戴绝缘防护用品	**第 3.0.20 条** (1) 从事电钻、砂轮等手持电动工具作业时,应配备绝缘鞋、绝缘手套和防护眼镜。	《建筑施工作业劳动防护用品配备及使用标准》(JGJ 184—2009)	基础管理固有风险定量评价	3	3			9	一般风险	管理措施
(4) 手持式电动工具开关箱漏电保护器额定漏电动作电流大于 15 mA	**第 9.6.1 条** 空气湿度小于 75% 的一般场所可选用 I 类或 II 类手持式电动工具,其金属外壳与 PE 线的连接点不得少于 2 处;除塑料外壳 II 类工具外,相关开关箱中漏电保护器的额定漏电动作电流不应大于 15 mA,额定漏电动作时间不应大于 0.1 s,其负荷线插头应具备专用的保护触头。所用插座和插头在结构上应保持一致,避免导电触头和保护触头混用。	《施工现场临时用电安全技术规范》(JGJ 46—2005)	施工条件定量风险评价	6	3			18	较大风险	管理措施
(5) 手持式电动工具开关箱漏电保护器额定漏电动作时间大于 0.1 s			施工条件定量风险评价	6	3			18	较大风险	管理措施

2.8　照　　　明

风险因素	管理要求	管理依据	判定方式	可能性	严重程度	人员自身危险性	耦合概率	风险值	风险等级	管控措施
(1) 手持式灯具供电电压大于36 V	**第3.10.4条**　施工现场的特殊场所照明应符合下列规定： (1) 手持式灯具应采用供电电压不大于36 V的安全特低电压(SELV)供电； (2) 照明变压器应使用双绕组型安全隔离变压器，严禁采用自耦变压器； (3) 安全隔离变压器严禁带入金属容器或金属管道内使用。	《建筑与市政施工现场安全卫生与职业健康通用规范》(GB 55034—2022)	直接判定						重大风险	管理措施；个体防护；应急处置
(2) 采用自耦变压器作为照明变压器			直接判定						重大风险	管理措施；个体防护；应急处置
(3) 将安全隔离变压器带入金属容器或金属管道内使用			直接判定						重大风险	管理措施；个体防护；应急处置
(4) 行灯使用不规范	**第10.2.3条**　使用行灯应符合下列要求： (1) 电源电压不大于36 V； (2) 灯体与手柄应坚固、绝缘良好并耐热耐潮湿； (3) 灯头与灯体结合牢固，灯头无开关； (4) 灯泡外部有金属保护网； (5) 金属网、反光罩、悬吊挂钩固定在灯具的绝缘部位上。	《施工现场临时用电安全技术规范》(JGJ 46—2005)	施工条件定量风险评价	3	3			9	一般风险	管理措施

风险因素	管理要求	管理依据	判定方式	可能性	严重程度	人员自身危险性	耦合概率	风险值	风险等级	管控措施
(5)照明变压器未采用双绕组安全隔离变压器	**第3.14.4条** 施工用电一般项目的检查评定应符合下列规定: (2)现场照明 ③照明变压器应采用双绕组安全隔离变压器。	《建筑施工安全检查标准》(JGJ 59—2011)	施工条件定量风险评价	3	3			9	一般风险	管理措施
(6)灯具金属外壳未接保护接零	**第10.3.1条** 照明灯具的金属外壳必须与PE线相连接,照明开关箱内必须装设隔离开关、短路与过载保护电器和漏电保护器,并应符合本规范第8.2.5条和第8.2.6条的规定。	《施工现场临时用电安全技术规范》(JGJ 46—2005)	施工条件定量风险评价	3	3			9	一般风险	管理措施
(7)灯具与地面、易燃物之间小于安全距离	**第10.3.2条** 室外220 V灯具距地面不得低于3 m,室内220 V灯具距地面不得低于2.5 m。 普通灯具与易燃物距离不宜小于300 mm;聚光灯、碘钨灯等高热灯具与易燃物距离不宜小于500 mm,且不得直接照射易燃物。达不到规定安全距离时,应采取隔热措施。	《施工现场临时用电安全技术规范》(JGJ 46—2005)	施工条件定量风险评价	3	3			9	一般风险	管理措施
(8)聚光灯、碘钨灯等高热灯具直接照射易燃物			施工条件定量风险评价	3	3			9	一般风险	管理措施
(9)灯具外安全电压线路接头处未使用绝缘布包扎	**第10.3.8条** 灯具内的接线必须牢固,灯具外的接线必须做可靠的防水绝缘包扎。	《施工现场临时用电安全技术规范》(JGJ 46—2005)	施工条件定量风险评价	3	3			9	一般风险	管理措施

续表

风险因素	管理要求	管理依据	判定方式	可能性	严重程度	人员自身危险性	耦合概率	风险值	风险等级	管控措施
(10) 施工现场未按要求配备应急照明	**第3.14.4条** 施工用电一般项目的检查评定应符合下列规定： (2) 现场照明 ① 照明用电应与动力用电分设； ② 特殊场所和手持照明灯应采用安全电压供电； ③ 照明变压器应采用双绕组安全隔离变压器； ④ 灯具金属外壳应接保护零线； ⑤ 灯具与地面、易燃物间的距离应符合规范要求； ⑥ 照明线路和安全电压线路的架设应符合规范要求； ⑦ 施工现场应按规范要求配备应急照明。	《建筑施工安全检查标准》 (JGJ 59—2011)	施工条件定量风险评价	3	3			9	一般风险	管理措施
(11) 现场照明不符合要求	**第10.2.1条** 照明方式的选择应符合下列规定： (1) 需要夜间施工、无自然采光或自然采光差的场所，办公、生活、生产辅助设施，道路等应设置一般照明； (2) 同一工作场所内的不同区域有不同照度要求时，应分区采用一般照明或混合照明，不应只采用局部照明。	《建设工程施工现场供用电安全规范》 (GB 50194—2014)	施工条件定量风险评价	3	3			9	一般风险	管理措施

风险因素	管理要求	管理依据	判定方式	可能性	严重程度	人员自身危险性	耦合概率	风险值	风险等级	管控措施
（12）现场照明种类的选择不符合要求	第10.2.2条 照明种类的选择应符合下列规定： (1) 工作场所均应设置正常照明； (2) 在坑井、沟道、沉箱内及高层构筑物内的走道、拐弯处、安全出入口、楼梯间、操作区域等部位,应设置应急照明； (3) 在危及航行安全的建筑物、构筑物上,应根据航行要求设置障碍照明。	《建设工程施工现场供用电安全规范》(GB 50194—2014)	施工条件定量风险评价	3	3			9	一般风险	管理措施
（13）现场使用220 V临时照明灯具作为行灯使用	第10.2.4条 严禁利用额定电压220 V的临时照明灯具作为行灯使用。	《建设工程施工现场供用电安全规范》(GB 50194—2014)	施工条件定量风险评价	3	3			9	一般风险	管理措施
（14）现场塔机施工照明较差	第8.4.1条 塔机应有良好的照明。照明的供电不受停机影响。	《塔式起重机安全规程》(GB 5144—2006)	施工条件定量风险评价	3	3			9	一般风险	管理措施
（15）塔机司机室、电气室及机务专用电梯内照明不足	第8.4.3条 司机室内照明照度不应低于30 lx。 第8.4.4条 电气室及机务专用电梯的照明照度不应低于5 lx。	《塔式起重机安全规程》(GB 5144—2006)	施工条件定量风险评价	3	3			9	一般风险	管理措施

3　脚　手　架

　　脚手架是施工现场常用的、为了保证各施工过程顺利进行而搭设的工作平台,作为建筑工程施工中的重要临时设施,在施工现场为安全防护、工艺操作以及解决楼层间少量垂直和水平运输而搭设的支架。在我国的建筑施工安全生产项目上,脚手架在施工过程中会出现很多不确定的风险因素,原因是它具有施工周期长并且还有单件性和复杂性等特点,相比于其他的施工工具就显得其风险更大。脚手架有多种分类方式,按作用分为施工脚手架、模板支撑脚手架;按搭设的位置分为外脚手架、里脚手架;按材料不同可分为木脚手架、竹脚手架、钢管脚手架;按构造形式分为立杆式脚手架、桥式脚手架、门式脚手架、悬吊式脚手架、挂式脚手架、挑式脚手架、爬式脚手架。

　　本手册脚手架部分主要内容包含基本规定、扣件式钢管脚手架、满堂脚手架、门式钢管脚手架、碗扣式钢管脚手架、承插型盘扣式钢管脚手架、悬挑式脚手架、附着式脚手架、落地式脚手架、模板支撑脚手架,易引发的事故类型有高处坠落、物体打击、坍塌等。

3.1　基　本　规　定

风险因素	管理要求	管理依据	判定方式	可能性	严重程度	人员自身危险性	耦合概率	风险值	风险等级	管控措施
(1)未编制脚手架专项施工方案	**第2.0.3条**　在脚手架搭设和拆除作业前,应根据工程特点编制专项施工方案,并应经审批后组织实施……	《施工脚手架通用规范》(GB 55023—2022)	直接判定						重大风险	技术措施;管理措施

风险因素	管理要求	管理依据	判定方式	可能性	严重程度	人员自身危险性	耦合概率	风险值	风险等级	管控措施
(2)脚手架搭设和拆除作业未按专项施工方案施工	**第9.0.1条** 脚手架搭设和拆除作业应按专项施工方案施工。	《建筑施工脚手架安全技术统一标准》(GB 51210—2016)	直接判定						重大风险	技术措施;管理措施
(3)超过一定规模的脚手架危大工程(当搭设高度50 m及以上的落地式钢管脚手架工程;提升高度在150 m及以上的附着式升降脚手架工程或附着式升降操作平台工程;分段架体搭设高度20 m及以上的悬挑式脚手架工程),未组织进行专家论证	**第十二条** 对于超过一定规模的危大工程,施工单位应当组织召开专家论证会对专项施工方案进行论证。实行施工总承包的,由施工总承包单位组织召开专家论证会。专家论证前专项施工方案应当通过施工单位审核和总监理工程师审查。专家应当从地方人民政府住房城乡建设主管部门建立的专家库中选取,符合专业要求且人数不得少于5名。与本工程有利害关系的人员不得以专家身份参加专家论证会。	《危险性较大的分部分项工程安全管理规定》	直接判定						重大风险	技术措施;管理措施
(4)脚手架搭设和拆除作业前,未向施工现场管理人员及作业人员进行安全技术交底	**第2.0.4条** 脚手架搭设和拆除作业前,应将脚手架专项施工方案向施工现场管理人员及作业人员进行安全技术交底。	《施工脚手架通用规范》(GB 55023—2022)	基础管理固有风险定量评价	3	7			21	较大风险	技术措施;管理措施

风险因素	管理要求	管理依据	判定方式	可能性	严重程度	人员自身危险性	耦合概率	风险值	风险等级	管控措施
(5) 未按规定对脚手架进行使用前验收	第11.1.2条[条文说明] （2）对搭设脚手架的材料、构配件和设备及搭设施工质量验收进行控制,这是脚手架安全管理的主要内容,只有搭设质量合格,才能给脚手架的安全使用提供基本保障。	《建筑施工脚手架安全技术统一标准》(GB 51210—2016)	基础管理固有风险定量评价	3	7			21	较大风险	技术措施;管理措施
(6) 脚手架搭设及使用过程中未进行检查、维护	第9.0.12条　脚手架在使用过程中应分阶段进行检查、监护、维护、保养。	《建筑施工脚手架安全技术统一标准》(GB 51210—2016)	基础管理固有风险定量评价	10	3			30	较大风险	技术措施;管理措施;个体防护;应急处置
(7) 遇到特殊情况,未进行安全检查使用脚手架	第11.1.6条　当脚手架遇有下列情况之一时,应进行检查,确认安全后方可继续使用: （1）遇有 6 级及以上强风或大雨过后; （2）冻结的地基土解冻后; （3）停用超过 1 个月; （4）架体部分拆除; （5）其他特殊情况。	《建筑施工脚手架安全技术统一标准》(GB 51210—2016)	基础管理固有风险定量评价	10	3			30	较大风险	技术措施;管理措施;个体防护;应急处置
(8) 搭设脚手架所用材料、构配件未达到使用要求	第10.0.3条　搭设脚手架的材料、构配件和设备应按进入施工现场的批次分品种、规格进行检验,检验合格后方可搭设施工,并应符合下列规定: （1）新产品应有产品质量合格证,工厂化生产的主要承力杆件、涉及结构安全的构件应	《建筑施工脚手架安全技术统一标准》(GB 51210—2016)	直接判定						重大风险	技术措施;管理措施

风险因素	管理要求	管理依据	判定方式	可能性	严重程度	人员自身危险性	耦合概率	风险值	风险等级	管控措施
(8)搭设脚手架所用材料、构配件未达到使用要求	具有型式检验报告； (2) 材料、构配件和设备质量应符合本标准及国家现行相关标准的规定； (3) 按规定应进行施工现场抽样复验的构配件,应经抽样复验合格； (4) 周转使用的材料、构配件和设备,应经维修检验合格。	《建筑施工脚手架安全技术统一标准》(GB 51210—2016)	直接判定						重大风险	技术措施；管理措施
(9)脚手架系统整体稳定性及支撑强度不能满足实际要求	第3.1.3条　脚手架的设计、搭设、使用和维护应满足下列要求： (1) 应能承受设计荷载； (2) 结构应稳固,不得发生影响正常使用的变形； (3) 应满足使用要求,具有安全防护功能； (4) 在使用中,脚手架结构性能不得发生明显改变； (5) 当遇意外作用或偶然超载时,不得发生整体破坏； (6) 脚手架所依附、承受的工程结构不应受到损害。	《建筑施工脚手架安全技术统一标准》(GB 51210—2016)	施工条件定量风险评价	6	7			42	重大风险	技术措施；管理措施；个体防护；应急处置

风险因素	管理要求	管理依据	判定方式	可能性	严重程度	人员自身危险性	耦合概率	风险值	风险等级	管控措施
(10)脚手架搭设顺序混乱	**第9.0.4条**　脚手架应按顺序搭设,并应符合下列规定: (1)落地作业脚手架、悬挑脚手架的搭设应与工程施工同步,一次搭设高度不应超过最上层连墙件两步,且自由高度不应大于4 m; (2)支撑脚手架应逐排、逐层进行搭设; (3)剪刀撑、斜撑杆等加固杆件应随架体同步搭设,不得滞后安装; (4)构件组装类脚手架的搭设应自一端向另一端延伸,自下而上按步架设,并应逐层改变搭设方向; (5)每搭设完一步架体后,应按规定校正立杆间距、步距、垂直度及水平杆的水平度。	《建筑施工脚手架安全技术统一标准》(GB 51210—2016)	施工条件定量风险评价	6	7			42	重大风险	技术措施;管理措施;个体防护;应急处置
(11)脚手板强度不符合使用要求	**第4.0.6条**　脚手板应满足强度、耐久性和重复使用要求,钢脚手板材质应符合现行国家标准《碳素结构钢》GB/T 700中Q235级钢的规定;冲压钢板脚手板的钢板厚度不宜小于1.5 mm,板面冲孔内切圆直径应小于25 mm。	《建筑施工脚手架安全技术统一标准》(GB 51210—2016)	施工条件定量风险评价	6	3			18	较大风险	技术措施;管理措施;个体防护;应急处置
(12)脚手架连接不牢固	**第3.1.4条**　脚手架应构造合理、连接牢固、搭设与拆除方便、使用安全可靠。	《建筑施工脚手架安全技术统一标准》(GB 51210—2016)	施工条件定量风险评价	6	7			42	重大风险	技术措施;管理措施

续表

风险因素	管理要求	管理依据	判定方式	可能性	严重程度	人员自身危险性	耦合概率	风险值	风险等级	管控措施
（13）脚手架承重结构达到承载能力极限状态仍在使用	**第6.1.2条** 脚手架承重结构应按承载能力极限状态和正常使用极限状态进行设计，并应符合下列规定： (1) 当脚手架出现下列状态之一时,应判定为超过承载能力极限状态： ① 结构件或连接件因超过材料强度而破坏，或因连接节点产生滑移而失效，或因过度变形而不适于继续承载； ② 整个脚手架结构或其一部分失去平衡； ③ 脚手架结构转变为机动体系； ④ 脚手架结构整体或局部杆件失稳； ⑤ 地基失去继续承载的能力。 (2) 当脚手架出现下列状态之一时,应判定为超过正常使用极限状态： ① 影响正常使用的变形； ② 影响正常使用的其他状态。	《建筑施工脚手架安全技术统一标准》(GB 51210—2016)	施工条件定量风险评价	6	7			42	重大风险	技术措施；管理措施
（14）脚手架搭设人员未持证上岗	**第11.1.3条** 脚手架的搭设和拆除作业应由专业架子工担任,并应持证上岗。	《建筑施工脚手架安全技术统一标准》(GB 51210—2016)	直接判定						重大风险	管理措施

风险因素	管理要求	管理依据	判定方式	可能性	严重程度	人员自身危险性	耦合概率	风险值	风险等级	管控措施
(15)连墙件的安装未随作业脚手架同步搭设	**第9.0.5条** 作业脚手架连墙件的安装必须符合下列规定: (1)连墙件的安装必须随作业脚手架搭设同步进行,严禁滞后安装; (2)当作业脚手架操作层高出相邻连墙件2个步距及以上时,在上层连墙件安装完毕前,必须采取临时拉结措施。	《建筑施工脚手架安全技术统一标准》(GB 51210—2016)	施工条件定量风险评价	6	7			42	重大风险	技术措施;管理措施
(16)脚手架的搭设场地基础承载力强度不够	**第9.0.3条** 脚手架的搭设场地应平整、坚实,场地排水应顺畅,不应有积水。脚手架附着于建筑结构处的混凝土强度应满足安全承载要求。	《建筑施工脚手架安全技术统一标准》(GB 51210—2016)	直接判定						重大风险	技术措施;管理措施
(17)脚手架拆除过程中,同时拆除整层或数层连墙件	**第9.0.8条** 脚手架的拆除作业必须符合下列规定: (1)架体的拆除应从上而下逐层进行,严禁上下同时作业; (2)同层杆件和构配件必须按先外后内的顺序拆除;剪刀撑、斜撑杆等加固杆件必须在拆卸至该杆件所在部位时再拆除; (3)作业脚手架连墙件必须随架体逐层拆除,严禁先将连墙件整层或数层拆除后再拆架体。拆除作业过程中,当架体的自由端高度超过2个步距时,必须采取临时拉结措施。	《建筑施工脚手架安全技术统一标准》(GB 51210—2016)	直接判定						重大风险	技术措施;管理措施

风险因素	管理要求	管理依据	判定方式	可能性	严重程度	人员自身危险性	耦合概率	风险值	风险等级	管控措施
(18)脚手架的拆除作业用重锤击打、撬别	第9.0.10条　脚手架的拆除作业不得重锤击打、撬别。拆除的杆件、构配件应采用机械或人工运至地面,严禁抛掷。	《建筑施工脚手架安全技术统一标准》(GB 51210—2016)	施工过程定量风险评价	6	7	6	2	504	重大风险	管理措施;应急处置
(19)脚手架的拆除作业中拆除的杆件、构配件随意抛掷		《建筑施工脚手架安全技术统一标准》(GB 51210—2016)	施工过程定量风险评价	6	3	6	2	216	较大风险	管理措施;个体防护;应急处置
(20)脚手架搭设人员高空作业未佩戴个人防护用品	第11.1.4条　搭设和拆除脚手架作业应有相应的安全设施,操作人员应佩戴个人防护用品,穿防滑鞋。	《建筑施工脚手架安全技术统一标准》(GB 51210—2016)	基础管理固有风险定量评价	6	3			18	较大风险	管理措施;个体防护
(21)脚手架作业层上的荷载过大	第11.2.1条　脚手架作业层上的荷载不得超过设计允许荷载。	《建筑施工脚手架安全技术统一标准》(GB 51210—2016)	施工条件定量风险评价	6	7			42	重大风险	技术措施;管理措施;应急处置
(22)电焊工违规在易燃物上方进行焊接作业,且未采取清理、防护措施	第11.2.7条［条文说明］　在脚手架作业层上进行电焊、气焊、烘烤等作业,极易引发火灾,规定必须采取防火措施和设置专人监护的目的是避免灾害事故发生。脚手架作业层上可燃物较多,在主体施工时,作业层上常存放有模板、枋木等易燃材料;在装饰和涂装施工时,作业层上经常存放易燃装饰材料、油漆桶等。如果在动火作业时,不采取防火措施,极易引起火灾。要求采取防火措施,是要求设置接火斗、灭火器、将易燃物分离等措施,并设专人监护,以免发生火灾。	《建筑施工脚手架安全技术统一标准》(GB 51210—2016)	施工过程定量风险评价	6	3	6	2	216	较大风险	管理措施;应急处置

风险因素	管理要求	管理依据	判定方式	可能性	严重程度	人员自身危险性	耦合概率	风险值	风险等级	管控措施
(23) 其他设备设施违章固定、拉结或悬挂在作业脚手架上	第11.2.2条 严禁将支撑脚手架、缆风绳、混凝土输送泵管、卸料平台及大型设备的支承件等固定在作业脚手架上。严禁在作业脚手架上悬挂起重设备。	《建筑施工脚手架安全技术统一标准》(GB 51210—2016)	施工过程定量风险评价	6	3	6	2	216	较大风险	管理措施；应急处置
(24) 施工脚手架立杆基础周边进行开挖作业,且未采取加固措施	第11.2.8条 在脚手架使用期间,立杆基础下及附近不宜进行挖掘作业。当因施工需要需进行挖掘作业时,应对架体采取加固措施。	《建筑施工脚手架安全技术统一标准》(GB 51210—2016)	施工过程定量风险评价	6	7	6	2	504	重大风险	技术措施；管理措施；应急处置
(25) 在搭设和拆除脚手架作业时,未设置安全警戒线	第11.2.9条 在搭设和拆除脚手架作业时,应设置安全警戒线、警戒标志,并应派专人监护,严禁非作业人员入内。	《建筑施工脚手架安全技术统一标准》(GB 51210—2016)	施工条件定量风险评价	6	3			18	较大风险	管理措施
(26) 支撑脚手架在施加荷载的过程中,架体下有人逗留	第11.2.11条 支撑脚手架在施加荷载的过程中,架体下严禁有人。当脚手架在使用过程中出现安全隐患时,应及时排除;当出现可能危及人身安全的重大隐患时,应停止架上作业,撤离作业人员,并应由工程技术人员组织检查、处置。	《建筑施工脚手架安全技术统一标准》(GB 51210—2016)	施工过程定量风险评价	3	3	6	2	108	较大风险	管理措施；个体防护
(27) 脚手架连墙件缺失	第11.1.5条 脚手架在使用过程中,应定期进行检查,检查项目应符合下列规定:(1) 主要受力杆件、剪刀撑等加固杆件、连墙件应无缺失、无松动,架体应无明显变形;	《建筑施工脚手架安全技术统一标准》(GB 51210—2016)	直接判定						重大风险	技术措施；管理措施；应急处置

风险因素	管理要求	管理依据	判定方式	可能性	严重程度	人员自身危险性	耦合概率	风险值	风险等级	管控措施
(28) 脚手架安全防护设施缺失	(2) 场地应无积水,立杆底端应无松动、无悬空; (3) 安全防护设施应齐全、有效,应无损坏缺失; (4) 附着式升降脚手架支座应牢固,防倾、防坠装置应处于良好工作状态,架体升降应正常平稳; (5) 悬挑脚手架的悬挑支承结构应固定牢固。	《建筑施工脚手架安全技术统一标准》(GB 51210—2016)	直接判定						重大风险	技术措施;管理措施;应急处置
(29) 6级及以上强风天气在脚手架上作业	第11.2.3条 雷雨天气、6级及以上强风天气应停止架上作业;雨、雪、雾天气应停止脚手架的搭设和拆除作业;雨、雪、霜后上架作业应采取有效的防滑措施,并应清除积雪。	《建筑施工脚手架安全技术统一标准》(GB 51210—2016)	施工过程定量风险评价	6	3	6	2	216	较大风险	技术措施;管理措施;应急处置
(30) 脚手架与外电线路安全距离不够	第4.1.2条 在建工程(含脚手架)的周边与外电架空线路的边线之间的最小安全操作距离应符合表4.1.2规定。		施工条件定量风险评价	6	3			18	较大风险	技术措施;管理措施;应急处置
(31) 工地临时用电线路架设不符合安全要求	表4.1.2	《施工现场临时用电安全技术规范》(JGJ 46—2005)	施工条件定量风险评价	6	3			18	较大风险	技术措施;管理措施;应急处置
(32) 脚手架与外电线路安全距离不够且未采取相应安全防护措施	注:上、下脚手架的斜道不宜设在有外电线路的一侧。		施工条件定量风险评价	6	3			18	较大风险	技术措施;管理措施;应急处置

表4.1.2

外电线路电压等级/kV	<1	1~10	35~110	220	330~500
最小安全操作距离/m	4.0	6.0	8.0	10	15

风险因素	管理要求	管理依据	判定方式	可能性	严重程度	人员自身危险性	耦合概率	风险值	风险等级	管控措施
（33）安全网选择不符合要求	第 8.1.1 条　建筑施工安全网的选用应符合下列规定： （1）安全网材质、规格、物理性能、耐火性、阻燃性应满足现行国家标准《安全网》GB 5725 的规定； （2）密目式安全立网的网目密度应为 10 cm×10 cm 面积上大于或等于 2 000 目。	《建筑施工高处作业安全技术规范》（JGJ 80—2016）	施工条件定量风险评价	3	3			9	一般风险	管理措施
（34）作业脚手架的纵向外侧立面上未设置竖向剪刀撑	第 8.2.3 条　在作业脚手架的纵向外侧立面上应设置竖向剪刀撑，并应符合下列规定： （1）每道剪刀撑的宽度应为 4 跨～6 跨，且不应小于 6 m，也不应大于 9 m；剪刀撑斜杆与水平面的倾角应在 45°～60°之间； （2）搭设高度在 24 m 以下时，应在架体两端、转角及中间每隔不超过 15 m 各设置一道剪刀撑，并由底至顶连续设置；搭设高度在 24 m 及以上时，应在全外侧立面上由底至顶连续设置； （3）悬挑脚手架、附着式升降脚手架应在全外侧立面上由底至顶连续设置。	《建筑施工脚手架安全技术统一标准》（GB 51210—2016）	施工条件定量风险评价	6	3			18	较大风险	技术措施；管理措施；个体防护；应急处置
（35）作业脚手架临街外立面防护不符合要求	第 11.2.5 条　作业脚手架临街的外侧立面、转角处应采取硬防护措施，硬防护的高度不应小于 1.2 m，转角处硬防护的宽度应为作业脚手架宽度。	《建筑施工脚手架安全技术统一标准》（GB 51210—2016）	施工条件定量风险评价	3	3			9	一般风险	技术措施；管理措施；个体防护；应急处置

风险因素	管理要求	管理依据	判定方式	可能性	严重程度	人员自身危险性	耦合概率	风险值	风险等级	管控措施
(36)作业脚手架宽度小于0.8 m,高度小于1.7 m	**第8.2.1条** 作业脚手架的宽度不应小于0.8 m,且不宜大于1.2 m。作业层高度不应小于1.7 m,且不宜大于2.0 m。	《建筑施工脚手架安全技术统一标准》(GB 51210—2016)	施工条件定量风险评价	3	3			9	一般风险	技术措施;管理措施;个体防护;应急处置
(37)作业脚手架外层未设置阻燃性密目式安全网或其他安全措施	**第11.2.4条** 作业脚手架外侧和支撑脚手架作业层栏杆应采用密目式安全网或其他措施全封闭防护。密目式安全网应为阻燃产品。	《建筑施工脚手架安全技术统一标准》(GB 51210—2016)	施工条件定量风险评价	6	3			18	较大风险	技术措施;管理措施;个体防护;应急处置
(38)支撑脚手架未设置竖向或水平剪刀撑	**第8.3.4条** 支撑脚手架应设置竖向剪刀撑,并应符合下列规定: (1)安全等级为Ⅱ级的支撑脚手架应在架体周边、内部纵向和横向每隔不大于9 m设置一道; (2)安全等级为Ⅰ级的支撑脚手架应在架体周边、内部纵向和横向每隔不大于6 m设置一道; (3)竖向剪刀撑斜杆间的水平距离宜为6 m～9 m,剪刀撑斜杆与水平面的倾角应为45°～60°。 **第8.3.6条** 支撑脚手架应设置水平剪刀撑,并应符合下列规定: (1)安全等级为Ⅱ级的支撑脚手架宜在架顶处设置一道水平剪刀撑; (2)安全等级为Ⅰ级的支撑脚手架应在架顶、竖向每隔不大于8 m各设置一道水平剪刀撑; (3)每道水平剪刀撑应连续设置,剪刀撑的宽度宜为6 m～9 m。	《建筑施工脚手架安全技术统一标准》(GB 51210—2016)	施工条件定量风险评价	6	3			18	较大风险	技术措施;管理措施;个体防护;应急处置

3.2　扣件式钢管脚手架

风险因素	管理要求	管理依据	判定方式	可能性	严重程度	人员自身危险性	耦合概率	风险值	风险等级	管控措施
(1) 作业层上非主节点处的横向水平杆间距过大	**第6.2.2条**　横向水平杆的构造应符合下列规定： (1) 作业层上非主节点处的横向水平杆，宜根据支承脚手板的需要等间距设置，最大间距不应大于纵距的1/2；	《建筑施工扣件式钢管脚手架安全技术规范》 (JGJ 130—2011)	施工条件定量风险评价	3	3			9	一般风险	技术措施；管理措施；应急处置
(2) 单排脚手架横向水平杆插入墙内小于180 mm	(2) 当使用冲压钢脚手板、木脚手板、竹串片脚手板时，双排脚手架的横向水平杆两端均应采用直角扣件固定在纵向水平杆上；单排脚手架的横向水平杆的一端应用直角扣件固定在纵向水平杆上，另一端应插入墙内，插入长度不应小于180 mm；		施工条件定量风险评价	3	3			9	一般风险	技术措施；应急处置
(3) 双排脚手架的横向水平杆两端均未采用直角扣件固定	(3) 当使用竹笆脚手板时，双排脚手架的横向水平杆的两端，应用直角扣件固定在立杆上；单排脚手架的横向水平杆的一端，应用直角扣件固定在立杆上，另一端插入墙内，插入长度不应小于180 mm。		施工条件定量风险评价	6	3			18	较大风险	技术措施；应急处置
(4) 单排脚手架和双排脚手架搭设高度未符合要求	**第6.1.2条**　单排脚手架搭设高度不应超过24 m；双排脚手架搭设高度不宜超过50 m，高度超过50 m的双排脚手架，应采用分段搭设等措施。	《建筑施工扣件式钢管脚手架安全技术规范》 (JGJ 130—2011)	施工条件定量风险评价	6	3			18	较大风险	技术措施；应急处置

风险因素	管理要求	管理依据	判定方式	可能性	严重程度	人员自身危险性	耦合概率	风险值	风险等级	管控措施
(5)脚手架操作层高出相邻连墙件以上两步时,未采取确保脚手架稳定的临时拉结措施	**第7.3.8条** 脚手架连墙件安装应符合下列规定: (1)连墙件的安装应随脚手架搭设同步进行,不得滞后安装; (2)当单、双排脚手架施工操作层高出相邻连墙件以上两步时,应采取确保脚手架稳定的临时拉结措施,直到上一层连墙件安装完毕后再根据情况拆除。	《建筑施工扣件式钢管脚手架安全技术规范》(JGJ 130—2011)	施工条件定量风险评价	6	3			18	较大风险	技术措施;管理措施;应急处置
(6)脚手架未在立杆与纵向水平杆交点处设置横向水平杆	**第6.2.3条** 主节点处必须设置一根横向水平杆,用直角扣件扣接且严禁拆除。	《建筑施工扣件式钢管脚手架安全技术规范》(JGJ 130—2011)	施工条件定量风险评价	6	3			18	较大风险	技术措施;管理措施;个体防护;应急处置
(7)脚手架卡扣螺栓拧紧扭力矩小40 N·m,或大于65 N·m	**第7.3.11条** 扣件安装应符合下列规定: (1)扣件规格应与钢管外径相同; (2)螺栓拧紧扭力矩不应小于40 N·m,且不应大于65 N·m; (3)在主节点处固定横向水平杆、纵向水平杆、剪刀撑、横向斜撑等用的直角扣件、旋转扣件的中心点的相互距离不应大于150 mm; (4)对接扣件开口应朝上或朝内; (5)各杆件端头伸出扣件盖板边缘的长度不应小于100 mm。	《建筑施工扣件式钢管脚手架安全技术规范》(JGJ 130—2011)	施工条件定量风险评价	3	3			9	一般风险	技术措施;管理措施;应急处置
(8)脚手架各杆件端头伸出扣件盖板边缘的长度小于100 mm			施工条件定量风险评价	3	3			9	一般风险	技术措施;管理措施;应急处置

风险因素	管理要求	管理依据	判定方式	可能性	严重程度	人员自身危险性	耦合概率	风险值	风险等级	管控措施
(9) 脚手板未铺满、铺稳	**第7.3.13条** 脚手板的铺设应符合下列规定： (1) 脚手板应铺满、铺稳，离墙面的距离不应大于150 mm； (2) 采用对接或搭接时均应符合本规范第6.2.4条的规定；脚手板探头应用直径3.2 mm的镀锌钢丝固定在支承杆件上； (3) 在拐角、斜道平台口处的脚手板，应用镀锌钢丝固定在横向水平杆上，防止滑动。	《建筑施工扣件式钢管脚手架安全技术规范》(JGJ 130—2011)	施工条件定量风险评价	6	3			18	较大风险	技术措施；管理措施；应急处置
(10) 脚手架拐角、斜道平台口处的脚手板，未固定在横向水平杆上			施工条件定量风险评价	3	3			9	一般风险	技术措施；管理措施；应急处置
(11) 脚手架上悬挂起重设备	**第9.0.5条** 作业层上的施工荷载应符合设计要求，不得超载。不得将模板支架、缆风绳、泵送混凝土和砂浆的输送管等固定在架体上；严禁悬挂起重设备，严禁拆除或移动架体上的安全防护设施。	《建筑施工扣件式钢管脚手架安全技术规范》(JGJ 130—2011)	施工条件定量风险评价	6	3			18	较大风险	技术措施；管理措施；应急处置
(12) 脚手架底部或基础塌空，未采取加固措施	**第9.0.14条** 当在脚手架使用过程中开挖脚手架基础下的设备基础或管沟时，必须对脚手架采取加固措施。	《建筑施工扣件式钢管脚手架安全技术规范》(JGJ 130—2011)	直接判定						重大风险	技术措施；管理措施；应急处置
(13) 脚手架搭设过程中，坠落半径范围未设置警戒线	**第9.0.19条** 搭拆脚手架时，地面应设围栏和警戒标志，并应派专人看守，严禁非操作人员入内。	《建筑施工扣件式钢管脚手架安全技术规范》(JGJ 130—2011)	施工条件定量风险评价	6	3			18	较大风险	技术措施；管理措施；应急处置

风险因素	管理要求	管理依据	判定方式	可能性	严重程度	人员自身危险性	耦合概率	风险值	风险等级	管控措施
(14) 在脚手架上进行电、气焊作业时，无防火措施、无动火监护人	**第9.0.17条** 在脚手架上进行电、气焊作业时，应有防火措施和专人看守。	《建筑施工扣件式钢管脚手架安全技术规范》(JGJ 130—2011)	基础管理固有风险定量评价	3	3			9	一般风险	技术措施；管理措施；应急处置
(15) 脚手架拆除时未清除脚手架上杂物及地面障碍物	**第7.4.1条** 脚手架拆除应按专项方案施工,拆除前应做好下列准备工作: (1) 应全面检查脚手架的扣件连接、连墙件、支撑体系等是否符合构造要求; (2) 应根据检查结果补充完善脚手架专项方案中的拆除顺序和措施,经审批后方可实施; (3) 拆除前应对施工人员进行交底; (4) 应清除脚手架上杂物及地面障碍物。	《建筑施工扣件式钢管脚手架安全技术规范》(JGJ 130—2011)	施工条件定量风险评价	3	3			9	一般风险	管理措施；个体防护；应急处置
(16) 脚手架拆除前未全面检查脚手架的扣件连接、连墙件、支撑体系			基础管理固有风险定量评价	10	3			30	较大风险	管理措施
(17) 未完善脚手架拆除顺序和措施			直接判定						重大风险	技术措施；管理措施；应急处置
(18) 单、双排脚手架拆除作业拆除顺序混乱	**第7.4.2条** 单、双排脚手架拆除作业必须由上而下逐层进行,严禁上下同时作业;连墙件必须随脚手架逐层拆除,严禁先将连墙件整层或数层拆除后再拆脚手架;分段拆除高差大于两步时,应增设连墙件加固。	《建筑施工扣件式钢管脚手架安全技术规范》(JGJ 130—2011)	直接判定						重大风险	技术措施；管理措施；应急处置
(19) 连墙件未随脚手架逐层拆除			直接判定						重大风险	技术措施；管理措施；应急处置

风险因素	管理要求	管理依据	判定方式	可能性	严重程度	人员自身危险性	耦合概率	风险值	风险等级	管控措施
（20）架体立杆、纵向水平杆、横向水平杆间距不符合规范要求	**第3.3.3条** 扣件式钢管脚手架保证项目的检查评定应符合下列规定： （3）架体与建筑结构拉结： ① 架体与建筑结构拉结应符合规范要求； ② 连墙件应从架体底层第一步纵向水平杆处开始设置，当该处设置有困难时应采取其他可靠措施固定； ③ 对搭设高度超过24 m的双排脚手架，应采用刚性连墙件与建筑结构可靠拉结。 （4）杆件间距与剪刀撑： ① 架体立杆、纵向水平杆、横向水平杆间距应符合设计和规范要求； ② 纵向剪刀撑及横向斜撑的设置应符合规范要求； ③ 剪刀撑杆件的接长、剪刀撑斜杆与架体杆件的连接应符合规范要求。	《建筑施工安全检查标准》（JGJ 59—2011）	施工条件定量风险评价	6	3			18	较大风险	技术措施；管理措施；个体防护；应急处置
（21）架体未按规范设置剪刀撑			施工条件定量风险评价	6	3			18	较大风险	技术措施；管理措施；个体防护；应急处置
（22）架体连墙件缺失			直接判定						重大风险	技术措施；管理措施；应急处置
（23）架体作业层脚手板铺设不严密			施工条件定量风险评价	3	3			9	一般风险	技术措施；管理措施；个体防护；应急处置
（24）架体作业层脚手板铺设未绑扎			施工条件定量风险评价	6	3			18	较大风险	技术措施；管理措施；个体防护；应急处置

风险因素	管理要求	管理依据	判定方式	可能性	严重程度	人员自身危险性	耦合概率	风险值	风险等级	管控措施
(25) 架体作业层外侧未搭设防护栏	(5) 脚手板与防护栏杆： ① 脚手板材质、规格应符合规范要求,铺板应严密、牢靠； ② 架体外侧应采用密目式安全网封闭,网间连接应严密； ③ 作业层应按规范要求设置防护栏杆； ④ 作业层外侧应设置高度不小于 180 mm 的挡脚板。	《建筑施工安全检查标准》(JGJ 59—2011)	施工条件定量风险评价	6	3			18	较大风险	技术措施；管理措施；个体防护；应急处置
(26) 架体作业层外侧未设置挡脚板		《建筑施工安全检查标准》(JGJ 59—2011)	施工条件定量风险评价	3	3			9	一般风险	技术措施；管理措施；个体防护；应急处置
(27) 架体外侧未采用安全网封闭			施工条件定量风险评价	6	3			18	较大风险	技术措施；管理措施；个体防护；应急处置
(28) 扣件式钢管脚手架未采用安全网兜底	**第3.3.4条** 扣件式钢管脚手架一般项目的检查评定应符合下列规定： (3) 层间防护 ① 作业层脚手板下应采用安全平网兜底,以下每隔 10 m 应采用安全平网封闭； ② 作业层里排架体与建筑物之间应采用脚手板或安全平网封闭。	《建筑施工安全检查标准》(JGJ 59—2011)	施工条件定量风险评价	6	3			18	较大风险	技术措施；管理措施；应急处置
(29) 单、双排脚手架底层步距大于 2 m	**第6.3.4条** 单、双排脚手架底层步距均不应大于 2 m。	《建筑施工扣件式钢管脚手架安全技术规范》(JGJ 130—2011)	施工条件定量风险评价	6	3			18	较大风险	技术措施；管理措施；应急处置

风险因素	管理要求	管理依据	判定方式	可能性	严重程度	人员自身危险性	耦合概率	风险值	风险等级	管控措施
(30) 作业层脚手板未按要求铺满、铺稳、铺实	**第6.2.4条** 脚手板的设置应符合下列规定： (1) 作业层脚手板应铺满、铺稳、铺实。 (2) 冲压钢脚手板、木脚手板、竹串片脚手板等，应设置在三根横向水平杆上。当脚手板长度小于2 m时，可采用两根横向水平杆支承，但应将脚手板两端与横向水平杆可靠固定，严防倾翻。脚手板的铺设应采用对接平铺或搭接铺设。脚手板对接平铺时，接头处应设两根横向水平杆，脚手板外伸长度应取130 mm～150 mm，两块脚手板外伸长度的和不应大于300 mm；脚手板搭接铺设时，接头应支在横向水平杆上，搭接长度不应小于200 mm，其伸出横向水平杆的长度不应小于100 mm。 (3) 竹笆脚手板应按其主竹筋垂直于纵向水平杆方向铺设，且应对接平铺，四个角应用直径不小于1.2 mm的镀锌钢丝固定在纵向水平杆上。 (4) 作业层端部脚手板探头长度应取150 mm，其板的两端均应固定于支承杆件上。	《建筑施工扣件式钢管脚手架安全技术规范》(JGJ 130—2011)	施工条件定量风险评价	3	3			9	一般风险	技术措施；管理措施；应急处置
(31) 脚手架脚手板探头长度过长			施工条件定量风险评价	3	3			9	一般风险	技术措施；管理措施；应急处置
(32) 脚手板的铺设未采用对接平铺或搭接铺设			施工条件定量风险评价	3	3			9	一般风险	技术措施；管理措施；应急处置
(33) 冲压钢脚手板、木脚手板、竹串片脚手板未设置在三根横向水平杆上			施工条件定量风险评价	3	3			9	一般风险	技术措施；管理措施；应急处置
(34) 竹笆脚手板铺设不符合要求			施工条件定量风险评价	6	3			18	较大风险	技术措施；管理措施；应急处置

风险因素	管理要求	管理依据	判定方式	可能性	严重程度	人员自身危险性	耦合概率	风险值	风险等级	管控措施
(35) 剪刀撑设置不符合要求	**第6.6.2条** (1)……每道剪刀撑宽度不应小于4跨,且不应小于6 m,斜杆与地面的倾角应在45°～60°之间。 **第6.6.3条** 高度在24 m及以上的双排脚手架应在外侧全立面连续设置剪刀撑;高度在24 m以下的单、双排脚手架,均必须在外侧两端、转角及中间间隔不超过15 m的立面上,各设置一道剪刀撑,并应由底至顶连续设置……	《建筑施工扣件式钢管脚手架安全技术规范》(JGJ 130—2011)	施工条件定量风险评价	6	3			18	较大风险	技术措施;管理措施;应急处置
(36) 可调托撑螺杆外径不满足要求	**第3.4.1条** 可调托撑螺杆外径不得小于36 mm,直径与螺距应符合现行国家标准《梯形螺纹 第2部分:直径与螺距系列》GB/T 5796.2和《梯形螺纹 第3部分:基本尺寸》GB/T 5796.3的规定。	《建筑施工扣件式钢管脚手架安全技术规范》(JGJ 130—2011)	施工条件定量风险评价	3	3			9	一般风险	技术措施;管理措施
(37) 立杆基础不在同一高度时,纵向扫地杆设置不符合要求	**第6.3.3条** 脚手架立杆基础不在同一高度上时,必须将高处的纵向扫地杆向低处延长两跨与立杆固定,高低差不应大于1 m。靠边坡上方的立杆轴线到边坡的距离不应小于500 mm……	《建筑施工扣件式钢管脚手架安全技术规范》(JGJ 130—2011)	施工条件定量风险评价	6	3			18	较大风险	技术措施;管理措施
(38) 开口型脚手架两端未设置连墙件	**第6.4.4条** 开口型脚手架的两端必须设置连墙件,连墙件的垂直间距不应大于建筑物的层高,并且不应大于4 m。	《建筑施工扣件式钢管脚手架安全技术规范》(JGJ 130—2011)	直接判定						重大风险	技术措施;管理措施

风险因素	管理要求	管理依据	判定方式	可能性	严重程度	人员自身危险性	耦合概率	风险值	风险等级	管控措施
(39) 开口型双排脚手架两端未设置横向斜撑	**第6.6.5条** 开口型双排脚手架的两端均必须设置横向斜撑。	《建筑施工扣件式钢管脚手架安全技术规范》(JGJ 130—2011)	施工条件定量风险评价	6	3			18	较大风险	技术措施;管理措施;个体防护;应急处置
(40) 脚手架连墙件滞后安装	**第7.3.8条** 脚手架连墙件安装应符合下列规定: (1) 连墙件的安装应随脚手架搭设同步进行,不得滞后安装; (2) 当单、双排脚手架施工操作层高出相邻连墙件以上两步时,应采取确保脚手架稳定的临时拉结措施,直到上一层连墙件安装完毕后再根据情况拆除。	《建筑施工扣件式钢管脚手架安全技术规范》(JGJ 130—2011)	施工条件定量风险评价	6	7			42	重大风险	技术措施;管理措施
(41) 脚手架施工操作层高出相邻连墙件以上两步时未采取相应措施										
(42) 未采取加固措施情况下,拆除脚手架连墙件	**第7.4.3条** 当脚手架拆至下部最后一根长立杆的高度(约6.5 m)时,应先在适当位置搭设临时抛撑加固后,再拆除连墙件。当单、双排脚手架采取分段、分立面拆除时,对不拆除的脚手架两端,应先按本规范第6.4.4条、第6.6.4条、第6.6.5条的有关规定设置连墙件和横向斜撑加固。	《建筑施工扣件式钢管脚手架安全技术规范》(JGJ 130—2011)	施工条件定量风险评价	6	7			42	重大风险	技术措施;管理措施

风险因素	管理要求	管理依据	判定方式	可能性	严重程度	人员自身危险性	耦合概率	风险值	风险等级	管控措施
(43) 脚手架立杆底部未设置底座或垫板	**第 6.3.1 条** 每根立杆底部宜设置底座或垫板。 **第 6.3.2 条** 脚手架必须设置纵、横向扫地杆。纵向扫地杆应采用直角扣件固定在距钢管底端不大于 200 mm 处的立杆上。横向扫地杆应采用直角扣件固定在紧靠纵向扫地杆下方的立杆上。	《建筑施工扣件式钢管脚手架安全技术规范》(JGJ 130—2011)	施工条件定量风险评价	6	7			42	重大风险	技术措施;管理措施
(44) 脚手架未按要求设置纵、横向扫地杆			施工条件定量风险评价	6	7			42	重大风险	技术措施;管理措施

3.3 满堂脚手架

风险因素	管理要求	管理依据	判定方式	可能性	严重程度	人员自身危险性	耦合概率	风险值	风险等级	管控措施
(1) 满堂脚手架架体未设置扫地杆	**第 3.7.3 条** 满堂脚手架保证项目的检查评定应符合下列规定: (1) 施工方案 ① 架体搭设应编制专项施工方案,结构设计应进行计算; ② 专项施工方案应按规定进行审核、审批。 (2) 架体基础 ① 架体基础应按方案要求平整、夯实,并应	《建筑施工安全检查标准》(JGJ 59—2011)	施工条件定量风险评价	6	3			18	较大风险	技术措施;管理措施;个体防护;应急处置
(2) 满堂脚手架作业层脚手板未铺满			施工条件定量风险评价	6	3			18	较大风险	技术措施;管理措施;个体防护;应急处置

续表

风险因素	管理要求	管理依据	判定方式	可能性	严重程度	人员自身危险性	耦合概率	风险值	风险等级	管控措施
（3）满堂脚手架未按要求设置水平剪刀撑	采取排水措施； ② 架体底部应按规范要求设置垫板和底座，垫板规格应符合规范要求； ③ 架体扫地杆设置应符合规范要求。 （3）架体稳定 ① 架体四周与中部应按规范要求设置竖向剪刀撑或专用斜杆； ② 架体应按规范要求设置水平剪刀撑或水平斜杆； ③ 当架体高宽比大于规范规定时，应按规范要求与建筑结构拉结或采用增加架体宽度、设置钢丝绳张拉固定等稳定措施。 （4）杆件锁件 ① 架体立杆件间距、水平杆步距应符合设计和规范要求； ② 杆件的接长应符合规范要求； ③ 架体搭设应牢固，杆件节点应按规范要求进行紧固。	《建筑施工安全检查标准》（JGJ 59—2011）	施工条件定量风险评价	6	3			18	较大风险	技术措施；管理措施；个体防护；应急处置
（4）架体基础未按方案要求平整、夯实，并未采取排水措施			施工条件定量风险评价	6	3			18	较大风险	技术措施；管理措施；个体防护；应急处置
（5）垫板规格不符合规范要求			施工条件定量风险评价	6	3			18	较大风险	技术措施；管理措施；个体防护；应急处置
（6）架体未按规范要求设置水平剪刀撑或水平斜杆			施工条件定量风险评价	6	3			18	较大风险	技术措施；管理措施；个体防护；应急处置
（7）当架体高宽比大于规范规定时未按要求设置钢丝绳张拉固定等稳定措施			施工条件定量风险评价	6	3			18	较大风险	技术措施；管理措施；个体防护；应急处置

风险因素	管理要求	管理依据	判定方式	可能性	严重程度	人员自身危险性	耦合概率	风险值	风险等级	管控措施
(8) 架体搭设应牢固,杆件节点未按规范要求进行紧固	(5) 脚手板 ① 作业层脚手板应满铺,铺稳、铺牢; ② 脚手板的材质、规格应符合规范要求; ③ 挂扣式钢脚手板的挂扣应完全挂扣在水平杆上,挂钩处应处于锁住状态。 (6) 交底与验收 ① 架体搭设前应进行安全技术交底,并应有文字记录; ② 架体分段搭设、分段使用时,应进行分段验收; ③ 搭设完毕应办理验收手续,验收应有量化内容并经责任人签字确认。	《建筑施工安全检查标准》(JGJ 59—2011)	施工条件定量风险评价	6	3			18	较大风险	技术措施;管理措施;个体防护;应急处置
(9) 脚手板的材质、规格不符合规范要求			施工条件定量风险评价	6	3			18	较大风险	技术措施;管理措施;个体防护;应急处置
(10) 架体分段搭设、分段使用时,未进行分段验收			基础管理固有风险定量评价	3	7			21	较大风险	技术措施;管理措施
(11) 搭设完成后未办理验收手续			基础管理固有风险定量评价	3	7			21	较大风险	技术措施;管理措施
(12) 满堂脚手架与满堂支撑架在安装过程中,未采取防倾覆的临时固定措施	**第 9.0.15 条** 满堂脚手架与满堂支撑架在安装过程中,应采取防倾覆的临时固定措施。	《建筑施工扣件式钢管脚手架安全技术规范》(JGJ 130—2011)	直接判定						重大风险	管理措施;应急处置
(13) 支架高宽比超过规范要求未采取与建筑结构刚性连接或增加架体宽度等措施	**第 6.8.6 条** 满堂脚手架的高宽比不宜大于3,当高宽比大于 2 时,应在架体的外侧四周和内部水平间隔 6 m～9 m,竖向间隔 4 m～6 m 设置连墙件与建筑结构拉结,当无法设置连墙件时,应采取设置钢丝绳张拉固定等措施。	《建筑施工扣件式钢管脚手架安全技术规范》(JGJ 130—2011)	施工条件定量风险评价	6	3			18	较大风险	管理措施;应急处置

风险因素	管理要求	管理依据	判定方式	可能性	严重程度	人员自身危险性	耦合概率	风险值	风险等级	管控措施
(14) 单排、双排与满堂脚手架各层各步接头连接方式错误	**第6.3.5条** 单排、双排与满堂脚手架立杆接长除顶层顶步外,其余各层各步接头必须采用对接扣件连接。	《建筑施工扣件式钢管脚手架安全技术规范》(JGJ 130—2011)	施工条件定量风险评价	6	3			18	较大风险	技术措施;管理措施;应急处置
(15) 作业层脚手板下未采用安全平网兜底	**第3.7.4条** 满堂脚手架一般项目的检查评定应符合下列规定: (1) 架体防护 ① 作业层应按规范要求设置防护栏杆; ② 作业层外侧应设置高度不小于180 mm的挡脚板; ③ 作业层脚手板下应采用安全平网兜底,以下每隔10 m应采用安全平网封闭。 (2) 构配件材质 ① 架体构配件的规格、型号、材质应符合规范要求; ② 杆件的弯曲、变形和锈蚀应在规范允许范围内。 (3) 荷载 ① 架体上的施工荷载应符合设计和规范要求; ② 施工均布荷载、集中荷载应在设计允许范围内。 (4) 通道 ① 架体应设置供人员上下的专用通道; ② 专用通道的设置应符合规范要求。	《建筑施工安全检查标准》(JGJ 59—2011)	施工条件定量风险评价	6	3			18	较大风险	技术措施;管理措施;应急处置
(16) 架体构配件严重变形			直接判定						重大风险	技术措施;管理措施;应急处置
(17) 架体施工荷载过大			施工条件定量风险评价	6	7			42	重大风险	技术措施;管理措施;应急处置
(18) 架体未设置人员上下专用通道			施工条件定量风险评价	6	3			18	较大风险	技术措施;管理措施;应急处置

风险因素	管理要求	管理依据	判定方式	可能性	严重程度	人员自身危险性	耦合概率	风险值	风险等级	管控措施
(19) 满堂支撑架立杆伸出顶层水平杆中心线至支撑点的长度超过 0.5 m	**第 6.9.1 条** 满堂支撑架步距与立杆间距不宜超过本规范附录 C 表 C-2～表 C-5 规定的上限值,立杆伸出顶层水平杆中心线至支撑点的长度 a 不应超过 0.5 m。满堂支撑架搭设高度不宜超过 30 m。	《建筑施工扣件式钢管脚手架安全技术规范》(JGJ 130—2011)	施工条件定量风险评价	6	3			18	较大风险	技术措施;管理措施;应急处置
(20) 满堂支撑架搭设高度超过 30 m			施工条件定量风险评价	6	7			42	重大风险	技术措施;管理措施;应急处置
(21) 满堂支撑架的可调底座、可调撑托螺杆长度超过 300 mm	**第 6.9.6 条** 满堂支撑架的可调底座、可调托撑螺杆伸出长度不宜超过 300 mm,插入立杆内的长度不得小于 150 mm。	《建筑施工扣件式钢管脚手架安全技术规范》(JGJ 130—2011)	施工条件定量风险评价	3	3			9	一般风险	技术措施;管理措施;应急处置
(22) 满堂脚手架搭设高度不符合要求。满堂脚手架施工层超过 1 层	**第 6.8.2 条** 满堂脚手架搭设高度不宜超过 36 m;满堂脚手架施工层不得超过 1 层。**第 6.8.3 条** 满堂脚手架立杆的构造应符合本规范第 6.3.1 条～第 6.3.3 条的规定;立杆接长接头必须采用对接扣件连接。立杆对接扣件布置应符合本规范第 6.3.6 条第 1 款的规定。水平杆的连接应符合本规范第 6.2.1 条第 2 款的有关规定,水平杆长度不宜小于 3 跨。	《建筑施工扣件式钢管脚手架安全技术规范》(JGJ 130—2011)	施工条件定量风险评价	6	7			42	重大风险	技术措施;管理措施;应急处置
(23) 满堂脚手架立杆的构造不符合要求			施工条件定量风险评价	6	7			42	重大风险	技术措施;管理措施;应急处置

风险因素	管理要求	管理依据	判定方式	可能性	严重程度	人员自身危险性	耦合概率	风险值	风险等级	管控措施
(24) 满堂脚手架架体未按要求设置剪刀撑	第6.8.4条　满堂脚手架应在架体外侧四周及内部纵、横向每6 m至8 m由底至顶设置连续竖向剪刀撑。当架体搭设高度在8 m以下时,应在架顶部设置连续水平剪刀撑;当架体搭设高度在8 m及以上时,应在架体底部、顶部及竖向间隔不超过8 m分别设置连续水平剪刀撑。水平剪刀撑宜在竖向剪刀撑斜杆相交平面设置。剪刀撑宽度应为6 m~8 m。	《建筑施工扣件式钢管脚手架安全技术规范》(JGJ 130—2011)	施工条件定量风险评价	6	3			18	较大风险	技术措施;管理措施;应急处置
(25) 剪刀撑旋转扣件固定在与之相交的水平杆和立杆上旋转扣件中心线至主节点距离大于150 mm	第6.8.5条　剪刀撑应用旋转扣件固定在与之相交的水平杆或立杆上,旋转扣件中心线至主节点的距离不宜大于150 mm。	《建筑施工扣件式钢管脚手架安全技术规范》(JGJ 130—2011)	施工条件定量风险评价	6	3			18	较大风险	技术措施;管理措施;应急处置
(26) 满堂脚手架连墙件未按要求设置	第6.8.7条　最少跨数为2、3跨的满堂脚手架,宜按本规范第6.4节的规定设置连墙件。	《建筑施工扣件式钢管脚手架安全技术规范》(JGJ 130—2011)	直接判定						重大风险	技术措施;管理措施;应急处置
(27) 当满堂脚手架局部承受集中荷载时,未按要求局部加固	第6.8.8条　当满堂脚手架局部承受集中荷载时,应按实际荷载计算并应局部加固。		施工条件定量风险评价	6	3			18	较大风险	技术措施;管理措施;应急处置

风险因素	管理要求	管理依据	判定方式	可能性	严重程度	人员自身危险性	耦合概率	风险值	风险等级	管控措施
(28) 满堂脚手架爬梯踏步间距大于 300 mm	**第 6.8.9 条** 满堂脚手架应设爬梯,爬梯踏步间距不得大于 300 mm。	《建筑施工扣件式钢管脚手架安全技术规范》(JGJ 130—2011)	施工条件定量风险评价	6	3			18	较大风险	技术措施;管理措施;应急处置
(29) 满堂脚手架操作层支撑脚手板的水平杆间距大于 1/2 跨距	**第 6.8.10 条** 满堂脚手架操作层支撑脚手板的水平杆间距不应大于 1/2 跨距;脚手板的铺设应符合本规范第 6.2.4 条的规定。		施工条件定量风险评价	6	3			18	较大风险	技术措施;管理措施;应急处置

3.4 门式钢管脚手架

风险因素	管理要求	管理依据	判定方式	可能性	严重程度	人员自身危险性	耦合概率	风险值	风险等级	管控措施
(1) 门式钢管脚手架搭设未编制专项施工方案	**第 3.4.3 条** 门式钢管脚手架保证项目的检查评定应符合下列规定: (1) 施工方案 ① 架体搭设应编制专项施工方案,结构设计应进行计算,并按规定进行审核、审批; ② 当架体搭设超过规范允许高度时,应组织专家对专项施工方案进行论证。	《建筑施工安全检查标准》(JGJ 59—2011)	直接判定						重大风险	技术措施;管理措施

风险因素	管理要求	管理依据	判定方式	可能性	严重程度	人员自身危险性	耦合概率	风险值	风险等级	管控措施
(2) 门式钢管脚手架架体搭设前未进行安全技术交底	(6) 交底与验收 ① 架体搭设前应进行安全技术交底,并应有文字记录; ② 当架体分段搭设、分段使用时,应进行分段验收; ③ 搭设完毕应办理验收手续,验收应有量化内容并经责任人签字确认。	《建筑施工安全检查标准》(JGJ 59—2011)	基础管理固有风险定量评价	6	3			18	较大风险	技术措施;管理措施
(3) 门式钢管脚手架立杆基础不稳固	第3.4.3条 门式钢管脚手架保证项目的检查评定应符合下列规定: (2) 架体基础 ① 立杆基础应按方案要求平整、夯实,并应采取排水措施; ② 架体底部应设置垫板和立杆底座,并应符合规范要求; ③ 架体扫地杆设置应符合规范要求。	《建筑施工安全检查标准》(JGJ 59—2011)	直接判定						重大风险	技术措施;管理措施;应急处置
(4) 门式钢管脚手架脚手板缺失	(5) 脚手板 ① 脚手板材质、规格应符合规范要求; ② 脚手板应铺设严密、平整、牢固; ③ 挂扣式钢脚手板挂扣必须完全挂扣在水平杆上,挂钩应处于锁住状态。		施工条件定量风险评价	3	3			9	一般风险	技术措施;管理措施;应急处置

风险因素	管理要求	管理依据	判定方式	可能性	严重程度	人员自身危险性	耦合概率	风险值	风险等级	管控措施
(5)门式钢管脚手架施工荷载过大	**第3.4.4条** 门式钢管脚手架一般项目的检查评定应符合下列规定： (1)架体防护 ① 作业层应按规范要求设置防护栏杆； ② 作业层外侧应设置高度不小于180 mm的挡脚板； ③ 架体外侧应采用密目式安全网进行封闭，网间连接应严密； ④ 架体作业层脚手板下应采用安全平网兜底，以下每隔10 m应采用安全平网封闭。 (2)构配件材质 ① 门架不应有严重的弯曲、锈蚀和开焊； ② 门架及构配件的规格、型号、材质应符合规范要求。 (3)荷载 ① 架体上的施工荷载应符合设计和规范要求； ② 施工均布荷载、集中荷载应在设计允许范围内。 (4)通道 ① 架体应设置供人员上下的专用通道； ② 专用通道的设置应符合规范要求。	《建筑施工安全检查标准》 (JGJ 59—2011)	施工条件定量风险评价	6	7			42	重大风险	技术措施；管理措施；应急处置
(6)门式钢管脚手架构配件材质不符合要求			直接判定						重大风险	技术措施；管理措施；应急处置
(7)门式钢管脚手架架体外侧未进行有效封闭			施工条件定量风险评价	6	3			18	较大风险	技术措施；管理措施；应急处置
(8)门式钢管脚手架架体未设置供人员上下的专用通道			施工条件定量风险评价	3	3			9	一般风险	技术措施；管理措施；应急处置
(9)门式钢管脚手架架体作业层脚手板下未采用安全平网兜底			施工条件定量风险评价	6	3			18	较大风险	技术措施；管理措施；应急处置

风险因素	管理要求	管理依据	判定方式	可能性	严重程度	人员自身危险性	耦合概率	风险值	风险等级	管控措施
（10）门式钢管脚手架的配件、加固杆等在使用前未进行检查和验收	**第 7.1.3 条**　门架与配件、加固杆等在使用前应进行检查和验收。	《建筑施工门式钢管脚手架安全技术标准》（JGJ/T 128—2019）	直接判定						重大风险	技术措施；管理措施
（11）门式钢管脚手架搭设场地未采取排水措施	**第 7.1.5 条**　对搭设场地应进行清理、平整，并应采取排水措施。	《建筑施工门式钢管脚手架安全技术标准》（JGJ/T 128—2019）	施工条件定量风险评价	6	3			18	较大风险	技术措施；管理措施；应急处置
（12）门式钢管脚手架搭设程序不规范	**第 7.2.1 条**　门式脚手架的搭设程序应符合下列规定： （1）作业脚手架的搭设应与施工进度同步，一次搭设高度不宜超过最上层连墙件两步，且自由高度不应大于 4 m； （2）支撑架应采用逐列、逐排和逐层的方法搭设； （3）门架的组装应自一端向另一端延伸，应自下而上按步架设，并应逐层改变搭设方向； （4）每搭设完两步门架后，应校验门架的水平度及立杆的垂直度； （5）安全网、挡脚板和栏杆应随架体的搭设及时安装。	《建筑施工门式钢管脚手架安全技术标准》（JGJ/T 128—2019）	施工条件定量风险评价	6	7			42	重大风险	技术措施；管理措施；应急处置

风险因素	管理要求	管理依据	判定方式	可能性	严重程度	人员自身危险性	耦合概率	风险值	风险等级	管控措施
(13) 加固杆、连墙件等杆件与门架采用的扣件未按要求连接	**第 7.2.5 条** 当加固杆、连墙件等杆件与门架采用扣件连接时,应符合下列规定: (1) 扣件规格应与所连接钢管的外径相匹配; (2) 扣件螺栓拧紧扭力矩值应为 40 N·m～65 N·m; (3) 杆件端头伸出扣件盖板边缘长度不应小于 100 mm。	《建筑施工门式钢管脚手架安全技术标准》(JGJ/T 128—2019)	施工条件定量风险评价	6	7			42	重大风险	技术措施;管理措施;应急处置
(14) 门式钢管脚手架拆除从下而上逐层进行	**第 7.3.2 条** 门式脚手架拆除作业应符合下列规定: (1) 架体的拆除应从上而下逐层进行。 (2) 同层杆件和构配件应按先外后内的顺序拆除,剪刀撑、斜撑杆等加固杆件应在拆卸至该部位杆件时再拆除。 (3) 连墙件应随门式作业脚手架逐层拆除,不得先将连墙件整层或数层拆除后再拆架体。拆除作业过程中,当架体的自由高度大于2步时,应加设临时拉结。	《建筑施工门式钢管脚手架安全技术标准》(JGJ/T 128—2019)	直接判定						重大风险	技术措施;管理措施;应急处置
(15) 门架与配件随意抛掷	**第 7.3.5 条** 门架与配件应采用机械或人工运至地面,严禁抛掷。	《建筑施工门式钢管脚手架安全技术标准》(JGJ/T 128—2019)	施工过程定量风险评价	6	3	6	2	216	较大风险	技术措施;管理措施;个体防护;应急处置

风险因素	管理要求	管理依据	判定方式	可能性	严重程度	人员自身危险性	耦合概率	风险值	风险等级	管控措施
(16) 拆卸的门架与配件、加固杆等集中堆放	**第7.3.6条** 拆卸的门架与配件、加固杆等不得集中堆放在未拆架体上,并应及时检查、整修和保养,宜按品种、规格分别存放。	《建筑施工门式钢管脚手架安全技术标准》(JGJ/T 128—2019)	施工条件定量风险评价	6	3			18	较大风险	技术措施;管理措施;个体防护;应急处置
(17) 门式支撑架的交叉支撑和加固杆,在施工期间拆除	**第9.0.9条** 门式支撑架的交叉支撑和加固杆,在施工期间严禁拆除。	《建筑施工门式钢管脚手架安全技术标准》(JGJ/T 128—2019)	施工过程定量风险评价	6	7	6	2	504	重大风险	技术措施;管理措施;个体防护;应急处置
(18) 门式作业脚手架分段拆除过程中未采取加固措施	**第7.3.4条** 当门式作业脚手架分段拆除时,应先对不拆除部分架体的两端加固后再进行拆除作业。	《建筑施工门式钢管脚手架安全技术标准》(JGJ/T 128—2019)	施工过程定量风险评价	6	7	6	2	504	重大风险	技术措施;管理措施;个体防护;应急处置
(19) 门式作业脚手架连墙件安装不符合要求	**第7.2.4条** 门式作业脚手架连墙件的安装应符合下列规定: (1) 连墙件应随作业脚手架的搭设进度同步进行安装; (2) 当操作层高出相邻连墙件以上2步时,在上层连墙件安装完毕前,应采取临时拉结措施,直到上一层连墙件安装完毕后方可根据实际情况拆除。	《建筑施工门式钢管脚手架安全技术标准》(JGJ/T 128—2019)	施工条件定量风险评价	6	6			36	重大风险	技术措施;管理措施;个体防护;应急处置

风险因素	管理要求	管理依据	判定方式	可能性	严重程度	人员自身危险性	耦合概率	风险值	风险等级	管控措施
(20) 门式作业脚手架顶部安全防护措施不到位	**第6.2.3条** 门式作业脚手架顶端防护栏杆宜高出女儿墙上端或檐口上端1.5 m。	《建筑施工门式钢管脚手架安全技术标准》(JGJ/T 128—2019)	施工条件定量风险评价	6	3			18	较大风险	技术措施;管理措施;应急处置
(21) 门式作业脚手架外侧未设置密目式安全网	**第9.0.12条** 门式作业脚手架外侧应设置密目式安全网,网间应严密。	《建筑施工门式钢管脚手架安全技术标准》(JGJ/T 128—2019)	施工条件定量风险评价	6	3			18	较大风险	技术措施;管理措施;应急处置
(22) 门式作业脚手架搭设前场地未平整夯实,有积水	**第6.6.2条** 门式脚手架的搭设场地应平整坚实,并应符合下列规定: ① 回填土应分层回填,逐层夯实; ② 场地排水应顺畅,不应有积水。 **第6.6.3条** 搭设门式作业脚手架的地面标高宜高于自然地坪标高50 mm～100 mm。 **第6.6.4条** 当门式脚手架搭设在楼面等建筑结构上时,门架立杆下宜铺设垫板。	《建筑施工门式钢管脚手架安全技术标准》(JGJ/T 128—2019)	施工条件定量风险评价	6	3			18	较大风险	技术措施;管理措施;个体防护;应急处置
(23) 门式作业脚手架搭设地面标高未高于自然地坪标高			施工条件定量风险评价	6	3			18	较大风险	技术措施;管理措施;个体防护;应急处置
(24) 门式作业脚手架在结构上搭设时未设置垫板			施工条件定量风险评价	6	3			18	较大风险	技术措施;管理措施;个体防护;应急处置

风险因素	管理要求	管理依据	判定方式	可能性	严重程度	人员自身危险性	耦合概率	风险值	风险等级	管控措施
(25) 门式钢管脚手架与模板支架基础施工不符合要求	第7.1.7条 在搭设前,应根据架体结构布置先在基础上弹出门架立杆位置线,垫板、底座安放位置应准确,标高应一致。	《建筑施工门式钢管脚手架安全技术标准》(JGJ/T 128—2019)	施工条件定量风险评价	6	3			18	较大风险	技术措施;管理措施;个体防护;应急处置
(26) 门式钢管脚手架搭设前,垫板、底座安放位置不准确,标高不一致			施工条件定量风险评价	6	3			18	较大风险	技术措施;管理措施;应急处置
(27) 搭设门式钢管脚手架时交叉支撑、脚手板未与门架同时安装	第7.2.2条 搭设门架及配件应符合下列规定: (1) 交叉支撑、水平架、脚手板应与门架同时安装。 (2) 连接门架的锁臂、挂钩应处于锁住状态。 (3) 钢梯的设置应符合专项施工方案组装布置图的要求,底层钢梯底部应加设钢管,并应采用扣件与门架立杆扣紧。 (4) 在施工作业层外侧周边应设置180 mm高的挡脚板和两道栏杆,上道栏杆高度应为1.2 m,下道栏杆应居中设置。挡脚板和栏杆均应设置在门架立杆的内侧。		施工条件定量风险评价	6	3			18	较大风险	技术措施;管理措施;应急处置
(28) 连接门架的锁臂、挂钩未处于锁住状态		《建筑施工门式钢管脚手架安全技术标准》(JGJ/T 128—2019)	施工条件定量风险评价	3	3			9	一般风险	技术措施;管理措施;应急处置
(29) 钢梯设置不符合要求			施工条件定量风险评价	6	3			18	较大风险	技术措施;管理措施;应急处置
(30) 施工作业层外侧挡脚板和栏杆设置不符合要求			施工条件定量风险评价	6	3			18	较大风险	技术措施;管理措施;应急处置

风险因素	管理要求	管理依据	判定方式	可能性	严重程度	人员自身危险性	耦合概率	风险值	风险等级	管控措施
（31）门式钢管脚手架水平加固杆、剪刀撑未同步搭设	**第7.2.3条** 加固杆的搭设应符合下列规定： （1）水平加固杆、剪刀撑斜杆等加固杆件应与门架同步搭设； （2）水平加固杆应设于门架立杆内侧，剪刀撑斜杆应设于门架立杆外侧。	《建筑施工门式钢管脚手架安全技术标准》（JGJ/T 128—2019）	施工条件定量风险评价	6	3			18	较大风险	技术措施；管理措施；应急处置
（32）门式钢管脚手架通道口的斜撑杆、托架梁及通道口两侧的门架立杆加强杆滞后安装	**第7.2.6条** 门式作业脚手架通道口的斜撑杆、托架梁及通道口两侧门架立杆的加强杆件应与门架同步搭设。	《建筑施工门式钢管脚手架安全技术标准》（JGJ/T 128—2019）	施工条件定量风险评价	6	3			18	较大风险	技术措施；管理措施；应急处置
（33）可调底座、可调托座没有污物填塞螺纹的措施	**第7.2.7条** 门式支撑架的可调底座、可调托座宜采取防止砂浆、水泥浆等污物填塞螺纹的措施。		施工条件定量风险评价	3	3			9	一般风险	技术措施；管理措施；应急处置

风险因素	管理要求	管理依据	判定方式	可能性	严重程度	人员自身危险性	耦合概率	风险值	风险等级	管控措施
（34）拆卸连接部件时操作不符合要求	**第7.3.3条** 当拆卸连接部件时,应先将止退装置旋转至开启位置,然后拆除,不得硬拉、敲击。拆除作业中,不应使用手锤等硬物击打、撬别。	《建筑施工门式钢管脚手架安全技术标准》（JGJ/T 128—2019）	施工条件定量风险评价	3	3			9	一般风险	技术措施;管理措施;应急处置
（35）门式钢管脚手架配件不符合要求	**第8.1.2条** 施工现场使用的门架与配件应具有产品质量合格证,应标志清晰,并应符合下列规定: （1）门架与配件表面应平直光滑,焊缝应饱满,不应有裂缝、开焊、焊缝错位、硬弯、凹痕、毛刺、锁柱弯曲等缺陷; （2）门架与配件表面应涂刷防锈漆或镀锌; （3）门架与配件上的止退和锁紧装置应齐全、有效。	《建筑施工门式钢管脚手架安全技术标准》（JGJ/T 128—2019）	施工条件定量风险评价	6	3			18	较大风险	技术措施;管理措施;应急处置
（36）门式钢管脚手架搭设时未按要求组织检查	**第8.2.2条** 门式作业脚手架每搭设2个楼层高度或搭设完毕,门式支撑架每搭设4步高度或搭设完毕,应对搭设质量及安全进行一次检查,经检验合格后方可交付使用或继续搭设。	《建筑施工门式钢管脚手架安全技术标准》（JGJ/T 128—2019）	基础管理固有风险定量评价	10	3			30	较大风险	管理措施

风险因素	管理要求	管理依据	判定方式	可能性	严重程度	人员自身危险性	耦合概率	风险值	风险等级	管控措施
(37) 门式钢管脚手架与模板支架在使用过程中未进行日常维护检查	**第8.3.1条** 门式脚手架在使用过程中应进行日常维护检查,发现问题应及时处理,并应符合下列规定: (1) 地基应无积水,垫板及底座应无松动,门架立杆应无悬空; (2) 架体构造应完整,无人为拆除,加固杆、连墙件应无松动,架体应无明显变形; (3) 锁臂、挂扣件、扣件螺栓应无松动; (4) 杆件、构配件应无锈蚀、无泥浆等污染; (5) 安全网、防护栏杆应无缺失、损坏; (6) 架体上或架体附近不得长期堆放可燃易燃物料; (7) 应无超载使用。	《建筑施工门式钢管脚手架安全技术标准》(JGJ/T 128—2019)	基础管理固有风险定量评价	10	3			30	较大风险	管理措施
(38) 门式钢管脚手架与模板支架在使用过程中遇到8级以上大风或大雨过后未进行安全检查	**第8.3.2条** 门式脚手架在使用过程中遇有下列情况时,应进行检查,确认安全后方可继续使用: (1) 遇有8级以上大风或大雨后; (2) 冻结的地基土解冻后; (3) 停用超过1个月,复工前; (4) 架体遭受外力撞击等作用; (5) 架体部分拆除后; (6) 其他特殊情况。	《建筑施工门式钢管脚手架安全技术标准》(JGJ/T 128—2019)	基础管理固有风险定量评价	10	3			30	较大风险	管理措施

3.5 碗扣式钢管脚手架

风险因素	管理要求	管理依据	判定方式	可能性	严重程度	人员自身危险性	耦合概率	风险值	风险等级	管控措施
(1) 碗扣式钢管脚手架未设置竖向专用斜杆或八字形斜撑	**第 3.5.3 条** 碗扣式钢管脚手架保证项目的检查评定应符合下列规定: (3) 架体稳定 ① 架体与建筑结构拉结应符合规范要求,并应从架体底层第一步纵向水平杆处开始设置连墙件,当该处设置有困难时应采取其他可靠措施固定; ② 架体拉结点应牢固可靠; ③ 连墙件应采用刚性杆件; ④ 架体竖向应沿高度方向连续设置专用斜杆或八字撑; ⑤ 专用斜杆两端应固定在纵横向水平杆的碗扣节点处; ⑥ 专用斜杆或八字形斜撑的设置角度应符合规范要求。 (4) 杆件锁件 ① 架体立杆间距、水平杆步距应符合设计和规范要求; ② 应按专项施工方案设计的步距在立杆连接碗扣节点处设置纵、横向水平杆; ③ 当架体搭设高度超过 24 m 时,顶部 24 m 以下的连墙件应设置水平斜杆,并应符合规范要求; ④ 架体组装及碗扣紧固应符合规范要求。	《建筑施工安全检查标准》(JGJ 59—2011)	施工条件定量风险评价	6	3			18	较大风险	技术措施;管理措施;应急处置
(2) 碗扣式钢管脚手架竖向专用斜杆两端未固定在主节点位置			施工条件定量风险评价	6	3			18	较大风险	技术措施;管理措施;应急处置
(3) 碗扣式钢管脚手架立杆间距、水平杆步距超过规范要求			施工条件定量风险评价	6	3			18	较大风险	技术措施;管理措施;应急处置
(4) 碗扣式钢管脚手架未按方案在立杆连接碗扣结点处设置纵、横向水平杆			施工条件定量风险评价	6	3			18	较大风险	技术措施;管理措施;应急处置
(5) 碗扣式钢管脚手架架体底层第一步水平杆处未设置刚性连墙件			直接判定						重大风险	技术措施;管理措施;应急处置

风险因素	管理要求	管理依据	判定方式	可能性	严重程度	人员自身危险性	耦合概率	风险值	风险等级	管控措施
(6) 架体构配件的规格、型号、材质不达标	**第3.5.4条** 碗扣式钢管脚手架一般项目的检查评定应符合下列规定： (1) 架体防护 ① 架体外侧应采用密目式安全网进行封闭，网间连接应严密； ② 作业层应按规范要求设置防护栏杆； ③ 作业层外侧应设置高度不小于180 mm的挡脚板； ④ 作业层脚手板下应采用安全平网兜底，以下每隔10 m应采用安全平网封闭。 (2) 构配件材质 ① 架体构配件的规格、型号、材质应符合规范要求； ② 钢管不应有严重的弯曲、变形、锈蚀。 (3) 荷载 ① 架体上的施工荷载应符合设计和规范要求； ② 施工均布荷载、集中荷载应在设计允许范围内。 (4) 通道 ① 架体应设置供人员上下的专用通道； ② 专用通道的设置应符合规范要求。	《建筑施工安全检查标准》 (JGJ 59—2011)	直接判定						重大风险	技术措施；管理措施；应急处置
(7) 碗扣式钢管脚手架架体上的施工荷载过大			施工条件定量风险评价	6	7			42	重大风险	技术措施；管理措施；应急处置
(8) 架体外侧未采用密目式安全网进行封闭			施工条件定量风险评价	6	3			18	较大风险	技术措施；管理措施；应急处置
(9) 碗扣式钢管脚手架架体上未设置人员上下通道			施工条件定量风险评价	6	3			18	较大风险	技术措施；管理措施；应急处置

风险因素	管理要求	管理依据	判定方式	可能性	严重程度	人员自身危险性	耦合概率	风险值	风险等级	管控措施
(10)双排脚手架上集中堆放物料	**第7.3.6条** 当双排脚手架内外侧加挑梁时,在一跨挑梁范围内不得超过1名施工人员操作,严禁堆放物料。	《建筑施工碗扣式钢管脚手架安全技术规范》(JGJ 166—2016)	施工条件定量风险评价	6	3			18	较大风险	技术措施;管理措施;应急处置
(11)在混凝土浇筑前,未进行隐蔽检查	**第7.1.6条** 当采取预埋方式设置脚手架连墙件时,应按设计要求预埋;在混凝土浇筑前,应进行隐蔽检查。	《建筑施工碗扣式钢管脚手架安全技术规范》(JGJ 166—2016)	基础管理固有风险定量评价	10	3			30	较大风险	技术措施;管理措施
(12)脚手架立杆垫板开裂	**第7.3.1条** 脚手架立杆垫板、底座应准确放置在定位线上,垫板应平整、无翘曲,不得采用已开裂的垫板,底座的轴心线应与地面垂直。	《建筑施工碗扣式钢管脚手架安全技术规范》(JGJ 166—2016)	基础管理固有风险定量评价	6	3			18	较大风险	技术措施;管理措施
(13)脚手架拆除作业未设专人指挥	**第7.4.4条** 脚手架拆除作业应设专人指挥,当有多人同时操作时,应明确分工、统一行动,且应具有足够的操作面。	《建筑施工碗扣式钢管脚手架安全技术规范》(JGJ 166—2016)	基础管理固有风险定量评价	3	3			9	一般风险	管理措施
(14)双排脚手架的斜撑杆、剪刀撑等加固件过早拆除	**第7.4.8条** 双排脚手架的斜撑杆、剪刀撑等加固件应在架体拆除至该部位时,才能拆除。	《建筑施工碗扣式钢管脚手架安全技术规范》(JGJ 166—2016)	施工条件定量风险评价	6	3			18	较大风险	技术措施;管理措施;应急处置

风险因素	管理要求	管理依据	判定方式	可能性	严重程度	人员自身危险性	耦合概率	风险值	风险等级	管控措施
（15）拆除的脚手架构配件随意堆放	第7.4.6条 拆除的脚手架构配件应分类堆放，并应便于运输、维护和保管。	《建筑施工碗扣式钢管脚手架安全技术规范》（JGJ 166—2016）	施工条件定量风险评价	3	3			9	一般风险	管理措施；个体防护；应急处置
（16）脚手架作业层上的施工荷载超过设计允许荷载	第9.0.3条 脚手架作业层上的施工荷载不得超过设计允许荷载。	《建筑施工碗扣式钢管脚手架安全技术规范》（JGJ 166—2016）	直接判定						重大风险	管理措施；应急处置
（17）将模板支撑架、缆风绳、混凝土输送泵管、卸料平台及大型设备的附着件等固定在双排脚手架上	第9.0.7条 严禁将模板支撑架、缆风绳、混凝土输送泵管、卸料平台及大型设备的附着件等固定在双排脚手架上。	《建筑施工碗扣式钢管脚手架安全技术规范》（JGJ 166—2016）	施工条件定量风险评价	6	3			18	较大风险	管理措施；应急处置
（18）地基基础平整度偏差大于20 mm	第7.2.3条 地基施工完成后，应检查地基表面平整度，平整度偏差不得大于20 mm。	《建筑施工碗扣式钢管脚手架安全技术标准》（JGJ 166—2016）	施工条件定量风险评价	3	3			9	一般风险	技术措施；

续表

风险因素	管理要求	管理依据	判定方式	可能性	严重程度	人员自身危险性	耦合概率	风险值	风险等级	管控措施
(19)脚手架使用期间,擅自拆除架体主节点处的纵向水平杆、横向水平杆、纵向扫地杆、横向扫地杆和连墙件	第9.0.11条　脚手架使用期间,严禁擅自拆除架体主节点处的纵向水平杆、横向水平杆,纵向扫地杆、横向扫地杆和连墙件。	《建筑施工碗扣式钢管脚手架安全技术标准》(JGJ 166—2016)	直接判定						重大风险	技术措施;管理措施;应急处置
(20)脚手架拆除未设置警戒区	第6.0.4条　拆除工程施工必须按施工组织设计、安全专项施工方案实施;在拆除施工现场划定危险区域,设置警戒线和相关的安全警示标志,并应由专人监护。	《建筑拆除工程安全技术规范》(JGJ 147—2016)	施工条件定量风险评价	6	3			18	较大风险	管理措施
(21)脚手架拆除未派专人监护			施工条件定量风险评价	3	3			9	一般风险	技术措施;
(22)脚手架搭设前未对现场清理、平整,地基不均匀且无排水措施	第7.1.5条　脚手架搭设前,应对场地进行清理、平整,地基应坚实、均匀,并应采取排水措施。	《建筑施工碗扣式钢管脚手架安全技术标准》(JGJ 166—2016)	施工条件定量风险评价	6	3			18	较大风险	技术措施;管理措施
(23)模板支撑架在使用过程中模板下有人员停留	第9.0.13条　模板支撑架在使用过程中,模板下严禁人员停留。	《建筑施工碗扣式钢管脚手架安全技术标准》(JGJ 166—2016)	施工过程定量风险评价	6	3	6	3	324	重大风险	管理措施;个体防护;应急处置

3.6 承插型盘扣式钢管脚手架

风险因素	管理要求	管理依据	判定方式	可能性	严重程度	人员自身危险性	耦合概率	风险值	风险等级	管控措施
(1) 架体搭设未编制专项施工方案	**第 3.6.3 条** 承插型盘扣式钢管脚手架保证项目的检查评定应符合下列规定： (1) 施工方案 ① 架体搭设应编制专项施工方案，结构设计应进行计算； ② 专项施工方案应按规定进行审核、审批。 (2) 架体基础 ① 立杆基础应按方案要求平整、夯实，并应采取排水措施； ② 立杆底部应设置垫板和可调底座，并应符合规范要求； ③ 架体纵、横向扫地杆设置应符合规范要求。 (3) 架体稳定 ① 架体与建筑结构拉结应符合规范要求，并应从架体底层第一步水平杆处开始设置连墙件，当该处设置有困难时应采取其他可靠措施固定； ② 架体拉结点应牢固可靠； ③ 连墙件应采用刚性杆件； ④ 架体竖向斜杆、剪刀撑的设置应符合规范要求；	《建筑施工安全检查标准》 (JGJ 59—2011)	直接判定						重大风险	技术措施；管理措施
(2) 盘扣式钢管脚手架架体搭设前未进行安全技术交底			直接判定						重大风险	技术措施；管理措施
(3) 盘扣式钢管脚手架立杆基础不牢			直接判定						重大风险	技术措施；管理措施；应急处置
(4) 架体立杆间距、水平杆步距过大			施工条件定量风险评价	6	3			18	较大风险	技术措施；管理措施；应急处置
(5) 盘扣式钢管脚手架未按规范要求设置竖向斜杆或剪刀撑			施工条件定量风险评价	6	3			18	较大风险	技术措施；管理措施；应急处置
(6) 盘扣式钢管脚手架剪刀撑未沿脚手架高度连续设置			施工条件定量风险评价	6	3			18	较大风险	技术措施；管理措施；应急处置

风险因素	管理要求	管理依据	判定方式	可能性	严重程度	人员自身危险性	耦合概率	风险值	风险等级	管控措施
(7) 盘扣式钢管脚手架竖向斜杆两端未固定在纵、横向水平杆与立杆交汇的盘口结点处	⑤ 竖向斜杆的两端应固定在纵、横向水平杆与立杆汇交的盘扣节点处； ⑥ 斜杆及剪刀撑应沿脚手架高度连续设置，角度应符合规范要求。 (4) 杆件设置 ① 架体立杆间距、水平杆步距应符合设计和规范要求；	《建筑施工安全检查标准》（JGJ 59—2011）	施工条件定量风险评价	6	3			18	较大风险	技术措施；管理措施；应急处置
(8) 盘扣式钢管脚手架采用钢脚手板时挂钩未挂扣在水平杆上	② 应按专项施工方案设计的步距在立杆连接插盘处设置纵、横向水平杆； ③ 当双排脚手架的水平杆未设挂扣式钢脚手板时，应按规范要求设置水平斜杆。 (5) 脚手板 ① 脚手板材质、规格应符合规范要求； ② 脚手板应铺设严密、平整、牢固； ③ 挂扣式钢脚手板的挂扣必须完全挂扣在水平杆上，挂钩应处于锁住状态。		施工条件定量风险评价	3	3			9	一般风险	技术措施；管理措施；应急处置
(9) 盘扣式钢管脚手架采用钢脚手板时挂钩未处于锁住状态	(6) 交底与验收 ① 架体搭设前应进行安全技术交底，并应有文字记录； ② 架体分段搭设、分段使用时，应进行分段验收； ③ 搭设完毕应办理验收手续，验收应有量化内容并经责任人签字确认。		施工条件定量风险评价	3	3			9	一般风险	技术措施；管理措施；应急处置

风险因素	管理要求	管理依据	判定方式	可能性	严重程度	人员自身危险性	耦合概率	风险值	风险等级	管控措施
(10) 盘扣式钢管脚手架作业层未按规范设置防护栏杆	**第3.6.4条** 承插型盘扣式钢管脚手架一般项目的检查评定应符合下列规定： (1) 架体防护 ① 架体外侧应采用密目式安全网进行封闭，网间连接应严密； ② 作业层应按规范要求设置防护栏杆； ③ 作业层外侧应设置高度不小于180 mm的挡脚板； ④ 作业层脚手板下应采用安全平网兜底，以下每隔10 m应采用安全平网封闭。 (2) 杆件连接 ① 立杆的接长位置应符合规范要求； ② 剪刀撑的接长应符合规范要求。 (3) 构配件材质 ① 架体构配件的规格、型号、材质应符合规范要求； ② 钢管不应有严重的弯曲、变形、锈蚀。 (4) 通道 ① 架体应设置供人员上下的专用通道； ② 专用通道的设置应符合规范要求。	《建筑施工安全检查标准》(JGJ 59—2011)	施工条件定量风险评价	6	3			18	较大风险	技术措施；管理措施；应急处置
(11) 盘扣式钢管脚手架作业层外侧挡脚板设置高度不足180 mm			施工条件定量风险评价	3	3			9	一般风险	技术措施；管理措施；应急处置
(12) 盘扣式钢管脚手架杆件连接的长度不符合要求			施工条件定量风险评价	6	3			18	较大风险	技术措施；管理措施；应急处置
(13) 架体外侧未采用密目式安全网进行封闭			施工条件定量风险评价	6	3			18	较大风险	技术措施；管理措施；应急处置
(14) 作业层脚手板下未采用安全平网兜底			施工条件定量风险评价	6	3			18	较大风险	技术措施；管理措施；应急处置
(15) 盘扣式钢管脚手架架体构配件的选型、材质未达到规范要求			直接判定						重大风险	技术措施；管理措施
(16) 架体未设置供人员上下的专用通道			施工条件定量风险评价	6	3			18	较大风险	技术措施；管理措施；个体防护；应急处置

风险因素	管理要求	管理依据	判定方式	可能性	严重程度	人员自身危险性	耦合概率	风险值	风险等级	管控措施
(17)可调托撑插入立杆或双槽托梁长度不符合要求	**第6.2.4条** 支撑架可调托撑伸出顶层水平杆或双槽托梁中心线的悬臂长度不应超过650 mm,且丝杆外露长度不应超过400 mm,可调托撑插入立杆或双槽托梁长度不得小于150 mm。	《建筑施工承插型盘扣式钢管脚手架安全技术标准》(JGJ/T 231—2021)	施工条件定量风险评价	3	3			9	一般风险	技术措施;管理措施
(18)脚手架受荷过程中,未采取监测措施	**第9.0.6条** 脚手架受荷过程中,应按对称、分层、分级的原则进行,不应集中堆载、卸载;并应派专人在安全区域内监测脚手架的工作状态。	《建筑施工承插型盘扣式钢管脚手架安全技术标准》(JGJ/T 231—2021)	基础管理固有风险定量评价	3	15			45	重大风险	技术措施;管理措施
(19)脚手架使用期间,擅自拆除架体结构杆件	**第9.0.7条** 脚手架使用期间,不得擅自改架体结构杆件或在架体上增设其他设施。	《建筑施工承插型盘扣式钢管脚手架安全技术标准》(JGJ/T 231—2021)	施工过程定量风险评价	6	7	6	2	504	重大风险	技术措施;管理措施;个体防护;应急处置
(20)在脚手架基础影响范围内进行挖掘作业	**第9.0.8条** 不得在脚手架基础影响范围内进行挖掘作业。	《建筑施工承插型盘扣式钢管脚手架安全技术标准》(JGJ/T 231—2021)	施工过程定量风险评价	6	7	6	2	504	重大风险	技术措施;管理措施;应急处置

3.7 悬挑式脚手架

风险因素	管理要求	管理依据	判定方式	可能性	严重程度	人员自身危险性	耦合概率	风险值	风险等级	管控措施
(1) 未对各级人员进行悬挑式脚手架专项施工方案交底	**第3.1.3条** （3）安全技术交底 ① 施工负责人在分派生产任务时,应对相关管理人员、施工作业人员进行书面安全技术交底; ② 安全技术交底应按施工工序、施工部位、施工栋号分部分项进行; ③ 安全技术交底应结合施工作业场所状况、特点、工序,对危险因素、施工方案、规范标准、操作规程和应急措施进行交底; ④ 安全技术交底应由交底人、被交底人、专职安全员进行签字确认。	《建筑施工安全检查标准》 (JGJ 59—2011)	直接判定						重大风险	技术措施;管理措施
(2) 悬挑式脚手架悬挑钢梁截面高度小于160 mm	**第6.10.2条** 型钢悬挑梁宜采用双轴对称截面的型钢。悬挑钢梁型号及锚固件应按设计确定,钢梁截面高度不应小于160 mm。悬挑梁尾端应在两处及以上固定于钢筋混凝土梁板结构上。锚固型钢悬挑梁的U形钢筋拉环或锚固螺栓直径不宜小于16 mm……	《建筑施工扣件式钢管脚手架安全技术规范》 (JGJ 130—2011)	施工条件定量风险评价	3	3			9	一般风险	技术措施;管理措施

风险因素	管理要求	管理依据	判定方式	可能性	严重程度	人员自身危险性	耦合概率	风险值	风险等级	管控措施
(3)悬挑式脚手架悬挑钢梁固定段长度小于悬挑段长度的1.25倍	**第6.10.5条** 悬挑钢梁悬挑长度应按设计确定,固定段长度不应小于悬挑段长度的1.25倍。型钢悬挑梁固定端应采用2个(对)及以上U形钢筋拉环或锚固螺栓与建筑结构梁板固定,U形钢筋拉环或锚固螺栓应预埋至混凝土梁、板底层钢筋位置,并应与混凝土梁、板底层钢筋焊接或绑扎牢固,其锚固长度应符合现行国家标准《混凝土结构设计规范》GB 50010中钢筋锚固的规定……	《建筑施工扣件式钢管脚手架安全技术规范》(JGJ 130—2011)	施工条件定量风险评价	6	3			18	较大风险	技术措施;管理措施;个体防护;应急处置
(4)悬挑式脚手架悬挑钢梁采用单个锚固螺栓固定			施工条件定量风险评价	6	3			18	较大风险	技术措施;管理措施
(5)悬挑式脚手架悬挑钢梁未按要求设置上拉钢丝绳或钢拉杆与上一层建筑结构拉结	**第6.10.4条** 每个型钢悬挑梁外端宜设置钢丝绳或钢拉杆与上一层建筑结构斜拉结。钢丝绳、钢拉杆不参与悬挑钢梁受力计算;钢丝绳与建筑结构拉结的吊环应使用HPB235级钢筋,其直径不宜小于20 mm,吊环预埋锚固长度应符合现行国家标准《混凝土结构设计规范》GB 50010中钢筋锚固的规定……	《建筑施工扣件式钢管脚手架安全技术规范》(JGJ 130—2011)	施工条件定量风险评价	6	3			18	较大风险	技术措施;管理措施
(6)悬挑式脚手架连墙件的位置、数量与专项施工方案不符	**第6.4.1条** 脚手架连墙件设置的位置、数量应按专项施工方案确定。	《建筑施工扣件式钢管脚手架安全技术规范》(JGJ 130—2011)	直接判定						重大风险	技术措施;管理措施

风险因素	管理要求	管理依据	判定方式	可能性	严重程度	人员自身危险性	耦合概率	风险值	风险等级	管控措施
(7) 悬挑式脚手架未在架体外侧设置连续式剪刀撑	**第 6.10.10 条** 悬挑架的外立面剪刀撑应自下而上连续设置……	《建筑施工扣件式钢管脚手架安全技术规范》（JGJ 130—2011）	施工条件定量风险评价	6	3			18	较大风险	技术措施；管理措施；个体防护；应急处置
(8) 悬挑式脚手架立杆接长未采取螺栓或销钉固定	**第 3.8.3 条** 悬挑式脚手架保证项目的检查评定应符合下列规定： (3) 架体稳定 ① 立杆底部应与钢梁连接柱固定； ② 承插式立杆接长应采用螺栓或销钉固定； ③ 纵横向扫地杆的设置应符合规范要求； ④ 剪刀撑应沿悬挑架体高度连续设置，角度应为 45°～60°； ⑤ 架体应按规定设置横向斜撑； ⑥ 架体应采用刚性连墙件与建筑结构拉结，设置的位置、数量应符合设计和规范要求。	《建筑施工安全检查标准》（JGJ 59—2011）	施工条件定量风险评价	6	3			18	较大风险	技术措施；管理措施；应急处置
(9) 悬挑式脚手架立杆未固定在悬挑钢梁上	**第 6.10.7 条** 型钢悬挑梁悬挑端应设置能使脚手架立杆与钢梁可靠固定的定位点，定位点离悬挑梁端部不应小于 100 mm。	《建筑施工扣件式钢管脚手架》（JGJ 130—2011）	施工条件定量风险评价	6	3			18	较大风险	技术措施；管理措施
(10) 立杆纵、横向间距，纵向水平杆步距不符合设计和规范要求	**第 3.8.4 条** 悬挑式脚手架一般项目的检查评定应符合下列规定： (1) 杆件间距 ① 立杆纵、横向间距、纵向水平杆步距应符合设计和规范要求；	《建筑施工安全检查标准》（JGJ 59—2011）	施工条件定量风险评价	6	3			18	较大风险	技术措施；管理措施

风险因素	管理要求	管理依据	判定方式	可能性	严重程度	人员自身危险性	耦合概率	风险值	风险等级	管控措施
(11) 架体作业层脚手板下未采用安全平网兜底	② 作业层应按脚手板铺设的需要增加横向水平杆。 (2) 架体防护 ① 作业层应按规范要求设置防护栏杆; ② 作业层外侧应设置高度不小于 180 mm 的挡脚板; ③ 架体外侧应采用密目式安全网封闭,网间连接应严密。	《建筑施工安全检查标准》 (JGJ 59—2011)	施工条件定量风险评价	6	3			18	较大风险	技术措施;管理措施;应急处置
(12) 作业层未设置防护栏杆	(3) 层间防护 ① 架体作业层脚手板下应采用安全平网兜底,以下每隔 10 m 应采用安全平网封闭; ② 作业层里排架体与建筑物之间应采用脚手板或安全平网封闭; ③ 架体底层沿建筑结构边缘在悬挑钢梁与悬挑钢梁之间应采取措施封闭; ④ 架体底层应进行封闭。		施工条件定量风险评价	6	3			18	较大风险	技术措施;管理措施;应急处置
(13) 钢管材质不符合要求	(4) 构配件材质 ① 型钢、钢管、构配件规格材质应符合规范要求; ② 型钢、钢管弯曲、变形、锈蚀应在规范允许范围内。		直接判定						重大风险	技术措施;管理措施

风险因素	管理要求	管理依据	判定方式	可能性	严重程度	人员自身危险性	耦合概率	风险值	风险等级	管控措施
(14) 钢丝绳、吊环尺寸设置不符合要求，钢丝绳卡数量不够	**第 6.10.2～6.10.5 条[条文说明]** 双轴对称截面型钢宜使用工字钢,工字钢结构性能可靠,双轴对称截面,受力稳定性好,较其他型钢选购、设计、施工方便。 悬挑钢梁前端应采用吊拉卸荷,吊拉卸荷的吊拉构件有刚性的,也有柔性的,如果使用钢丝绳,其直径不应小于 14 mm,使用预埋吊环其直径不宜小于 20 mm(或计算确定),预埋吊环应使用 HPB235 级钢筋制作。钢丝绳卡不得少于 3 个。 悬挑钢梁悬挑长度一般情况下不超过 2 m 能满足施工需要,但在工程结构局部有可能满足不了使用要求,局部悬挑长度不宜超过 3 m。大悬挑另行专门设计及论证……	《建筑施工扣件式钢管脚手架安全技术规范》(JGJ 130—2011)	施工条件定量风险评价	6	3			18	较大风险	技术措施;管理措施;应急处置
(15) 悬挑式脚手架附加钢梁与悬挑梁固定不符合要求	**第 6.10.5 条** 悬挑钢梁悬挑长度应按设计确定,固定段长度不应小于悬挑段长度的 1.25 倍。型钢悬挑梁固定端应采用 2 个(对)及以上 U 形钢筋拉环或锚固螺栓与建筑结构梁板固定,U 形钢筋拉环或锚固螺栓应预埋至混凝土梁、板底层钢筋位置,并应与混凝土梁、板底层钢筋焊接或绑扎牢固,其锚固长度应符合现行国家标准《混凝土结	《建筑施工扣件式钢管脚手架安全技术规范》(JGJ 130—2011)	施工条件定量风险评价	6	3			18	较大风险	技术措施;管理措施;应急处置

风险因素	管理要求	管理依据	判定方式	可能性	严重程度	人员自身危险性	耦合概率	风险值	风险等级	管控措施
（15）悬挑式脚手架附加钢梁与悬挑梁固定不符合要求	构设计规范》GB 50010 中钢筋锚固的规定（图 6.10.5-1、图 6.10.5-2、图 6.10.5-3）。 图 6.10.5-1　悬挑钢梁 U 形螺栓固定构造 图 6.10.5-2　悬挑钢梁穿墙构造 图 6.10.5-3　悬挑钢梁楼面构造	《建筑施工扣件式钢管脚手架安全技术规范》（JGJ 130—2011）	施工条件定量风险评价	6	3			18	较大风险	技术措施；管理措施；应急处置

3.8 附着式升降脚手架

风险因素	管理要求	管理依据	判定方式	可能性	严重程度	人员自身危险性	耦合概率	风险值	风险等级	管控措施
(1) 未编制附着式升降脚手架搭设作业专项施工方案	**第3.9.3条** 附着式升降脚手架保证项目的检查评定应符合下列规定： (1) 施工方案		直接判定						重大风险	技术措施；管理措施
(2) 附着式升降脚手架提升超过规定允许高度时专项施工方案未组织专家论证	① 附着式升降脚手架搭设作业应编制专项施工方案,结构设计应进行计算； ② 专项施工方案应按规定进行审核、审批； ③ 脚手架提升超过规定允许高度,应组织专家对专项施工方案进行论证。 (6) 架体升降	《建筑施工安全检查标准》 (JGJ 59—2011)	直接判定						重大风险	技术措施；管理措施
(3) 附着式升降脚手架架体升降时有荷载	① 两跨以上架体同时升降应采用电动或液压动力装置,不得采用手动装置； ② 升降工况附着支座处建筑结构混凝土强度应符合设计和规范要求； ③ 升降工况架体上不得有施工荷载,严禁人员在架体上停留。		施工条件定量风险评价	6	3			18	较大风险	技术措施；管理措施；应急处置
(4) 附着式升降脚手架升降时人员站在架体上操作			施工过程定量风险评价	6	3	6	2	216	较大风险	技术措施；管理措施；个体防护；应急处置
(5) 未对各级管理人员进行附着式升降脚手架专项施工方案交底	**第3.9.4条** 附着式升降脚手架一般项目的检查评定应符合下列规定： (1) 检查验收 ① 动力装置、主要结构配件进场应按规定进行验收；	《建筑施工安全检查标准》 (JGJ 59—2011)	基础管理固有风险定量评价	3	7			21	较大风险	技术措施；管理措施

风险因素	管理要求	管理依据	判定方式	可能性	严重程度	人员自身危险性	耦合概率	风险值	风险等级	管控措施
(6)未对附着式升降脚手架搭设作业人员进行安全技术交底	② 架体分区段安装、分区段使用时,应进行分区段验收; ③ 架体安装完毕应按规定进行整体验收,验收应有量化内容并经责任人签字确认; ④ 架体每次升、降前应按规定进行检查,并应填写检查记录。	《建筑施工安全检查标准》(JGJ 59—2011)	基础管理固有风险定量评价	3	7			21	较大风险	技术措施;管理措施
(7)未对附着式升降脚手架构件和制品进行进场前验收	(2)脚手板 ① 脚手板应铺设严密、平整、牢固; ② 作业层里排架体与建筑物之间应采用脚手板或安全平网封闭; ③ 脚手板材质、规格应符合规范要求。		基础管理固有风险定量评价	6	7			42	重大风险	技术措施;管理措施
(8)未对附着式升降脚手架搭设完投入使用前进行验收	(3)架体防护 ① 架体外侧应采用密目式安全网封闭,网间连接应严密; ② 作业层应按规范要求设置防护栏杆; ③ 作业层外侧应设置高度不小于 180 mm 的挡脚板。		基础管理固有风险定量评价	6	7			42	重大风险	技术措施;管理措施
(9)附着式脚手架未设置安全网	(4)安全作业 ① 操作前应对有关技术人员和作业人员进行安全技术交底,并应有文字记录; ② 作业人员应经培训并定岗作业; ③ 安装拆除单位资质应符合要求,特种作业人员应持证上岗;		施工条件定量风险评价	6	3			18	较大风险	技术措施;管理措施;个体防护;应急处置
(10)作业层脚手板铺设不牢固	④ 架体安装、升降、拆除时应设置安全警戒区,并应设置专人监护; ⑤ 荷载分布应均匀,荷载最大值应在规范允许范围内。		施工条件定量风险评价	6	3			18	较大风险	技术措施;管理措施;个体防护;应急处置

风险因素	管理要求	管理依据	判定方式	可能性	严重程度	人员自身危险性	耦合概率	风险值	风险等级	管控措施
(11) 附着式升降脚手架架体构造不符合规范要求	**第4.4.1条** 附着式升降脚手架应由竖向主框架、水平支承桁架、架体构架、附着支承结构、防倾装置、防坠装置等组成。	《建筑施工工具式脚手架安全技术规范》(JGJ 202—2010)	施工条件定量风险评价	6	3			18	较大风险	技术措施;管理措施;应急处置
(12) 附着式升降脚手架的附着支承结构不满足规范要求	**第4.4.5条** 附着支承结构应包括附墙支座、悬臂梁及斜拉杆,其构造应符合下列规定: (1) 竖向主框架所覆盖的每个楼层处应设置一道附墙支座; (2) 在使用工况时,应将竖向主框架固定于附墙支座上; (3) 在升降工况时,附墙支座上应设有防倾、导向的结构装置; (4) 附墙支座应采用锚固螺栓与建筑物连接,受拉螺栓的螺母不得少于两个或应采用弹簧螺杆垫圈加单螺母,螺杆露出螺母端部长度不应少于3扣,并不得小于10 mm,垫板尺寸应由设计确定,且不得小于100 mm×100 mm×10 mm; (5) 附墙支座支承在建筑物上连接处混凝土的强度应按设计要求确定,且不得小于C10。	《建筑施工工具式脚手架安全技术规范》(JGJ 202—2010)	施工条件定量风险评价	6	7			42	重大风险	技术措施;管理措施;应急处置
(13) 附着式升降脚手架未按竖向主框架所覆盖的每个楼层设置一道附着支座			施工条件定量风险评价	6	3			18	较大风险	技术措施;管理措施;应急处置
(14) 附着式升降脚手架使用工况时,竖向主框架与附着支座未固定			施工条件定量风险评价	6	3			18	较大风险	技术措施;管理措施;应急处置
(15) 附着式升降脚手架附墙支座与建筑结构连接固定方式不符合规范要求			施工条件定量风险评价	6	3			18	较大风险	技术措施;管理措施;应急处置

风险因素	管理要求	管理依据	判定方式	可能性	严重程度	人员自身危险性	耦合概率	风险值	风险等级	管控措施
(16) 附着式升降脚手架附墙支座不符合规范要求	**第4.3.5条** 附墙支座设计应符合下列规定: (1) 每一楼层处应设置附墙支座,且每一附墙支座均应能承受该机位范围内的全部荷载的设计值,并应乘以荷载不均匀系数2或冲击系数2; (2) 应进行抗弯、抗压、抗剪、焊缝、平面内外稳定性、锚固螺栓计算和变形验算。	《建筑施工工具式脚手架安全技术规范》(JGJ 202—2010)	施工条件定量风险评价	6	3			18	较大风险	技术措施;管理措施;应急处置
(17) 附着式升降脚手架架体宽度大于1.2 m	**第4.4.2条** 附着式升降脚手架结构构造的尺寸应符合下列规定: (1) 架体高度升降不得大于5倍楼层高; (2) 架体宽度不得大于1.2 m; (3) 直线布置的架体支承跨度不得大于7 m,折线或曲线布置的架体,相邻两主框架支撑点处的架体外侧距离不得大于5.4 m; (4) 架体的水平悬挑长度不得大于2 m,且不得大于跨度的1/2; (5) 架体全高与支承跨度的乘积不得大于110 m²。	《建筑施工工具式脚手架安全技术规范》(JGJ 202—2010)	施工条件定量风险评价	6	3			18	较大风险	技术措施;管理措施;应急处置
(18) 附着式升降脚手架架体高度大于5倍楼层高			施工条件定量风险评价	6	7			42	重大风险	技术措施;管理措施;应急处置
(19) 附着式升降脚手架直线布置的架体支承跨度大于7 m			施工条件定量风险评价	6	3			18	较大风险	技术措施;管理措施;应急处置

风险因素	管理要求	管理依据	判定方式	可能性	严重程度	人员自身危险性	耦合概率	风险值	风险等级	管控措施
（20）附着式升降脚手架折线或曲线布置的架体，相邻两主框架支撑点处的架体外侧距离大于 5.4 m	**第4.4.2条** 附着式升降脚手架结构构造的尺寸应符合下列规定： （1）架体高度升降不得大于5倍楼层高； （2）架体宽度不得大于1.2 m；		施工条件定量风险评价	6	3			18	较大风险	技术措施；管理措施；应急处置
（21）附着式升降脚手架架体的水平悬挑长度大于 2 m 或大于跨度的 1/2	（3）直线布置的架体支承跨度不得大于7 m，折线或曲线布置的架体，相邻两主框架支撑点处的架体外侧距离不得大于5.4 m； （4）架体的水平悬挑长度不得大于2 m，且不得大于跨度的1/2；	《建筑施工工具式脚手架安全技术规范》（JGJ 202—2010）	施工条件定量风险评价	6	3			18	较大风险	技术措施；管理措施；应急处置
（22）附着式升降脚手架架体全高与支承跨度的乘积大于 110 m²	（5）架体全高与支承跨度的乘积不得大于110 m²。		施工条件定量风险评价	6	3			18	较大风险	技术措施；管理措施；应急处置
（23）附着式升降脚手架架体悬臂高度大于架体高度 2/5 或大于 6 m	**第4.4.8条** 架体悬臂高度不得大于架体高度2/5，且不得大于6 m。	《建筑施工工具式脚手架安全技术规范》（JGJ 202—2010）	直接判定						重大风险	技术措施；管理措施；应急处置
（24）物料平台与附着式升降脚手架各部位和各结构构件相连	**第4.4.10条** 物料平台不得与附着式升降脚手架各部位和各结构构件相连，其载荷应直接传递给建筑工程结构。	《建筑施工工具式脚手架安全技术规范》（JGJ 202—2010）	施工条件定量风险评价	6	3			18	较大风险	技术措施；管理措施；应急处置

风险因素	管理要求	管理依据	判定方式	可能性	严重程度	人员自身危险性	耦合概率	风险值	风险等级	管控措施
(25) 附着式升降脚手架未采用机械式的全自动防坠落装置	**第4.5.3条** 防坠落装置必须符合下列规定： (1) 防坠落装置应设置在竖向主框架处并附着在建筑结构上，每一升降点不得少于一个防坠落装置，防坠落装置在使用和升降工况下都必须起作用；	《建筑施工工具式脚手架安全技术规范》（JGJ 202—2010）	施工条件定量风险评价	6	3			18	较大风险	技术措施；管理措施；应急处置
(26) 附着式升降脚手架防坠落装置未独立固定在建筑结构上	(2) 防坠落装置必须采用机械式的全自动装置，严禁使用每次升降都需要重组的手动装置； (3) 防坠落装置技术性能除应满足承载能力要求外，还应符合表4.5.3的规定。	《建筑施工工具式脚手架安全技术规范》（JGJ 202—2010）	施工条件定量风险评价	6	3			18	较大风险	技术措施；管理措施；应急处置
(27) 附着式升降脚手架防坠落装置未在竖向主框架处独立固定在建筑结构上	表4.5.3 	脚手架类别	制动距离/mm	 |---|---|
整体式升降脚手架	≤80
单片式升降脚手架	≤150		《建筑施工工具式脚手架安全技术规范》（JGJ 202—2010）	施工条件定量风险评价	6	3			18	较大风险	技术措施；管理措施；应急处置
(28) 附着式升降脚手架钢吊杆式防坠落装置吊杆规格小于 φ25 mm	(4) 防坠落装置应具有防尘、防污染的措施，并应灵敏可靠和运转自如； (5) 防坠落装置与升降设备必须分别独立固定在建筑结构上； (6) 钢吊杆式防坠落装置，钢吊杆规格应由计算确定，且不应小于 φ25 mm。	《建筑施工工具式脚手架安全技术规范》（JGJ 202—2010）	施工条件定量风险评价	6	3			18	较大风险	技术措施；管理措施；应急处置

风险因素	管理要求	管理依据	判定方式	可能性	严重程度	人员自身危险性	耦合概率	风险值	风险等级	管控措施
(29)附着式升降脚手架未安装防倾覆、防坠落和同步升降控制的安全装置	第4.5.1条 附着式升降脚手架必须具有防倾覆、防坠落和同步升降控制的安全装置。	《建筑施工工具式脚手架安全技术规范》(JGJ 202—2010)	直接判定						重大风险	技术措施;管理措施;应急处置
(30)附着式升降脚手架桁架各杆件节点板厚度小于6 mm	第4.4.4条 (1)桁架各杆件的轴线应相交于节点上,并宜采用节点板构造连接,节点板的厚度不得小于6 mm。	《建筑施工工具式脚手架安全技术规范》(JGJ 202—2010)	施工条件定量风险评价	6	3			18	较大风险	技术措施;管理措施;应急处置
(31)附着式升降脚手架附墙支座锚固螺栓采用无弹簧垫圈单帽	第4.4.5条 (4)附墙支座应采用锚固螺栓与建筑物连接,受拉螺栓的螺母不得少于两个或应采用弹簧垫圈加单螺母,螺杆露出螺母端部的长度不应少于3扣,并不得小于10 mm,垫板尺寸应由设计确定,且不得小于100 mm×100 mm×10 mm。	《建筑施工工具式脚手架安全技术规范》(JGJ 202—2010)	施工条件定量风险评价	6	3			18	较大风险	技术措施;管理措施;应急处置
(32)附着式升降脚手架附墙支座锚固螺栓螺帽外露长度小于10 mm			施工条件定量风险评价	3	3			9	一般风险	技术措施;管理措施;应急处置

3.9　落地式脚手架

风险因素	管理要求	管理依据	判定方式	可能性	严重程度	人员自身危险性	耦合概率	风险值	风险等级	管控措施
（1）未编制落地式脚手架专项施工方案	第3.1.1条　在脚手架搭设和拆除作业前，应根据工程特点编制专项施工方案，并应经审批后组织实施。	《建筑施工脚手架安全技术统一标准》（GB 51210—2016）	直接判定						重大风险	技术措施；管理措施
（2）落地式脚手架纵向水平杆接头在同一个步距或同跨内	第6.2.1条　① 两根相邻纵向水平杆的接头不应设置在同步或同跨内……	《建筑施工扣件式钢管脚手架安全技术规范》（JGJ 130—2011）	施工条件定量风险评价	6	3			18	较大风险	技术措施；管理措施；应急处置
（3）落地式脚手架立杆不垂直	第7.3.2条　每搭完一步脚手架后，应按本规范表8.2.4的规定校正步距、纵距、横距及立杆的垂直度。（表8.2.4略）	《建筑施工扣件式钢管脚手架安全技术规范》（JGJ 130—2011）	施工条件定量风险评价	6	3			18	较大风险	技术措施；管理措施；应急处置
（4）落地式脚手架扫地杆缺失	第6.3.2条　脚手架必须设置纵、横向扫地杆……	《建筑施工扣件式钢管脚手架安全技术规范》（JGJ 130—2011）	施工条件定量风险评价	6	3			18	较大风险	技术措施；管理措施；应急处置
（5）落地式脚手架既无拉结点、又无抛撑	第7.3.1条　……如果超过相邻连墙件以上两步，无法设置连墙件时，应采取撑拉固定等措施与建筑结构拉结。 第7.3.4条　（2）脚手架开始搭设立杆时，应每隔6跨设置一根抛撑，直至连墙件安装稳定后，方可根据情况拆除。	《建筑施工扣件式钢管脚手架安全技术规范》（JGJ 130—2011）	施工条件定量风险评价	6	3			18	较大风险	技术措施；管理措施；应急处置

风险因素	管理要求	管理依据	判定方式	可能性	严重程度	人员自身危险性	耦合概率	风险值	风险等级	管控措施
(6) 落地式脚手架连墙件缺失	第7.3.4条 (3)当架体搭设至有连墙件的主节点时,在搭设完该处的立杆、纵向水平杆、横向水平杆后,应立即设置连墙件。	《建筑施工扣件式钢管脚手架安全技术规范》(JGJ 130—2011)	直接判定						重大风险	技术措施;管理措施
(7) 落地式脚手架连墙件距离主节点上超过300 mm	第6.4.3条 (1)连墙件的布置应靠近主节点设置,偏离主节点的距离不应大于300 mm。	《建筑施工扣件式钢管脚手架安全技术规范》(JGJ 130—2011)	施工条件定量风险评价	6	3			18	较大风险	技术措施;管理措施;应急处置
(8) 落地式脚手架搭设高度超过24 m时未采用刚性连墙件与建筑结构可靠连接	第6.4.6条 ……对高度24 m以上的双排脚手架,应采用刚性连墙件与建筑物连接。	《建筑施工扣件式钢管脚手架安全技术规范》(JGJ 130—2011)	施工条件定量风险评价	6	3			18	较大风险	技术措施;管理措施;应急处置
(9) 落地式脚手架基础边缘进行土方开挖作业,且未采取加固措施	第11.2.8条 在脚手架使用期间,立杆基础下及附近不宜进行挖掘作业。当因施工需要进行挖掘作业时,应对架体采取加固措施。	《建筑施工脚手架安全技术统一标准》(GB 51210—2016)	施工条件定量风险评价	6	7			42	重大风险	技术措施;管理措施;应急处置
(10) 脚手架钢管上打孔	第9.0.4条 钢管上严禁打孔。	《建筑施工扣件式钢管脚手架安全技术规范》(JGJ 130—2011)	施工条件定量风险评价	6	3			18	较大风险	技术措施;管理措施;应急处置

风险因素	管理要求	管理依据	判定方式	可能性	严重程度	人员自身危险性	耦合概率	风险值	风险等级	管控措施
(11) 临街搭设脚手架时外侧无防护措施	第9.0.16条　临街搭设脚手架时,外侧应有防止坠物伤人的防护措施。	《建筑施工扣件式钢管脚手架安全技术规范》(JGJ 130—2011)	施工条件定量风险评价	6	3			18	较大风险	技术措施;管理措施;应急处置
(12) 脚手架接地和避雷未按要求设置	第9.0.18条　工地临时用电线路的架设及脚手架接地、避雷措施等,应按现行行业标准《施工现场临时用电安全技术规范》JGJ 46 的有关规定执行。	《建筑施工扣件式钢管脚手架安全技术规范》(JGJ 130—2011)	施工条件定量风险评价	6	3			18	较大风险	技术措施;管理措施;应急处置

3.10　模板支撑脚手架

风险因素	管理要求	管理依据	判定方式	可能性	严重程度	人员自身危险性	耦合概率	风险值	风险等级	管控措施
(1) 未对模板支撑脚手架搭设作业人员进行安全技术交底	第3.12.3条　模板支架保证项目的检查评定应符合下列规定: (6) 交底与验收 ① 支架搭设、拆除前应进行交底,并应有交底记录; ② 支架搭设完毕,应按规定组织验收,验收应有量化内容并经责任人签字确认。	《建筑施工安全检查标准》(JGJ 59—2011)	基础管理固有风险定量评价	6	7			42	重大风险	技术措施;管理措施

风险因素	管理要求	管理依据	判定方式	可能性	严重程度	人员自身危险性	耦合概率	风险值	风险等级	管控措施
(2) 模板支撑脚手架扫地杆缺失	**第 4.4.7 条** 采用扣件式钢管作模板支架时,支架搭设应符合下列规定: (1) 模板支架搭设所采用的钢管、扣件规格,应符合设计要求;立杆纵距、立杆横距、支架步距以及构造要求,应符合专项施工方案的要求。 (2) 立杆纵距、立杆横距不应大于 1.5 m,支架步距不应大于 2.0 m;立杆纵向和横向宜设置扫地杆,纵向扫地杆距立杆底部不宜大于 200 mm,横向扫地杆宜设置在纵向扫地杆的下方;立杆底部宜设置底座或垫板。 (3) 立杆接长除顶层步距可采用搭接外,其余各层步距接头应采用对接扣件连接,两个相邻立杆的接头不应设置在同一步距内。 (5) 支架周边应连续设置竖向剪刀撑。支架长度或宽度大于 6 m 时,应设置中部纵向或横向的竖向剪刀撑,剪刀撑的间距和单幅剪刀撑的宽度均不宜大于 8 m,剪刀撑与水平杆的夹角宜为 45°～60°;支架高度大于 3 倍步距时,支架顶部宜设置一道水平剪刀撑,剪刀撑应延伸至周边。 (7) 扣件螺栓的拧紧力矩不应小于 40 N·m,且不应大于 65 N·m。	《混凝土结构工程施工规范》(GB 50666—2011)	施工条件定量风险评价	6	3			18	较大风险	技术措施;管理措施;应急处置
(3) 模板支撑脚手架水平杆步距过大,未按方案布设			施工条件定量风险评价	6	7			42	重大风险	技术措施;管理措施
(4) 模板支撑架的水平剪刀撑和竖向剪刀撑的设置不符合规定			施工条件定量风险评价	6	3			18	较大风险	技术措施;管理措施;应急处置

风险因素	管理要求	管理依据	判定方式	可能性	严重程度	人员自身危险性	耦合概率	风险值	风险等级	管控措施
(5)模板支撑脚手架立杆接头在同一步距内	(8)支架立杆搭设的垂直偏差不宜大于1/200。 **第4.4.8条** 采用扣件式钢管作高大模板支架时,支架搭设除应符合本规范第4.4.7条的规定外,尚应符合下列规定: (1)宜在支架立杆顶端插入可调托座,可调托座螺杆外径不应小于36 mm,螺杆插入钢管的长度不应小于150 mm,螺杆伸出钢管的长度不应大于300 mm,可调托座伸出顶层水平杆的悬臂长度不应大于500 mm;	《混凝土结构工程施工规范》 (GB 50666—2011)	直接判定						重大风险	技术措施; 管理措施; 应急处置
(6)模板支撑脚手架搭设扣件螺栓的拧紧力矩不符合要求	(2)立杆纵距、横距不应大于1.2 m,支架步距不应大于1.8 m; (4)立杆纵向和横向应设置扫地杆,纵向扫地杆距立杆底部不宜大于200 mm; (5)宜设置中部纵向或横向的竖向剪刀撑,剪刀撑的间距不宜大于5 m;沿支架高度方向搭设的水平剪刀撑的间距不宜大于6 m。 **第4.4.9条** 采用碗扣式、盘扣式或盘销式钢管架作模板支架时,支架搭设应符合下列规定: (2)立杆上的上、下层水平杆间距不应大于1.8 m。		施工条件定量风险评价	3	3			9	一般风险	技术措施; 管理措施; 应急处置

风险因素	管理要求	管理依据	判定方式	可能性	严重程度	人员自身危险性	耦合概率	风险值	风险等级	管控措施
(7)模板支撑脚手架立杆长度不符合规范	**第4.4.8条** (1)宜在支架立杆顶端插入可调托座,可调托座螺杆外径不应小于36 mm,螺杆插入钢管的长度不应小于150 mm,螺杆伸出钢管的长度不应大于300 mm,可调托座伸出顶层水平杆的悬臂长度不应大于500 mm。 **第4.4.9条** (3)插入立杆顶端可调托座伸出顶层水平杆的悬臂长度不应大于650 mm,螺杆插入钢管的长度不应小于150 mm,其直径应满足与钢管内径间隙不大于6 mm的要求……	《混凝土结构工程施工规范》(GB 50666—2011)	施工条件定量风险评价	6	3			18	较大风险	技术措施;管理措施;应急处置
(8)模板支撑脚手架固定在施工脚手架上	**第11.2.2条** 严禁将支撑脚手架、缆风绳、混凝土输送泵管、卸料平台及大型设备的支承件等固定在作业脚手架上…… 纵向扫地杆应向低处延长不少于2跨,高低差不得大于1 m,立柱距边坡上方边缘不得小于0.5 m。	《建筑施工脚手架安全技术统一标准》(GB 51210—2016)	施工条件定量风险评价	6	7			42	重大风险	技术措施;管理措施;应急处置
(9)上段的钢管立柱与下段钢管立柱直接固定在水平拉杆上	(3)立柱接长严禁搭接,必须采用对接扣件连接,相邻两立柱的对接接头不得在同步内,且对接接头沿竖向错开的距离不宜小于500 mm,各接头中心距主节点不宜大于步距的1/3。 (4)严禁将上段的钢管立柱与下段钢管立柱错开固定在水平拉杆上。		施工条件定量风险评价	6	3			18	较大风险	技术措施;管理措施;应急处置

风险因素	管理要求	管理依据	判定方式	可能性	严重程度	人员自身危险性	耦合概率	风险值	风险等级	管控措施
（10）剪刀撑杆件的底端未与地面顶紧	（5）满堂模板和共享空间模板支架立柱，在外侧周圈应设由下至上的竖向连续式剪刀撑；中间在纵横向应每隔10 m左右设由下至上的竖向连续式剪刀撑，其宽度宜为4～6 m，并在剪刀撑部位的顶部、扫地杆处设置水平剪刀撑。剪刀撑杆件的底端应与地面顶紧，夹角宜为45°～60°。当建筑层高在8～20 m时，除应满足上述规定外，还应在纵横向相邻的两竖向连续式剪刀撑之间增加之字斜撑，在有水平剪刀撑的部位，应在每个剪刀撑中间处增加一道水平剪刀撑。当建筑层高超过20 m时，在满足以上规定的基础上，应将所有之字斜撑全部改为连续式剪刀撑……	《建筑施工模板安全技术规范》（JGJ 162—2008）	施工条件定量风险评价	6	3			18	较大风险	技术措施；管理措施；应急处置
（11）模板支撑架的整体刚度、承载能力、整体稳定性不符合规范	第5.1.2条 模板及其支架的设计应符合下列规定： （1）应具有足够的承载能力、刚度和稳定性，应能可靠地承受新浇混凝土的自重、侧压力和施工过程中所产生的荷载及风荷载。 （2）构造应简单，装拆方便，便于钢筋的绑扎、安装和混凝土的浇筑、养护。 （3）混凝土梁的施工应采用从跨中向两端对称进行分层浇筑，每层厚度不得大于400 mm。 （4）当验算模板及其支架在自重和风荷载作用下的抗倾覆稳定性时，应符合相应材质结构设计规范的规定。	《建筑施工模板安全技术规范》（JGJ 162—2008）	直接判定						重大风险	技术措施；管理措施；应急处置

4 起重吊装

起重吊装作业是指使用起重设备将被吊物提升或移动至指定位置,并按要求安装固定的施工过程。起重吊装作业由于系统运行复杂、体型庞大、协调度要求较高等现场运转特质,常常会引发事故。起重机械是指用于垂直升降或者垂直升降并水平移动重物的机电设备,其范围规定为额定起重量大于或者等于0.5 t的升降机;额定起重量大于或者等于1 t,且提升高度大于或者等于2 m的起重机和承重形式固定的电动葫芦等。起重吊装作业应符合相关法规、标准的有关规定。

考虑到施工现场常用的起重机械,本手册起重吊装部分主要内容包含塔式起重机、汽车及轮胎式起重机、卷扬机、施工升降机、物料提升机等,易引发的事故类型有起重伤害、物体打击、高处坠落等。

4.1 塔式起重机

风险因素	管理要求	管理依据	判定方式	可能性	严重程度	人员自身危险性	耦合概率	风险值	风险等级	管控措施
(1) 塔吊加节、提升后未进行自检	**第10.1条** 塔机安装、拆卸及塔身加节或降节作业时,应按使用说明书中有关规定及注意事项进行。	《塔式起重机安全规程》(GB 5144—2006)	基础管理固有风险定量评价	10	3			30	较大风险	技术措施;管理措施;个体防护;应急处置
(2) 架设前未对塔机自身的架设机构进行检查	**第10.1.1条** 架设前应对塔机自身的架设机构进行检查,保证机构处于正常状态。	《塔式起重机安全规程》(GB 5144—2006)	直接判定						重大风险	技术措施;管理措施;个体防护;应急处置

风险因素	管理要求	管理依据	判定方式	可能性	严重程度	人员自身危险性	耦合概率	风险值	风险等级	管控措施
(3) 施工现场有两台及两台以上塔吊作业时,未编制群塔作业专项施工方案	**第2.0.14条** 当多台塔式起重机在同一施工现场交叉作业时,应编制专项方案,并应采取防碰撞的安全措施……	《建筑施工塔式起重机安装、使用、拆卸安全技术规程》(JGJ 196—2010)	直接判定						重大风险	技术措施;管理措施
(4) 塔式起重机选型、安装、拆除等未编制安全专项施工方案或专项方案未经论证审批	**第2.0.10条** 塔式起重机安装、拆卸前,应编制专项施工方案,指导作业人员实施安装、拆卸作业。专项施工方案应根据塔式起重机使用说明书和作业场地的实际情况编制,并应符合国家现行相关标准的规定。专项施工方案应由本单位技术、安全、设备等部门审核,技术负责人审批后,经监理单位批准实施。	《建筑施工塔式起重机安装、使用、拆卸安全技术规程》(JGJ 196—2010)	直接判定						重大风险	技术措施;管理措施
(5) 未严格执行已经审批的专项方案			施工条件定量风险评价	6	7			42	重大风险	技术措施;管理措施
(6) 塔式起重机选型、安装、拆除等作业人员未经专业培训	**第三十六条** ……施工单位应当对管理人员和作业人员每年至少进行一次安全生产教育培训,其教育培训情况记入个人工作档案。安全生产教育培训考核不合格的人员,不得上岗。	《建设工程安全生产管理条例》	基础管理固有风险定量评价	10	3			30	较大风险	管理措施
(7) 塔式起重机使用前,未对起重司机、起重信号工、司索工等工作人员进行安全技术交底	**第4.0.2条** 塔式起重机使用前,应对起重司机、起重信号工、司索工等工作人员进行安全技术交底。	《建筑施工塔式起重机安装、使用、拆卸安全技术规程》(JGJ 196—2010)	基础管理固有风险定量评价	6	7			42	重大风险	技术措施;管理措施

风险因素	管理要求	管理依据	判定方式	可能性	严重程度	人员自身危险性	耦合概率	风险值	风险等级	管控措施
(8) 塔吊停用半年以上重新启用前,未经建筑起重机械检测机构重新进行验收,继续使用	**第3.4.19条** 塔吊起重机停用6个月以上的,在复工前,应按本规程附录B重新进行验收,合格后方可使用。	《建筑施工塔式起重机安装、使用、拆卸安全技术规程》(JGJ 196—2010)	直接判定						重大风险	技术措施;管理措施
(9) 塔式起重机未按规范及方案安装附着装置	**第3.17.4条** 塔式起重机一般项目的检查评定应符合下列规定: (1) 附着 ① 当塔式起重机高度超过产品说明书规定时,应安装附着装置,附着装置安装应符合产品说明书及规范要求; ② 当附着装置的水平距离不能满足产品说明书要求时,应进行设计计算和审批; ③ 安装内爬式塔式起重机的建筑承载结构应进行承载力验算; ④ 附着前和附着后塔身垂直度应符合规范要求。	《建筑施工安全检查标准》(JGJ 59—2011)	直接判定						重大风险	技术措施;管理措施
(10) 塔式起重机附着前和附着后塔身垂直度不符合规范要求			直接判定						较大风险	技术措施;管理措施
(11) 塔吊安装独立高度超过说明书规定的安装高度			直接判定						重大风险	技术措施;管理措施

风险因素	管理要求	管理依据	判定方式	可能性	严重程度	人员自身危险性	耦合概率	风险值	风险等级	管控措施
(12) 未按方案对塔吊进行定期维护保养	第4.0.20条 塔式起重机应实施各级保养。转场时,应作转场保养,并应有记录。	《建筑施工塔式起重机安装、使用、拆卸安全技术规程》(JGJ 196—2010)	施工条件定量风险评价	3	6			18	较大风险	技术措施;管理措施
(13) 未按照塔吊安拆专项施工方案及安全操作规程组织塔吊安拆作业	第2.0.10条 塔式起重机安装、拆卸前,应编制专项施工方案,指导作业人员实施安装、拆卸作业。专项施工方案应根据塔式起重机使用说明书和作业场地的实际情况编制,并应符合国家现行相关标准的规定……	《建筑施工塔式起重机安装、使用、拆卸安全技术规程》(JGJ 196—2010)	基础管理固有风险定量评价	6	7			42	重大风险	技术措施;管理措施
(14) 塔吊达到国家规定使用年限或安全技术标准,未检验达标仍在使用	第2.0.9条 有下列情况之一的塔式起重机严禁使用: (1) 国家明令淘汰的产品; (2) 超过规定使用年限经评估不合格的产品; (3) 不符合国家现行相关标准的产品; (4) 没有完整安全技术档案的产品。	《建筑施工塔式起重机安装、使用、拆卸安全技术规程》(JGJ 196—2010)	直接判定						重大风险	技术措施;管理措施
(15) 起重吊装司机违规超载吊装	第4.0.10条 塔式起重机不得起吊重量超过额定载荷的吊物,且不得起吊重量不明的吊物。	《建筑施工塔式起重机安装、使用、拆卸安全技术规程》(JGJ 196—2010)	施工过程定量风险评价	6	7	6	2	504	重大风险	技术措施;管理措施;个体防护;应急处置

风险因素	管理要求	管理依据	判定方式	可能性	严重程度	人员自身危险性	耦合概率	风险值	风险等级	管控措施
(16) 起重吊装司机违规斜拉斜吊	**第4.1.18条** 不得使用建筑起重机械进行斜拉、斜吊和起吊埋设在地下或凝固在地面上的重物以及其他不明重量的物体。	《建筑机械使用安全技术规程》(JGJ 33—2012)	施工过程定量风险评价	6	3	6	2	216	较大风险	技术措施；管理措施；个体防护；应急处置
(17) 塔吊司机每班作业前未进行试吊	**第4.1.2条** 起重机在每班开始作业时,应先试吊,确认制动器灵敏可靠后,方可进行作业。作业时不得擅自离岗和保养机车。	《建筑施工起重吊装工程安全技术规范》(JGJ 276—2012)	施工过程定量风险评价	6	3	6	2	216	较大风险	技术措施；管理措施；个体防护；应急处置
(18) 起重吊装司机在吊装作业时擅自离岗			施工过程定量风险评价	6	3	6	2	216	较大风险	技术措施；管理措施；个体防护；应急处置
(19) 塔吊司机违规用行程限位开关作为停止运行的控制开关	**第3.4.5条** 施工升降设备的行程限位开关严禁作为停止运行的控制开关。	《建筑与市政施工现场安全卫生与职业健康通用规范》(GB 55034—2022)	施工过程定量风险评价	6	7	6	2	504	重大风险	技术措施；管理措施；个体防护；应急处置
(20) 塔式起重机作业结束后现场未按规范要求切断总电源	**第4.0.14条** 作业完毕后,应松开回转制动器,各部件应置于非工作状态,控制开关应置于零位,并应切断总电源。	《建筑施工塔式起重机安装、使用、拆卸安全技术规程》(JGJ 196—2010)	施工过程定量风险评价	6	3	6	2	216	较大风险	技术措施；管理措施；个体防护；应急处置

风险因素	管理要求	管理依据	判定方式	可能性	严重程度	人员自身危险性	耦合概率	风险值	风险等级	管控措施
（21）塔身标准节金属结构锈蚀严重	第10.1.2条　塔机在安装、增加塔身标准节之前应对结构件和高强度螺栓进行检查，若发现下列问题应修复或更换后方可进行安装： (a) 目视可见的结构件裂纹及焊缝裂纹； (b) 连接件的轴、孔严重磨损； (c) 结构件母材严重锈蚀； (d) 结构件整体或局部塑性变形，销孔塑性变形。	《塔式起重机安全规程》（GB 5144—2006）	施工条件定量风险评价	6	7			42	重大风险	技术措施；管理措施；应急处置
（22）塔身标准节金属结构焊缝开裂			施工条件定量风险评价	6	7			42	重大风险	技术措施；管理措施；应急处置
（23）塔身结构件开裂			施工条件定量风险评价	6	7			42	重大风险	技术措施；管理措施；应急处置
（24）顶升过程中顶升摆梁内外腹板销轴孔发生严重的屈曲变形			施工条件定量风险评价	6	7			42	重大风险	技术措施；管理措施；应急处置
（25）塔式起重机在安全装置不齐全的情况下进行作业	第3.4.12条　塔式起重机的安全装置必须齐全，并应按程序进行调试合格。	《建筑施工塔式起重机安装、使用、拆卸安全技术规程》（JGJ 196—2010）	施工过程定量风险评价	6	3	6	2	216	较大风险	技术措施；管理措施；个体防护；应急处置
（26）塔身梯子无防护笼或未设置竖向安全绳			施工条件定量风险评价	6	3			18	较大风险	技术措施；管理措施；个体防护；应急处置

风险因素	管理要求	管理依据	判定方式	可能性	严重程度	人员自身危险性	耦合概率	风险值	风险等级	管控措施
（27）起重臂的连接销轴、安装定位板等连接松动	第10.1.3条　小车变幅的塔机在起重臂组装完毕准备吊装之前，应检查起重臂的连接销轴、安装定位板等是否连接牢固、可靠。当起重臂的连接销轴轴端采用焊接挡板时，则在锤击安装销轴后，应检查轴端挡板的焊缝是否正常。	《塔式起重机安全规程》（GB 5144—2006）	直接判定						重大风险	技术措施；管理措施；应急处置
（28）塔身标准节与回转下支座连接不紧固	第3.4.6条　自升式塔式起重机的顶升加节应符合下列规定： （1）顶升系统必须完好； （2）结构件必须完好； （3）顶升前，塔式起重机下支座与顶升套架应可靠连接； （4）顶升前，应确保顶升横梁搁置正确； （5）顶升前，应将塔式起重机配平；顶升过程中，应确保塔式起重机的平衡； （6）顶升加节的顺序，应符合使用说明书的规定； （7）顶升过程中，不应进行起升、回转、变幅等操作； （8）顶升结束后，应将标准节与回转下支座可靠连接； （9）塔式起重机加节后需进行附着的，应按照先装附着装置、后顶升加节的顺序进行，附着装置的位置和支撑点的强度应符合要求。	《建筑施工塔式起重机安装、使用、拆卸安全技术规程》（JGJ 196—2010）	施工条件定量风险评价	6	3			18	较大风险	技术措施；管理措施；应急处置
（29）顶升前未将塔吊配平			施工过程定量风险评价	6	3	6	2	216	较大风险	技术措施；管理措施；个体防护；应急处置
（30）回转下支座与顶升套架连接不紧固			施工条件定量风险评价	6	3			18	较大风险	技术措施；管理措施；应急处置
（31）塔吊标准节顶升踏步严重变形			施工条件定量风险评价	6	7			42	重大风险	技术措施；管理措施；应急处置

风险因素	管理要求	管理依据	判定方式	可能性	严重程度	人员自身危险性	耦合概率	风险值	风险等级	管控措施
(32)塔吊走道和平台栏杆缺失	**第4.4.5条** 离地面2m以上的平台及走道应设置防止操作人员跌落的手扶栏杆。手扶栏杆的高度不应低于1m,并能承受1 000 N的水平移动集中载荷。在栏杆一半高度处应设置中间手扶横杆。	《塔式起重机安全规程》(GB 5144—2006)	施工条件定量风险评价	6	3			18	较大风险	技术措施;管理措施;应急处置
(33)塔吊司机室底部无绝缘地板	**第4.6.6条** 司机室应通风、保暖和防雨;内壁应采用防火材料;地板应铺设绝缘层。……	《塔式起重机安全规程》(GB 5144—2006)	施工条件定量风险评价	6	3			18	较大风险	技术措施;管理措施;应急处置
(34)塔吊司机室内壁未采用防火材料		《塔式起重机安全规程》(GB 5144—2006)	施工条件定量风险评价	6	3			18	较大风险	技术措施;管理措施;应急处置
(35)塔吊司机室内无灭火器	**第4.6.4条** 司机室内应配备符合消防要求的灭火器。	《塔式起重机安全规程》(GB 5144—2006)	施工条件定量风险评价	6	3			18	较大风险	技术措施;管理措施;应急处置
(36)塔吊未安装回转限位装置	**第6.3.4条** 回转部分不设集电器的塔机,应安装回转限位器。塔机回转部分在非工作状态下应能自由旋转;对有自锁作用的回转机构,应安装安全极限力矩联轴器。	《塔式起重机安全规程》(GB 5144—2006)	直接判定						重大风险	技术措施;管理措施;应急处置
(37)塔吊电气装置、元器件固定不牢	**第8.1.4条** 电气设备安装应牢固。需要防震的电器应有防震措施。	《塔式起重机安全规程》(GB 5144—2006)	施工条件定量风险评价	6	3			18	较大风险	技术措施;管理措施;应急处置

风险因素	管理要求	管理依据	判定方式	可能性	严重程度	人员自身危险性	耦合概率	风险值	风险等级	管控措施
（38）塔吊操作手柄、按钮无标识操作用途和操作方向的醒目标志或标志磨损不清	**第7.5条** 在所有手柄、手轮、按钮及踏板的附近处，应有表示用途和操作方向的标志。标志应牢固、可靠,字迹清晰、醒目。	《塔式起重机安全规程》（GB 5144—2006）	施工条件定量风险评价	3	3			9	一般风险	管理措施
（39）塔机未设置零位保护	**第7.9.4条** 塔式起重机各传动机构应设有零位保护。初始供电以及运行中因故障或失压停止后恢复供电时,机构不得自行动作,应人为将控制装置置回零位后,机构才能重新启动。	《塔式起重机设计规范》（GB/T 13752—2017）	直接判定						重大风险	技术措施；管理措施；应急处置
（40）塔顶扶梯、护圈、平台破损	**第7.4.10条** 栏杆、走台、爬梯和护圈应符合使用说明书要求。	《施工现场机械设备检查技术规范》（JGJ 160—2016）	施工条件定量风险评价	6	3			18	较大风险	技术措施；管理措施；应急处置
（41）塔吊连接件严重磨损	**第2.0.16条** （3）塔式起重机在安装前和使用过程中,连接件存在严重磨损和塑性变形的,不得安装和使用。	《建筑施工塔式起重机安装、使用、拆卸安全技术规程》（JGJ 196—2010）	施工条件定量风险评价	6	7			42	重大风险	技术措施；管理措施；应急处置

风险因素	管理要求	管理依据	判定方式	可能性	严重程度	人员自身危险性	耦合概率	风险值	风险等级	管控措施
(42) 无高度、变幅、行走限位或限位不灵敏			直接判定						重大风险	技术措施；管理措施；应急处置
(43) 小车轨道未设置缓冲器和止挡装置或不符合要求	第4.6.5条 （3）各安全限位装置应齐全完好。 第4.6.7条 作业前,应进行空载试运转,检查并确认各机构运转正常,制动可靠,各限位开关灵敏有效。	《建筑机械使用安全技术规程》(JGJ 33—2012)	直接判定						重大风险	技术措施；管理措施；应急处置
(44) 小车变幅的塔式起重机未安装断绳保护及断轴保护装置			直接判定						重大风险	技术措施；管理措施；应急处置
(45) 塔吊起升高度限位开关失灵			直接判定						重大风险	技术措施；管理措施；应急处置
(46) 塔吊吊钩无防脱装置	第6.3.5条 ……吊钩应设有钢丝绳防脱钩装置。	《建筑施工塔式起重机安装、使用、拆卸安全技术规程》(JGJ 196—2010)	直接判定						重大风险	技术措施；管理措施；应急处置
(47) 塔身不垂直,倾歪超标	第4.1.5条 （4）工作时起重臂的仰角不得超过其额定值;当无相应资料时,最大仰角不得超过78°,最小仰角不得小于45°。	《建筑施工起重吊装工程安全技术规范》(JGJ 276—2012)	直接判定						重大风险	技术措施；管理措施；应急处置

风险因素	管理要求	管理依据	判定方式	可能性	严重程度	人员自身危险性	耦合概率	风险值	风险等级	管控措施
(48) 塔吊无起重力矩限制器或失灵	**第 7.3.10 条** (4) 起重机的重量限制器、力矩限制器、高度限制器等安全装置部件应齐全完整,动作应灵敏可靠。	《施工现场机械设备检查技术规范》(JGJ 160—2016)	直接判定						重大风险	技术措施;管理措施;应急处置
(49) 起重机尾部与建筑物及建筑物外围施工设施之间小于 0.6 m	**第 10.3 条** 塔机的尾部与周围建筑物及其外围施工设施之间的安全距离不小于 0.6 m。	《塔式起重机安全规程》(GB 5144—2006)	施工条件定量风险评价	6	3			18	较大风险	技术措施;管理措施;应急处置
(50) 塔吊之间最近接触点安全距离不足 2 m	**第 2.0.14 条** 当多台塔式起重机在同一施工现场交叉作业时,应编制专项方案,并应采取防碰撞的安全措施。任意两台塔式起重机之间的最小架设距离应符合下列规定:(1) 低位塔式起重机的起重臂端部与另一台塔式起重机的塔身之间的距离不得小于 2 m;(2) 高位塔式起重机的最低位置的部件(或吊钩升至最高点或平衡重的最低部位)与低位塔式起重机中处于最高位置部件之间的垂直距离不得小于 2 m。	《建筑施工塔式起重机安装、使用、拆卸安全技术规程》(JGJ 196—2010)	施工条件定量风险评价	6	7			42	重大风险	技术措施;管理措施;应急处置

风险因素	管理要求	管理依据	判定方式	可能性	严重程度	人员自身危险性	耦合概率	风险值	风险等级	管控措施
(51) 塔吊任何部位与架空输电线的安全距离小于规范要求	**第10.4条** 有架空输电线的场合,塔机的任何部位与输电线的安全距离应符合表3的规定。如因条件限制不能保证表3中的安全距离,应与有关部门协商,并采取安全防护措施后方可架设。 表3 	安全距离/m	电压/kV				
	<1	1~15	20~40	60~110	220
沿垂直方向	1.5	3.0	4.0	5.0	6.0
沿水平方向	1.0	1.5	2.0	4.0	6.0		《塔式起重机安全规程》(GB 5144—2006)	施工条件定量风险评价	6	7			42	重大风险	技术措施;管理措施;应急处置
(52) 塔吊滑轮组侧板、平衡重无黄黑相间的危险部位标志	**第7.1.2条** 起重机械危险部位的安全标志应清晰、醒目、无脱落。	《施工现场机械设备检查技术规范》(JGJ 160—2016)	施工条件定量风险评价	6	3			18	较大风险	技术措施;管理措施;应急处置
(53) 高于30 m的塔吊顶端和两臂端未安装红色障碍指示灯	**第8.4.5条** 塔顶高度大于30 m且高于周围建筑物的塔机,应在塔顶和臂架端部安装红色障碍指示灯,该指示灯的供电不应受停机的影响。	《塔式起重机安全规程》(GB 5144—2006)	施工条件定量风险评价	6	3			18	较大风险	技术措施;管理措施;应急处置

风险因素	管理要求	管理依据	判定方式	可能性	严重程度	人员自身危险性	耦合概率	风险值	风险等级	管控措施
（54）底架固定地脚螺栓预埋位置错误，倾歪固定			施工条件定量风险评价	6	3			18	较大风险	技术措施；管理措施；应急处置
（55）预埋结（件）预埋高度超标	第3.2.6条　基础中的地脚螺栓等预埋件应符合使用说明书的要求。	《建筑施工塔式起重机安装、使用、拆卸安全技术规程》（JGJ 196—2010）	施工条件定量风险评价	6	3			18	较大风险	技术措施；管理措施；应急处置
（56）塔吊基础地脚螺母缺失			施工条件定量风险评价	6	3			18	较大风险	技术措施；管理措施；应急处置
（57）塔吊供电电源未设总电源开关箱	第8.3.2条　塔机应设置非自动复位的、能切断塔机总控制电源的紧急断电开关。该开关应设在司机操作方便的地方。	《塔式起重机安全规程》（GB 5144—2006）	施工条件定量风险评价	6	3			18	较大风险	技术措施；管理措施；应急处置
（58）塔机操作室存放易燃易爆物品	第3.2.3条　（4）材料管理 ⑤易燃易爆物品应分类储藏在专用库房内，并应制定防火措施。	《建筑施工安全检查标准》（JGJ 59—2011）	施工条件定量风险评价	6	3			18	较大风险	技术措施；管理措施；应急处置
（59）塔吊防雷装置未安装或装置失效	第3.17.4条　（4）电器安全 ③塔式起重机应安装避雷接地装置,并应符合规范要求。		直接判定						重大风险	技术措施；管理措施；应急处置

风险因素	管理要求	管理依据	判定方式	可能性	严重程度	人员自身危险性	耦合概率	风险值	风险等级	管控措施
(60) 起重臂的连接销插、安装定位板等连接不牢固、不可靠	**第10.1.3条** 小车变幅的塔机在起重臂组装完毕准备吊装之前,应检查起重臂的连接销轴、安装定位板等是否连接牢固、可靠。	《塔式起重机安全规程》(GB 5144—2006)	直接判定						重大风险	技术措施;管理措施;应急处置
(61) 顶升过程中,进行起升、回转、变幅等操作	**第3.4.6条** (7)顶升过程中,不应进行起升、回转、变幅等操作。	《建筑施工塔式起重机安装、使用、拆卸安全技术规程》(JGJ 196—2010)	施工条件定量风险评价	6	7			42	重大风险	技术措施;管理措施;应急处置
(62) 滑轮、卷筒未设钢丝绳防脱装置	**第6.3.5条** 滑轮、卷筒均应设有钢丝绳防脱装置……	《建筑施工塔式起重机安装、使用、拆卸安全技术规程》(JGJ 196—2010)	施工条件定量风险评价	6	3			18	较大风险	技术措施;管理措施;应急处置
(63) 作业中遇突发故障,未采取措施将吊物降落到安全地点,使吊物长时间悬挂在空中	**第4.0.8条** 作业中遇突发故障,应采取措施将吊物降落到安全地点,严禁吊物长时间悬挂在空中。	《建筑施工塔式起重机安装、使用、拆卸安全技术规程》(JGJ 196—2010)	施工条件定量风险评价	6	3			18	较大风险	管理措施
(64) 钢丝绳采用打结方式系结吊物	**第6.2.7条** 钢丝绳严禁采用打结方式系结吊物。	《建筑施工塔式起重机安装、使用、拆卸安全技术规程》(JGJ 196—2010)	施工条件定量风险评价	3	3			9	一般风险	技术措施;管理措施;个体防护;应急处置

风险因素	管理要求	管理依据	判定方式	可能性	严重程度	人员自身危险性	耦合概率	风险值	风险等级	管控措施
(65)物体起吊时未绑扎牢固	**第4.0.12条** 物件起吊时应绑扎牢固,不得在吊物上堆放或悬挂其他物件……	《建筑施工塔式起重机安装、使用、拆卸安全技术规程》(JGJ 196—2010)	施工条件定量风险评价	6	3			18	较大风险	技术措施;管理措施;个体防护;应急处置
(66)行走式塔式起重机停止作业时,未锁紧夹轨器	**第4.0.15条** 行走式塔式起重机停止作业时,应锁紧夹轨器。	《建筑施工塔式起重机安装、使用、拆卸安全技术规程》(JGJ 196—2010)	施工条件定量风险评价	6	3			18	较大风险	技术措施;管理措施;个体防护;应急处置
(67)吊索使用前未进行检查	**第6.1.3条** 吊具、索具在每次使用前应进行检查,经检查确认符合要求后,方可继续使用。当发现有缺陷时,应停止使用。	《建筑施工塔式起重机安装、使用、拆卸安全技术规程》(JGJ 196—2010)	基础管理固有风险定量评价	10	3			30	较大风险	技术措施;管理措施;个体防护;应急处置
(68)卸扣有明显的变形、可见裂纹和弧焊痕迹	**第6.2.9条** 卸扣应无明显的变形、可见裂纹和弧焊痕迹……	《建筑施工塔式起重机安装、使用、拆卸安全技术规程》(JGJ 196—2010)	施工条件定量风险评价	6	3			18	较大风险	技术措施;管理措施;应急处置

风险因素	管理要求	管理依据	判定方式	可能性	严重程度	人员自身危险性	耦合概率	风险值	风险等级	管控措施
（69）吊钩表面有裂纹	第6.3.2条 吊钩严禁补焊,有下列情况之一的应予以报废: (1) 表面有裂纹; (2) 挂绳处截面磨损量超过原高度的10%; (3) 钩尾和螺纹部分等危险截面及钩筋有永久性变形; (4) 开口度比原尺寸增加15%; (5) 钩身的扭转角超过10°。	《建筑施工塔式起重机安装、使用、拆卸安全技术规程》（JGJ 196—2010）	施工条件定量风险评价	6	3			18	较大风险	技术措施;管理措施;应急处置
（70）塔吊安装、位移、顶升、附着、拆卸等作业时,未设置警戒区	第2.0.15条 在塔式起重机的安装、使用及拆卸阶段,进入现场的作业人员必须佩戴安全帽、防滑鞋、安全带等防护用品,无关人员严禁进入作业区域内。在安装、拆卸作业期间,应设警戒区。	《建筑施工塔式起重机安装、使用、拆卸安全技术规程》（JGJ 196—2010）	施工条件定量风险评价	6	3			18	较大风险	技术措施;管理措施;应急处置
（71）塔吊安装、位移、顶升、附着、拆卸等作业时擅自闯入警戒区;塔式起重机使用时在下方停留	第2.0.17条 塔式起重机使用时,起重臂和吊物下方严禁有人员停留;物件吊运时,严禁从人员上方通过。	《建筑施工塔式起重机安装、使用、拆卸安全技术规程》（JGJ 196—2010）	施工过程定量风险评价	6	3	6	2	216	较大风险	管理措施;个体防护;应急处置
（72）拆卸时未先降节、后拆除附着装置	第5.0.7条 拆卸时应先降节、后拆除附着装置。	《建筑施工塔式起重机安装、使用、拆卸安全技术规程》（JGJ 196—2010）	直接判定						重大风险	技术措施;管理措施;应急处置
（73）吊钩与起吊构件重心不在同一铅垂线	第6.1.1条 (5) 塔式起重机吊钩的吊点,应与吊重重心在同一条铅垂线上,使吊重处于稳定平衡状态。		施工条件定量风险评价	3	3			9	一般风险	技术措施;管理措施;应急处置

风险因素	管理要求	管理依据	判定方式	可能性	严重程度	人员自身危险性	耦合概率	风险值	风险等级	管控措施
(74) 吊装作业区域四周未设置明显标志	**第3.0.5条** 起重设备的通行道路应平整，承载力应满足设备通行要求。吊装作业区域四周应设置明显标志，严禁非操作人员入内。夜间不宜作业，当确需夜间作业时，应有足够的照明。	《建筑施工起重吊装工程安全技术规范》(JGJ 276—2012)	施工条件定量风险评价	3	3			9	一般风险	技术措施；管理措施；应急处置
(75) 夜间作业照明不足			施工条件定量风险评价	3	3			9	一般风险	技术措施；管理措施；应急处置
(76) 作业人员拆卸塔吊前未按规定进行检查	**第5.0.3条** 拆卸前应检查主要结构件、连接件、电气系统、起升机构、回转机构、变幅机构、顶升机构等项目。发现隐患应采取措施，解决后方可进行拆卸作业。	《建筑施工塔式起重机安装、使用、拆卸安全技术规程》(JGJ 196—2010)	基础管理固有风险定量评价	10	3			30	较大风险	技术措施；管理措施；个体防护；应急处置
(77) 塔吊司机每班作业未检查以及做好交接班记录	**第4.0.18条** 每班作业应做好例行保养，并应做好记录。记录的主要内容应包括结构件外观、安全装置、传动机构、连接件、制动器、索具、夹具、吊钩、滑轮、钢丝绳、液位、油位、油压、电源、电压等。 **第4.0.19条** 实行多班作业的设备，应执行交接班制度，认真填写交接班记录，接班司机经检查确认无误后，方可开机作业。	《建筑施工塔式起重机安装、使用、拆卸安全技术规程》(JGJ 196—2010)	基础管理固有风险定量评价	10	3			30	较大风险	管理措施

风险因素	管理要求	管理依据	判定方式	可能性	严重程度	人员自身危险性	耦合概率	风险值	风险等级	管控措施
(78) 塔式起重机安装、拆卸单位资质不全、未建立安全管理制度	**第 2.0.1 条**　塔式起重机安装、拆卸单位必须具有从事塔式起重机安装、拆卸业务的资质。 **第 2.0.2 条**　塔式起重机安装、拆卸单位应具备安全管理保证体系，有健全的安全管理制度。	《建筑施工塔式起重机安装、使用、拆卸安全技术规程》(JGJ 196—2010)	基础管理固有风险定量评价	10	3			30	较大风险	管理措施
(79) 塔式起重机安装、拆卸作业配备人员不足	**第 2.0.3 条**　塔式起重机安装、拆卸作业应配备下列人员： (1) 持有安全生产考核合格证书的项目负责人和安全负责人、机械管理人员； (2) 具有建筑施工特种作业操作资格证书的建筑起重机械安装拆卸工、起重司机、起重信号工、司索工等特种作业操作人员。	《建筑施工塔式起重机安装、使用、拆卸安全技术规程》(JGJ 196—2010)	基础管理固有风险定量评价	3	7			21	较大风险	管理措施
(80) 安装作业中未统一指挥，明确指挥信号作业	**第 3.4.5 条**　安装作业中应统一指挥，明确指挥信号。当视线受阻、距离过远时，应采用对讲机或多级指挥。	《建筑施工塔式起重机安装、使用、拆卸安全技术规程》(JGJ 196—2010)	基础管理固有风险定量评价	3	3			9	一般风险	管理措施
(81) 雨雪、浓雾天气进行塔式起重机安装作业	**第 3.4.8 条**　雨雪、浓雾天气严禁进行安装作业。安装时塔式起重机最大高度处的风速应符合使用说明书的要求，且风速不得超过 12 m/s。	《建筑施工塔式起重机安装、使用、拆卸安全技术规程》(JGJ 196—2010)	施工条件定量风险评价	6	3			18	较大风险	管理措施；应急处置

风险因素	管理要求	管理依据	判定方式	可能性	严重程度	人员自身危险性	耦合概率	风险值	风险等级	管控措施
(82) 塔式起重机在夜间或照明条件不良情况下进行安装作业	**第3.4.9条** 塔式起重机不宜在夜间进行安装作业;当需在夜间进行塔式起重机安装和拆卸作业时,应保证提供足够的照明。	《建筑施工塔式起重机安装、使用、拆卸安全技术规程》(JGJ 196—2010)	施工条件定量风险评价	6	3			18	较大风险	管理措施;应急处置
(83) 塔式起重机起重司机、起重信号工、司索工等操作人员未取得特种作业人员资格证书进行作业	**第4.0.1条** 塔式起重机起重司机、起重信号工、司索工等操作人员应取得特种作业人员资格证书,严禁无证上岗。	《建筑施工塔式起重机安装、使用、拆卸安全技术规程》(JGJ 196—2010)	基础管理固有风险定量评价	6	3			18	较大风险	管理措施
(84) 塔式起重机司机随意调整和拆除安全保护装置	**第4.0.3条** 塔式起重机的力矩限制器、重量限制器、变幅限位器、行走限位器、高度限位器等安全保护装置不得随意调整和拆除,严禁用限位装置代替操纵机构。	《建筑施工塔式起重机安装、使用、拆卸安全技术规程》(JGJ 196—2010)	施工过程定量风险评价	6	3	6	2	216	较大风险	技术措施;管理措施;应急处置
(85) 塔式起重机使用高度超过30 m时未配备相应安全装置	**第4.0.16条** 当塔式起重机使用高度超过30 m时,应配置障碍灯,起重臂根部铰点高度超过50 m时应配备风速仪。	《建筑施工塔式起重机安装、使用、拆卸安全技术规程》(JGJ 196—2010)	施工条件定量风险评价	6	3			18	较大风险	技术措施;管理措施;应急处置

风险因素	管理要求	管理依据	判定方式	可能性	严重程度	人员自身危险性	耦合概率	风险值	风险等级	管控措施
(86) 塔式起重机未定期进行检查	第4.0.21条　塔式起重机的主要部件和安全装置等应进行经常性检查,每月不得少于一次,并应有记录;当发现有安全隐患时,应及时进行整改。 第4.0.22条　当塔式起重机使用周期超过一年时,应按本规程附录C进行一次全面检查,合格后方可继续使用。 第4.0.23条　当使用过程中塔式起重机发生故障时,应及时维修,维修期间应停止作业。	《建筑施工塔式起重机安装、使用、拆卸安全技术规程》(JGJ 196—2010)	基础管理固有风险定量评价	10	3			30	较大风险	管理措施
(87) 滑轮报废未及时更换	第6.3.4条　滑轮有下列情况之一的应予以报废: (1) 裂纹或轮缘破损; (2) 轮槽不均匀磨损达3 mm; (3) 滑轮绳槽壁厚磨损量达原壁厚的20%; (4) 铸造滑轮槽底磨损达钢丝绳直径的30%;焊接滑轮槽底磨损达钢丝绳直径的15%。	《建筑施工塔式起重机安装、使用、拆卸安全技术规程》(JGJ 196—2010)	施工条件定量风险评价	6	3			18	较大风险	技术措施;管理措施
(88) 建筑起重机作业时起吊物长时间悬挂在空中	第4.1.22条　建筑起重机作业时,遇突发故障或突然停电时,应立即把所有控制器拨到零位,并及时关闭发动机或断电源总开关,然后进行检修。起吊物不得长时间悬挂在空中,应采取措施将重物降落到安全位置。	《建筑机械使用安全技术规程》(JGJ 33—2012)	施工条件定量风险评价	6	3			18	较大风险	技术措施;管理措施

风险因素	管理要求	管理依据	判定方式	可能性	严重程度	人员自身危险性	耦合概率	风险值	风险等级	管控措施
(89)建筑起重机械使用的钢丝绳其结构形式、强度、规格等不符合起重机使用说明书的要求	**第4.1.25条** 建筑起重机械使用的钢丝绳,其结构形式、强度、规格等应符合起重机使用说明书的要求。钢丝绳与卷筒应连接牢固,放出钢丝绳时,卷筒上应至少保留三圈,收放钢丝绳时应防止钢丝绳损坏、扭结、弯折和乱绳。	《建筑机械使用安全技术规程》(JGJ 33—2012)	施工条件定量风险评价	6	3			18	较大风险	技术措施;管理措施
(90)建筑起重机械使用时未按规定对制动器进行检查	**第4.1.31条** 建筑起重机械使用时,每班都应对制动器进行检查。当制动器的零件出现下列情况之一时,应作报废处理: (1)裂纹; (2)制动器摩擦片厚度磨损达原厚度50%; (3)弹簧出现塑性变形; (4)小轴或轴孔直径磨损达原直径的5%。	《建筑机械使用安全技术规程》(JGJ 33—2012)	基础管理固有风险定量评价	3	10			30	较大风险	技术措施;管理措施
(91)建筑起重机械的吊钩和吊环补焊	**第4.1.30条** 建筑起重机械的吊钩和吊环严禁补焊。当出现下列情况之一时应更换: (1)表面有裂纹、破口; (2)危险断面及钩颈永久变形; (3)挂绳处断面磨损超过高度10%; (4)吊钩衬套磨损超过原厚度50%; (5)销轴磨损超过其直径的5%。	《建筑机械使用安全技术规程》(JGJ 33—2012)	施工条件定量风险评价	3	3			9	一般风险	技术措施;管理措施

风险因素	管理要求	管理依据	判定方式	可能性	严重程度	人员自身危险性	耦合概率	风险值	风险等级	管控措施
（92）建筑起重机械制动轮的制动摩擦面存在妨碍制动性能的缺陷或沾染油污现象	**第 4.1.32 条** 建筑起重机械制动轮的制动摩擦面不应有妨碍制动性能的缺陷或沾染油污。制动轮出现下列情况之一时,应作报废处理: (1) 裂纹; (2) 起升、变幅机构的制动轮,轮缘厚度磨损大于原厚度的 40％; (3) 其他机构的制动轮,轮缘厚度磨损大于原厚度的 50％; (4) 轮面凹凸不平度达 1.5 mm～2.0 mm（小直径取小值,大直径取大值）。	《建筑机械使用安全技术规程》（JGJ 33—2012）	施工条件定量风险评价	3	3			9	一般风险	技术措施;管理措施
（93）塔式起重机高强螺栓无合格证明资料	**第 4.4.10 条** 塔式起重机高强螺栓应由专业厂家制造,并应有合格证明。高强度螺栓严禁焊接。安装高强螺栓时,应采用扭矩扳手或专用扳手,并应按装配技术要求预紧。	《建筑机械使用安全技术规程》（JGJ 33—2012）	施工条件定量风险评价	6	3			18	较大风险	技术措施;管理措施
（94）塔吊基础不符合设计要求	**第 3.17.4 条** 塔式起重机一般项目的检查评定应符合下列规定: (2) 基础与轨道 ① 塔式起重机基础应按产品说明书及有关规定进行设计、检测和验收;	《建筑施工安全检查标准》（JGJ 59—2011）	直接判定						重大风险	技术措施;管理措施
（95）塔式起重机基础不坚实、不平整、无排水措施	② 基础应设置排水措施; ③ 路基箱或枕木铺设应符合产品说明书及规范要求; ④ 轨道铺设应符合产品说明书及规范要求。		施工条件定量风险评价	6	3			18	较大风险	技术措施;管理措施

4.2 汽车、轮胎式起重机

风险因素	管理要求	管理依据	判定方式	可能性	严重程度	人员自身危险性	耦合概率	风险值	风险等级	管控措施
（1）汽车、轮胎式起重机未编制安全专项施工方案或专项方案未经论证审批	**第3.1.3条** 安全管理保证项目的检查评定应符合下列规定： （2）施工组织设计及专项施工方案 ① 工程项目部在施工前应编制施工组织设计，施工组织设计应针对工程特点、施工工艺制定安全技术措施； ② 危险性较大的分部分项工程应按规定编制安全专项施工方案，专项施工方案应有针对性，并按有关规定进行设计计算； ③ 超过一定规模危险性较大的分部分项工程，施工单位应组织专家对专项施工方案进行论证； ④ 施工组织设计、专项施工方案，应由有关部门审核，施工单位技术负责人、监理单位项目总监批准； ⑤ 工程项目部应按施工组织设计、专项施工方案组织实施。	《建筑施工安全检查标准》（JGJ 59—2011）	基础管理固有风险定量评价	10	3			30	较大风险	管理措施

风险因素	管理要求	管理依据	判定方式	可能性	严重程度	人员自身危险性	耦合概率	风险值	风险等级	管控措施
(2) 汽车、轮胎式起重机各安全装置不齐全	**第3.0.5条** 机械设备各安全装置齐全有效。	《施工现场机械设备检查技术规范》(JGJ 160—2016)	直接判定						重大风险	技术措施;管理措施;应急处置
(3) 吊钩表面有裂纹、刻痕、剥裂、锐角	**第7.1.4条** (3)吊钩表面应光洁,不应有剥裂、锐角、毛刺、裂纹。		施工条件定量风险评价	6	3			18	较大风险	技术措施;管理措施;应急处置
(4) 汽车吊停放在基坑、沟渠边缘	**第4.3.1条** 起重机械工作的场地应保持平坦坚实,符合起重时的受力要求;起重机械应与沟渠、基坑保持安全距离。	《建筑机械使用安全技术规程》(JGJ 33—2012)	施工条件定量风险评价	6	3			18	较大风险	技术措施;管理措施;应急处置
(5) 汽车吊支腿未完全打开进行起重吊装作业	**第4.3.4条** 作业前,应全部伸出支腿,调整机体使回转支撑面的倾斜度在无载荷时不大于1/1 000(水准居中)。支腿的定位销必须插上。底盘为弹性悬挂的起重机,插支腿前应先收紧稳定器。	《建筑机械使用安全技术规程》(JGJ 33—2012)	施工过程定量风险评价	6	3	6	2	216	较大风险	技术措施;管理措施;个体防护;应急处置
(6) 汽车吊起重臂未摆正进行支腿调整作业	**第4.3.5条** 作业中不得扳动支腿操纵阀。调整支腿时应在无载荷时进行,应先将起重臂转至正前方或正后方之后,再调整支腿。	《建筑机械使用安全技术规程》(JGJ 33—2012)	施工过程定量风险评价	6	3	6	2	216	较大风险	技术措施;管理措施;个体防护;应急处置

风险因素	管理要求	管理依据	判定方式	可能性	严重程度	人员自身危险性	耦合概率	风险值	风险等级	管控措施
(7) 汽车吊起重吊装作业时驾驶室内有人逗留	**第4.3.9条** 汽车式起重机起吊作业时,汽车驾驶室内不得有人,重物不得超越汽车驾驶室上方,且不得在车的前方起吊。	《建筑机械使用安全技术规程》(JGJ 33—2012)	施工过程定量风险评价	6	3	6	2	216	较大风险	技术措施;管理措施;个体防护;应急处置
(8) 钢丝绳插编索扣编结长度小于规范要求	**第4.1.26条** 钢丝绳采用编结固接时,编结部分的长度不得小于钢丝绳直径的20倍,并不应小于300 mm,其编结部分应用细钢丝捆扎……	《建筑机械使用安全技术规程》(JGJ 33—2012)	施工条件定量风险评价	3	3			9	一般风险	技术措施;管理措施;应急处置
(9) 汽车吊起重吊装作业时最大仰角超过78°	**第4.1.4条** (4) 工作时起重臂的仰角不得超过其额定值;当无相应资料时,最大仰角不得超过78°,最小仰角不得小于45°。	《建筑施工起重吊装工程安全技术规范》(JGJ 276—2012)	施工过程定量风险评价	6	3	6	2	216	较大风险	技术措施;管理措施;个体防护;应急处置
(10) 汽车吊起重吊装作业时最小仰角小于45°			施工过程定量风险评价	6	3	6	2	216	较大风险	技术措施;管理措施;个体防护;应急处置
(11) 起重机伸缩臂未完全收回,钢丝绳未收紧,起重司机离岗下班	**第4.1.4条** (11) 作业完毕或下班前……起重臂应全部缩回原位……收紧钢丝绳……方可离开。	《建筑施工起重吊装工程安全技术规范》(JGJ 276—2012)	施工过程定量风险评价	6	3	6	2	216	较大风险	技术措施;管理措施;个体防护;应急处置

续表

风险因素	管理要求	管理依据	判定方式	可能性	严重程度	人员自身危险性	耦合概率	风险值	风险等级	管控措施
(12) 汽车吊起重吊装重量大于额定荷载50%时,进行起重臂伸缩作业	**第4.1.4条** (8) 伸缩式起重臂的伸缩,应符合下列规定: ① ……当起吊过程中需伸缩时,起吊载荷不得大于其额定值的50%。	《建筑施工起重吊装工程安全技术规范》(JGJ 276—2012)	施工过程定量风险评价	6	3	6	2	216	较大风险	技术措施;管理措施;个体防护;应急处置
(13) 构件起吊时钢丝绳与物体间夹角小于45°	**第5.1.5条** (4) 绑扎应平稳、牢固,绑扎钢丝绳与物体间的水平夹角为:构件起吊时不得小于45°;构件扶直时不得小于60°。	《建筑施工起重吊装工程安全技术规范》(JGJ 276—2012)	施工过程定量风险评价	6	3	6	2	216	较大风险	技术措施;管理措施;个体防护;应急处置
(14) 吊钩、卷筒、滑轮无防脱装置	**第3.18.3条** (3) 钢丝绳与地锚 ④吊钩、卷筒、滑轮应安装钢丝绳防脱装置。	《建筑施工安全检查标准》(JGJ 59—2011)	直接判定						重大风险	技术措施;管理措施;应急处置
(15) 构件堆场周围无排水沟	**第11.5.3条** 预制构件堆放应符合下列规定: (1) 堆放场地应平整、坚实,并应有排水措施; (2) 预埋吊件应朝上,标识宜朝向堆垛间的通道; (3) 构件支垫应坚实,垫块在构件下的位置宜与脱模、吊装时的起吊位置一致; (4) 重叠堆放构件时,每层构件间的垫块应上下对齐,堆垛层数应根据构件、垫块的承载力确定,并应根据需要采取防止堆垛倾覆的措施; (5) 堆放预应力构件时,应根据构件起拱值的大小和堆放时间采取相应措施。	《装配式混凝土结构技术规程》(JGJ 1—2014)	施工条件定量风险评价	6	1			6	一般风险	技术措施;管理措施;应急处置
(16) 重叠堆放构件垫木不在同一垂线上			施工条件定量风险评价	3	3			9	一般风险	技术措施;管理措施;应急处置

风险因素	管理要求	管理依据	判定方式	可能性	严重程度	人员自身危险性	耦合概率	风险值	风险等级	管控措施
(17) 构件堆垛间通道小于 2 m	**第5.1.2条** (4) 重叠堆放的构件应采用垫木隔开,上下垫木应在同一垂线上。堆放高度梁、柱不宜超过 2 层;大型屋面板不宜超过 6 层。堆垛间应留 2 m 宽的通道。	《建筑施工起重吊装工程安全技术规范》(JGJ 276—2012)	施工条件定量风险评价	3	3			9	一般风险	技术措施;管理措施;应急处置
(18) 挂板吊装采用钢丝绳兜吊	**第5.4.2条** (1) 挂板的运输和吊装不得用钢丝绳兜吊,并严禁用钢丝捆扎。	《建筑施工起重吊装工程安全技术规范》(JGJ 276—2012)	施工条件定量风险评价	6	3			18	较大风险	技术措施;管理措施;个体防护;应急处置
(19) 钢柱上未固定登高扶梯进行吊装	**第6.3.1条** (1) 安装前,应在钢柱上将登高扶梯和操作挂篮或平台等固定好。	《建筑施工起重吊装工程安全技术规范》(JGJ 276—2012)	施工条件定量风险评价	6	3			18	较大风险	技术措施;管理措施
(20) 吊装前未按规定装好扶手杆和扶手安全绳	**第6.3.2条** (1) 吊装前应按规定装好扶手杆和扶手安全绳。	《建筑施工起重吊装工程安全技术规范》(JGJ 276—2012)	施工条件定量风险评价	6	3			18	较大风险	技术措施;管理措施
(21) 吊运物体长时间空中停留且下方有人	**第4.1.17条** 建筑起重机械作业时,应在臂长的水平投影覆盖范围外设置警戒区域,并应有监护措施;起重臂和重物下方不得有人停留、工作或通过。不得用吊车、物料提升机载运人员。	《建筑机械使用安全技术规程》(JGJ 33—2012)	施工过程定量风险评价	6	3	6	2	216	较大风险	技术措施;管理措施;个体防护;应急处置

风险因素	管理要求	管理依据	判定方式	可能性	严重程度	人员自身危险性	耦合概率	风险值	风险等级	管控措施
(22)地锚未按方案埋设或设置有误	第4.5.7条 缆风绳的规格、数量及地锚的拉力、埋设深度等,应按照起重机性能经过计算确定,缆风绳与地面的夹角不得大于60°,缆绳与桅杆和地锚的连接应牢固。地锚不得使用膨胀螺栓、定滑轮。	《建筑机械使用安全技术规程》(JGJ 33—2012)	施工条件定量风险评价	6	3			18	较大风险	技术措施;管理措施
(23)缆风绳数量不够或受力不均			施工条件定量风险评价	6	3			18	较大风险	技术措施;管理措施
(24)起重机吊车未配备过载警报器	第7.1.1条 起重机械作业报警装置应完整有效。	《施工现场机械设备检查技术规范》(JGJ 160—2016)	直接判定						重大风险	技术措施;管理措施
(25)起重机尾部回转范围与固定障碍物距离不符合要求	第7.6.2条 运行区域内起重机结构与周边固定障碍物间的最小距离不得小于0.1 m,与人员通道最小距离不得小于0.5 m。	《施工现场机械设备检查技术规范》(JGJ 160—2016)	施工条件定量风险评价	6	3			18	较大风险	技术措施;管理措施
(26)作业中发现起重机倾斜、支腿不稳等异常现象时,未及时将重物降至安全的位置	第4.3.11条 作业中发现起重机倾斜、支腿不稳等异常现象时,应在保证作业人员安全的情况下,将重物降至安全的位置。第4.3.12条 当重物在空中需要停留较长时间时,应将起升卷筒制动锁住,操作人员不得离开操作室。	《建筑机械使用安全技术规程》(JGJ 33—2012)	施工条件定量风险评价	6	3			18	较大风险	技术措施;管理措施

风险因素	管理要求	管理依据	判定方式	可能性	严重程度	人员自身危险性	耦合概率	风险值	风险等级	管控措施
(27) 起重机械带载行走时,道路不平坦,载荷使用不符合说明书的规定	**第4.3.15条** 起重机械带载行走时,道路应平坦坚实,载荷应符合使用说明书的规定,重物离地面不得超过500 mm,并应拴好拉绳,缓慢行驶。	《建筑机械使用安全技术规程》(JGJ 33—2012)	施工条件定量风险评价	6	3			18	较大风险	技术措施;管理措施
(28) 起重机械超速行驶	**第4.3.18条** 起重机械应保持中速行驶,不得紧急制动,过铁道口或起伏路面时应减速,下坡时严禁空挡滑行,倒车时应有人监护指挥。	《建筑机械使用安全技术规程》(JGJ 33—2012)	施工条件定量风险评价	6	3			18	较大风险	技术措施;管理措施
(29) 起重机械行驶时底盘走台上有人员	**第4.3.19条** 行驶时,底盘走台上不得有人员站立或蹲坐,不得堆放物件。	《建筑机械使用安全技术规程》(JGJ 33—2012)	施工过程定量风险评价	6	3	6	2	216	较大风险	技术措施;管理措施;个体防护;应急处置

4.3 卷 扬 机

风险因素	管理要求	管理依据	判定方式	可能性	严重程度	人员自身危险性	耦合概率	风险值	风险等级	管控措施
(1) 卷扬机外露传动部位无防护罩	**第7.8.3条** 外露传动部位防护罩应齐全、固定牢固、无影响运动的塑性变形。	《施工现场机械设备检查技术规范》(JGJ 160—2016)	施工条件定量风险评价	6	3			18	较大风险	技术措施;管理措施

风险因素	管理要求	管理依据	判定方式	可能性	严重程度	人员自身危险性	耦合概率	风险值	风险等级	管控措施
(2)卷扬机地锚不稳固	**第4.4.2条** (2)卷扬机的基础应平稳牢固,用于锚固的地锚应可靠,防止发生倾覆和滑动。	《建筑施工起重吊装工程安全技术规范》(JGJ 276—2012)	施工条件定量风险评价	3	3			9	一般风险	技术措施;管理措施
(3)卷扬机缠绕钢丝绳存在错叠、挤压现象	**第4.4.2条** (1)手动卷扬机不得用于大型构件吊装,大型构件的吊装应采用电动卷扬机。		施工条件定量风险评价	6	3			18	较大风险	技术措施;管理措施
(4)卷扬机卷筒在吊装构件时钢丝绳缠绕少于5圈	(3)卷扬机使用前,应对各部分详细检查,确保棘轮装置和制动器完好,变速齿轮沿轴转动,啮合正确,无杂音和润滑良好,发现问题,严禁使用。		施工条件定量风险评价	3	3			9	一般风险	技术措施;管理措施
(5)大型构件吊装采用手动卷扬机	(4)卷扬机应安装在吊装区外,水平距离应大于构件的安装高度,并搭设防护棚,保证操作人员能清楚地看见指挥人员的信号。当构件被吊到安装位置时,操作人员的视线仰角应小于30°。	《建筑施工起重吊装工程安全技术规范》(JGJ 276—2012)	施工条件定量风险评价	6	3			18	较大风险	技术措施;管理措施
(6)卷扬机与吊物太近,操作人员视线仰角超过30°	(6)钢丝绳在卷筒上应逐圈靠紧,排列整齐,严禁互相错叠、离缝和挤压。钢丝绳缠满后,卷筒凸缘应高出2倍及以上钢丝绳直径,钢丝绳全部放出时,钢丝绳在卷筒上保留的安全圈不应少于5圈。		施工条件定量风险评价	6	3			18	较大风险	技术措施;管理措施
(7)卷扬机转动部件、制动抱闸失灵			施工条件定量风险评价	6	3			18	较大风险	技术措施;管理措施

风险因素	管理要求	管理依据	判定方式	可能性	严重程度	人员自身危险性	耦合概率	风险值	风险等级	管控措施
(8) 卷扬机安装不稳固,未设置排绳器	**第3.15.4条** （2）动力与传动 ① 卷扬机、曳引机应安装牢固,当卷扬机卷筒与导轨底部导向轮的距离小于20倍卷筒宽度时,应设置排绳器。	《建筑施工安全检查标准》(JGJ 59—2011)	施工条件定量风险评价	6	3			18	较大风险	技术措施;管理措施
(9) 卷扬机及机架各部位连接不牢固,松动或磨损、变形	**第7.8.5条** 各机构和零部件连接应无松动,结构和焊缝应无可见裂纹和塑性变形。	《施工现场机械设备检查技术规范》(JGJ 160—2016)	施工条件定量风险评价	6	3			18	较大风险	技术措施;管理措施
(10) 卷扬机吊运钢筋笼时,卷扬机制动器失灵	**第7.8.11条** 制动器应制动可靠,额定荷载下降制动距离不应大于1 min所卷入钢丝绳长度的1.5%。	《施工现场机械设备检查技术规范》(JGJ 160—2016)	施工条件定量风险评价	6	3			18	较大风险	技术措施;管理措施
(11) 卷扬机未设置防护棚,场地未落实排水措施	**第4.7.1条** 卷扬机地基与基础应平整、坚实,场地应排水畅通,地锚应设置可靠。卷扬机应搭设防护棚。	《建筑机械使用安全技术规程》(JGJ 33—2012)	施工条件定量风险评价	3	3			9	一般风险	技术措施;管理措施
(12) 卷扬机作业前未检查安全装置是否合格就开始使用	**第4.7.4条** 作业前,应检查卷扬机与地面的固定、弹性联轴器的连接应牢固,并应检查安全装置、防护设施、电气线路、接零或接地装置、制动装置和钢丝绳等并确认全部合格后再使用。	《建筑机械使用安全技术规程》(JGJ 33—2012)	基础管理固有风险定量评价	10	3			30	较大风险	技术措施;管理措施

风险因素	管理要求	管理依据	判定方式	可能性	严重程度	人员自身危险性	耦合概率	风险值	风险等级	管控措施
(13)卷扬机外露设备未加设防护罩	**第4.7.6条** 卷扬机的传动部分及外露的运动件应设防护罩。	《建筑机械使用安全技术规程》(JGJ 33—2012)	施工条件定量风险评价	3	3			9	一般风险	技术措施;管理措施
(14)卷扬机电源控制时使用倒顺开关	**第4.7.7条** 卷扬机应在司机操作方便的地方安装能迅速切断总控制电源的紧急断电开关,并不得使用倒顺开关。	《建筑机械使用安全技术规程》(JGJ 33—2012)	施工条件定量风险评价	3	3			9	一般风险	技术措施;管理措施
(15)卷扬机卷筒钢丝绳安全圈少于3圈,手拉卷绕钢丝绳	**第4.7.8条** 钢丝绳卷绕在卷筒上的安全圈数不得少于3圈。钢丝绳末端应固定可靠。不得用手拉钢丝绳的方法卷绕钢丝绳。	《建筑机械使用安全技术规程》(JGJ 33—2012)	施工条件定量风险评价	3	3			9	一般风险	技术措施;管理措施
(16)卷扬机钢丝绳过路未做保护措施	**第4.7.9条** 钢丝绳不得与机架、地面摩擦,通过道路时,应设过路保护装置。	《建筑机械使用安全技术规程》(JGJ 33—2012)	施工条件定量风险评价	3	3			9	一般风险	技术措施;管理措施
(17)卷扬机作业过程中操作人员擅自离岗,作业过程中有人经过吊笼下方	**第4.7.12条** 作业中,操作人员不得离开卷扬机,物件或吊笼下面不得有人员停留或通过。休息时,应将物件或吊笼降至地面。	《建筑机械使用安全技术规程》(JGJ 33—2012)	施工过程定量风险评价	6	3	6	1	108	较大风险	管理措施;个体防护;应急处置
(18)卷扬机作业完成后未切断电源开关	**第4.7.15条** 作业完毕,应将物件或吊笼降至地面,并应切断电源,锁好开关箱。	《建筑机械使用安全技术规程》(JGJ 33—2012)	施工条件定量风险评价	3	3			9	一般风险	技术措施;管理措施

4.4　施工升降机

风险因素	管理要求	管理依据	判定方式	可能性	严重程度	人员自身危险性	耦合概率	风险值	风险等级	管控措施
(1) 施工升降机基础未按说明书及规范要求验收	**第3.16.4条**　施工升降机一般项目的检查评定应符合下列规定： (2) 基础 ① 基础制作、验收应符合说明书及规范要求； ② 基础设置在地下室顶板或楼面结构上时，应对其支承结构进行承载力验算； ③ 基础应设有排水设施。	《建筑施工安全检查标准》（JGJ 59—2011）	基础管理固有风险定量评价	3	6			18	较大风险	技术措施；管理措施
(2) 施工升降机基础未设置排水设施			基础管理固有风险定量评价	3	6			18	较大风险	技术措施；管理措施
(3) 施工升降机基础未设置在地下室顶板或楼面结构上，未对其支承结构进行承载力验算			基础管理固有风险定量评价	3	6			18	较大风险	技术措施；管理措施
(4) 操作人员使用限位开关作为控制开关运行	**第3.4.5条**　施工升降设备的行程限位开关严禁作为停止运行的控制开关。	《建筑与市政施工现场安全卫生与职业健康通用规范》（GB 55034—2022）	施工过程定量风险评价	6	3	6	2	216	较大风险	技术措施；管理措施；个体防护；应急处置
(5) 施工升降机无限载标志	**第6.1.4条**　应在操作平台明显位置设置标明允许负载值的限载牌及限定允许的作业人数,物料应及时转运,不得超重、超高堆放。	《建筑施工高处作业安全技术规范》（JGJ 80—2016）	基础管理固有风险定量评价	6	3			18	较大风险	技术措施；管理措施

风险因素	管理要求	管理依据	判定方式	可能性	严重程度	人员自身危险性	耦合概率	风险值	风险等级	管控措施
(6) 未安装起重量限制器或起重量限制器不灵敏	**第3.16.3条** 施工升降机保证项目的检查评定应符合下列规定： (1) 安全装置 ① 应安装起重量限制器,并应灵敏可靠; ② 应安装渐进式防坠安全器并应灵敏可靠,防坠安全器应在有效的标定期内使用; ③ 对重钢丝绳应安装防松绳装置,并应灵敏可靠; ④ 吊笼的控制装置应安装非自动复位型的急停开关,任何时候均可切断控制电路停止吊笼运行; ⑤ 底架应安装吊笼和对重缓冲器,缓冲器应符合规范要求; ⑥ SC型施工升降机应安装一对以上安全钩。	《建筑施工安全检查标准》 (JGJ 59—2011)	直接判定						重大风险	技术措施;管理措施
(7) 未安装渐进式防坠安全器或防坠安全器不灵敏			直接判定						重大风险	技术措施;管理措施
(8) 对重钢丝绳未安装防松绳装置或防松绳装置不灵敏			直接判定						重大风险	技术措施;管理措施
(9) 升降机未安装急停开关或急停开关不灵敏			施工条件定量风险评价	6	3			18	较大风险	技术措施;管理措施
(10) 未安装吊笼和对重缓冲器或缓冲器失效			施工条件定量风险评价	6	3			18	较大风险	技术措施;管理措施
(11) SC型施工升降机未安装安全钩或安全钩仅安装一对			施工条件定量风险评价	6	3			18	较大风险	技术措施;管理措施
(12) 防坠安全器超过有效标定期限	**第4.9.8条** 施工升降机的防坠安全器应在标定期限内使用,标定期限不应超过一年。使用中不得任意拆检调整防坠安全器。	《建筑机械使用安全技术规程》 (JGJ 33—2012)	直接判定						重大风险	技术措施;管理措施

风险因素	管理要求	管理依据	判定方式	可能性	严重程度	人员自身危险性	耦合概率	风险值	风险等级	管控措施
(13) 未安装非自动复位型极限开关或极限开关不灵敏			施工条件定量风险评价	6	3			18	较大风险	技术措施；管理措施
(14) 未安装上限位开关或上限位开关不灵敏	第3.16.3条 施工升降机保证项目的检查评定应符合下列规定： (1) 限位装置 ① 应安装非自动复位型极限开关并应灵敏可靠； ② 应安装自动复位型上、下限位开关并应灵敏可靠,上、下限位开关安装位置应符合规范要求； ③ 上极限开关与上限位开关之间的安全越程不应小于0.15 m； ④ 极限开关、限位开关应设置独立的触发元件； ⑤ 吊笼门应安装机电联锁装置,并应灵敏可靠； ⑥ 吊笼顶窗应安装电气安全开关,并应灵敏可靠。	《建筑施工安全检查标准》(JGJ 59—2011)	直接判定						重大风险	技术措施；管理措施
(15) 上、下限位开关安装位置不符合规范要求			直接判定						重大风险	技术措施；管理措施
(16) 上极限开关与上限位开关安全越程小于0.15 m			直接判定						重大风险	技术措施；管理措施
(17) 极限开关与限位开关共用一个触发元件			施工条件定量风险评价	6	3			18	较大风险	技术措施；管理措施
(18) 未安装吊笼门机电联锁装置或不灵敏			施工条件定量风险评价	6	3			18	较大风险	技术措施；管理措施
(19) 未安装吊笼顶窗电气安全开关或不灵敏			施工条件定量风险评价	6	3			18	较大风险	技术措施；管理措施

续表

风险因素	管理要求	管理依据	判定方式	可能性	严重程度	人员自身危险性	耦合概率	风险值	风险等级	管控措施
（20）施工升降机未设置地面防护围栏或围栏高度不符合规范要求	**第7.7.1条**　升降机应设置高度不低于1.8 m的地面防护围栏,围栏门应装有机电连锁装置。	《施工现场机械设备检查技术规范》（JGJ 160—2016）	施工条件定量风险评价	6	3			18	较大风险	技术措施;管理措施
（21）围栏门未安装地面防护机电连锁保护装置			施工条件定量风险评价	6	3			18	较大风险	技术措施;管理措施
（22）未搭设施工升降机出入口防护棚或搭设不符合规范要求	**第7.7.4条**　应按规定搭设人员到达围栏门的安全防护棚。	《施工现场机械设备检查技术规范》（JGJ 160—2016）	施工条件定量风险评价	6	3			18	较大风险	技术措施;管理措施
（23）在各停层平台处,未设置显示楼层的标志	**第3.0.7条**　在各停层平台处,应设置显示楼层的标志。	《龙门架及井架物料提升机安全技术规范》（JGJ 88—2010）	施工条件定量风险评价	6	1			6	一般风险	管理措施

风险因素	管理要求	管理依据	判定方式	可能性	严重程度	人员自身危险性	耦合概率	风险值	风险等级	管控措施
(24)停层平台两侧未搭设防护栏杆、挡脚板			施工条件定量风险评价	6	3			18	较大风险	技术措施；管理措施
(25)停层平台脚手板未满铺或铺设不平	第3.16.3条 (3)防护设施 ③停层平台两侧应设置防护栏杆、挡脚板，平台脚手板应铺满、铺平。 ④层门安装高度、强度应符合规范要求，并应定型化。	《建筑施工安全检查标准》(JGJ 59—2011)	施工条件定量风险评价	6	3			18	较大风险	技术措施；管理措施
(26)停层平台防护门不是定型化防护门			施工条件定量风险评价	3	3			9	一般风险	技术措施；管理措施
(27)停层平台防护门高度、强度不符合规范要求			施工条件定量风险评价	3	3			9	一般风险	技术措施；管理措施
(28)各楼层门未封闭且无电气联锁装置	第4.9.7条 施工升降机安装在建筑物内部井道中时，各楼层门应封闭并应有电气联锁装置……	《建筑机械使用安全技术规程》(JGJ 33—2012)	施工条件定量风险评价	6	3			18	较大风险	技术措施；管理措施

风险因素	管理要求	管理依据	判定方式	可能性	严重程度	人员自身危险性	耦合概率	风险值	风险等级	管控措施
(29) 附墙架采用非配套标准产品或制作不满足设计要求			施工条件定量风险评价	6	3			18	较大风险	技术措施;管理措施
(30) 附墙架与建筑结构连接方式、角度不符合说明书要求	第3.16.3条　施工升降机保证项目的检查评定应符合下列规定: (4) 附墙架 ① 附墙架应采用配套标准产品,当附墙架不能满足施工现场要求时,应对附墙架另行设计,附墙架的设计应满足构件刚度、强度、稳定性等要求,制作应满足设计要求; ② 附墙架与建筑结构连接方式、角度应符合产品说明书要求; ③ 附墙架间距、最高附着点以上导轨架的自由高度应符合产品说明书要求。	《建筑施工安全检查标准》(JGJ 59—2011)	施工条件定量风险评价	6	3			18	较大风险	技术措施;管理措施
(31) 附墙架间距超过说明书要求			施工条件定量风险评价	6	3			18	较大风险	技术措施;管理措施
(32) 附墙架最高附着点以上导轨架的自由高度超过说明书要求			施工条件定量风险评价	6	3			18	较大风险	技术措施;管理措施

风险因素	管理要求	管理依据	判定方式	可能性	严重程度	人员自身危险性	耦合概率	风险值	风险等级	管控措施
（33）对重钢丝绳绳数不符合要求			施工条件定量风险评价	6	3			18	较大风险	技术措施；管理措施
（34）对重钢丝绳绳数未相对独立	第3.16.3条 施工升降机保证项目的检查评定应符合下列规定： （5）钢丝绳、滑轮与对重 ① 对重钢丝绳绳数不得少于2根且应相互独立； ② 钢丝绳磨损、变形、锈蚀应在规范允许范围内； ③ 钢丝绳的规格、固定应符合产品说明书及规范要求； ④ 滑轮应安装钢丝绳防脱装置，并应符合规范要求； ⑤ 对重重量、固定应符合产品说明书要求； ⑥ 对重除导向轮或滑靴外应设有防脱轨保护装置。	《建筑施工安全检查标准》（JGJ 59—2011）	施工条件定量风险评价	6	3			18	较大风险	技术措施；管理措施
（35）钢丝绳磨损、变形、锈蚀达到报废标准			施工条件定量风险评价	6	3			18	较大风险	技术措施；管理措施
（36）钢丝绳的规格、固定不符合说明书及规范要求			施工条件定量风险评价	6	3			18	较大风险	技术措施；管理措施；应急处置
（37）滑轮未安装钢丝绳防脱装置或不符合规范要求			施工条件定量风险评价	6	3			18	较大风险	技术措施；管理措施；应急处置
（38）对重重量、固定不符合产品说明书要求			施工条件定量风险评价	6	7			42	重大风险	技术措施；管理措施；应急处置
（39）对重除导向轮或滑靴外未安装防脱轨保护装置			直接判定						重大风险	技术措施；管理措施

风险因素	管理要求	管理依据	判定方式	可能性	严重程度	人员自身危险性	耦合概率	风险值	风险等级	管控措施
（40）导轨架垂直度不符合规范要求			施工条件定量风险评价	6	3			18	较大风险	技术措施；管理措施
（41）标准节质量不符合说明书及规范要求	**第3.16.4条** 施工升降机一般项目的检查评定应符合下列规定： （1）导轨架 ① 导轨架垂直度应符合规范要求； ② 标准节的质量应符合产品说明书及规范要求； ③ 对重导轨应符合规范要求； ④ 标准节连接螺栓使用应符合产品说明书及规范要求。 （2）基础 ① 基础制作、验收应符合说明书及规范要求； ② 基础设置在地下室顶板或楼面结构上时，应对其支承结构进行承载力验算； ③ 基础应设有排水设施。	《建筑施工安全检查标准》（JGJ 59—2011）	施工条件定量风险评价	6	7			42	重大风险	技术措施；管理措施
（42）对重导轨不符合规范要求			施工条件定量风险评价	6	3			18	较大风险	技术措施；管理措施
（43）标准节连接螺栓使用不符合说明书及规范要求			直接判定						重大风险	技术措施；管理措施
（44）施工升降机与架空线路安全距离小于规范要求，未采取防护措施			施工条件定量风险评价	6	3			18	较大风险	技术措施；管理措施

风险因素	管理要求	管理依据	判定方式	可能性	严重程度	人员自身危险性	耦合概率	风险值	风险等级	管控措施
(45) 施工升降机在防雷保护范围以外未设置避雷装置			施工条件定量风险评价	6	3			18	较大风险	技术措施；管理措施
(46) 基础不符合设计要求或标准规范要求			施工条件定量风险评价	6	3			18	较大风险	技术措施；管理措施
(47) 基础无防排水设施	(3) 电气安全 ① 施工升降机与架空线路的安全距离或防护措施应符合规范要求； ② 电缆导向架设置应符合说明书及规范要求； ③ 施工升降机在其他避雷装置保护范围外应设置避雷装置，并应符合规范要求。 (4) 通信装置 施工升降机应安装楼层信号联络装置，并应清晰有效。	《建筑施工安全检查标准》(JGJ 59—2011)	施工条件定量风险评价	6	3			18	较大风险	技术措施；管理措施
(48) 避雷装置不符合规范要求			施工条件定量风险评价	6	3			18	较大风险	技术措施；管理措施
(49) 施工升降机未安装楼层信号联络装置			施工条件定量风险评价	6	3			18	较大风险	技术措施；管理措施
(50) 施工升降机联络信号装置失灵			施工条件定量风险评价	6	3			18	较大风险	技术措施；管理措施

风险因素	管理要求	管理依据	判定方式	可能性	严重程度	人员自身危险性	耦合概率	风险值	风险等级	管控措施
(51) 在升降机运行过程中进行保养、检修工作	第3.6.4条 机械作业应设置安全区域,严禁非作业人员在作业区停留、通过、维修或保养机械。当进行清洁、保养、维修机械时,应设置警示标识,待切断电源、机械停稳后,方可进行操作。	《建筑与市政施工现场安全卫生与职业健康通用规范》(GB 55034—2022)	施工过程定量风险评价	6	3	6	2	216	较大风险	技术措施;管理措施;个体防护;应急处置
(52) 使用单位未对施工升降机司机进行书面安全技术交底。施工升降机司机无证操作	第5.1.1条 施工升降机司机应持有建筑施工特种作业操作资格证书,不得无证操作。第5.1.2条 使用单位应对施工升降机司机进行书面安全技术交底,交底资料应留存备查。	《建筑施工升降机安装、使用、拆卸安全技术规程》(JGJ 215—2010)	基础管理固有风险定量评价	6	3			18	较大风险	技术措施;管理措施
(53) 施工升降机首次作业前未试运行,之后每3个月未进行一次超载试验	第5.2.22条 施工升降机每3个月应进行1次1.25倍额定重量的超载试验,确保制动器性能安全可靠。	《建筑施工升降机安装、使用、拆卸安全技术规程》(JGJ 215—2010)	施工条件定量风险评价	6	3			18	较大风险	技术措施;管理措施
(54) 当遇恶劣天气时使用升降机作业	第5.2.9条 当遇大雨、大雪、大雾、施工升降机顶部风速大于20 m/s或导轨架、电缆表面结有冰层时,不得使用施工升降机。	《建筑施工升降机安装、使用、拆卸安全技术规程》(JGJ 215—2010)	施工条件定量风险评价	6	3			18	较大风险	技术措施;管理措施

4.5　物料提升机

风险因素	管理要求	管理依据	判定方式	可能性	严重程度	人员自身危险性	耦合概率	风险值	风险等级	管控措施
(1) 物料提升机基础未按说明书要求施工	**第 4.8.3 条**　基础应符合使用说明书要求。……	《建筑机械使用安全技术规程》(JGJ 33—2012)	直接判定						重大风险	技术措施；管理措施
(2) 物料提升机基础周边未设排水设施	**第 3.15.4 条**　……基础周边应设置排水设施……	《建筑施工安全检查标准》(JGJ 59—2011)	施工条件定量风险评价	6	3			18	较大风险	技术措施；管理措施
(3) 物料提升机无明显限载标识	**第 3.0.12 条**　物料提升机应设置标牌，且应标明产品名称和型号、主要性能参数、出厂编号、制造商名称和产品制造日期。	《龙门架及井架物料提升机安全技术规范》(JGJ 88—2010)	施工条件定量风险评价	3	3			9	一般风险	技术措施；管理措施
(4) 未设置防雨、防砸的卷扬机操作棚	**第 3.0.8 条**　露天固定使用的中小型机械应设置作业棚，作业棚应具有防雨、防晒、防物体打击功能。	《施工现场机械设备检查技术规范》(JGJ 160—2016)	施工条件定量风险评价	6	3			18	较大风险	技术措施；管理措施
(5) 物料提升机进料口门未安装电气安全开关	**第 6.2.1 条**　……进料口门应装有电气安全开关，吊笼应在进料口门关闭后才能启动。	《龙门架及井架物料提升机安全技术规范》(JGJ 88—2010)	施工条件定量风险评价	6	3			18	较大风险	技术措施；管理措施
(6) 物料提升机导轨架兼做导轨	**第 4.1.11 条**　物料提升机的导轨架不宜兼做导轨。		施工条件定量风险评价	6	3			18	较大风险	技术措施；管理措施

续表

风险因素	管理要求	管理依据	判定方式	可能性	严重程度	人员自身危险性	耦合概率	风险值	风险等级	管控措施
（7）物料提升机安装高度超过 30 m 未安装自动停层、语音及影像信号监控装置	**第 3.15.3 条** 物料提升机保证项目的检查评定应符合下列规定： （1）安全装置 ① 应安装起重量限制器、防坠安全器，并应灵敏可靠； ② 安全停层装置应符合规范要求，并应定型化； ③ 应安装上行程限位并灵敏可靠，安全越程不应小于 3 m； ④ 安装高度超过 30 m 的物料提升机应安装渐进式防坠安全器及自动停层、语音影像信号监控装置。 （2）防护设施 ① 应在地面进料口安装防护围栏和防护棚，防护围栏、防护棚的安装高度和强度应符合规范要求； ② 停层平台两侧应设置防护栏杆、挡脚板，平台脚手板应铺满、铺平； ③ 平台门、吊笼门安装高度、强度应符合规范要求，并应定型化。	《建筑施工安全检查标准》（JGJ 59—2011）	施工条件定量风险评价	6	3			18	较大风险	技术措施；管理措施
（8）未安装起重量限制器、防坠安全器			直接判定						重大风险	技术措施；管理措施
（9）起重量限制器、防坠安全器不灵敏			直接判定						重大风险	技术措施；管理措施
（10）上行程限位失灵且安全越程小于 3 m			直接判定						重大风险	技术措施；管理措施
（11）未设置进料口防护棚或防护棚设置不符合规范要求			施工条件定量风险评价	6	3			18	较大风险	技术措施；管理措施
（12）停层平台两侧未设置防护栏杆、挡脚板			施工条件定量风险评价	6	3			18	较大风险	技术措施；管理措施
（13）停层平台脚手板铺设不严、不牢			施工条件定量风险评价	6	3			18	较大风险	技术措施；管理措施

风险因素	管理要求	管理依据	判定方式	可能性	严重程度	人员自身危险性	耦合概率	风险值	风险等级	管控措施
(14) 在各停层平台处,未设置显示楼层的标志	**第3.0.7条** 在各停层平台处,应设置显示楼层的标志。	《龙门架及井架物料提升机安全技术规范》(JGJ 88—2010)	施工条件定量风险评价	3	1			3	低风险	技术措施;管理措施
(15) 施工升降机未设置防护围栏或围栏不符合规范要求	**第3.16.3条** (3) 防护设施 ① 吊笼和对重升降通道周围应安装地面防护围栏,防护围栏的安装高度、强度应符合规范要求,围栏门应安装机电连锁装置并应灵敏可靠;	《建筑施工安全检查标准》(JGJ 59—2011)	施工条件定量风险评价	6	3			18	较大风险	技术措施;管理措施
(16) 层门安装高度、强度不符合规范要求	④ 层门安装高度、强度应符合规范要求,并应定型化。		施工条件定量风险评价	3	1			3	低风险	技术措施;管理措施
(17) 平台门未安装在台口外边缘处	**第6.2.2条** 停层平台及平台门应符合下列规定: (1) 停层平台的搭设应符合现行行业标准《建筑施工扣件式钢管脚手架安全技术规范》JGJ 130 及其他相关标准的规定,并应能承受 3 kN/m² 的荷载; (2) 停层平台外边缘与吊笼门外缘的水平距离不宜大于 100 mm,与外脚手架外侧立杆(当无外脚手架时与建筑结构外墙)的水平距离不宜小于 1 m;	《龙门架及井架物料提升机安全技术规范》(JGJ 88—2010)	施工条件定量风险评价	3	3			9	一般风险	技术措施;管理措施
(18) 平台门下边缘与台口上表面的垂直距离大于 20 mm			施工条件定量风险评价	3	3			9	一般风险	技术措施;管理措施

风险因素	管理要求	管理依据	判定方式	可能性	严重程度	人员自身危险性	耦合概率	风险值	风险等级	管控措施
(19) 停层平台防护门不是定型化防护门,未按现行行业标准搭建	(3) 停层平台两侧的防护栏杆、挡脚板应符合本规范第3.0.5条的规定; (4) 平台门应采用工具式、定型化,强度应符合本规范第4.1.8条的规定; (5) 平台门的高度不宜小于1.8 m,宽度与吊笼门宽度差不应大于200 mm,并应安装在台口外边缘处,与台口外边缘的水平距离不应大于200 mm; (6) 平台门下边缘以上180 mm内应采用厚度不小于1.5 mm钢板封闭,与台口上表面的垂直距离不宜大于20 mm; (7) 平台门应向停层平台内侧开启,并应处于常闭状态。	《龙门架及井架物料提升机安全技术规范》(JGJ 88—2010)	施工条件定量风险评价	3	3			9	一般风险	技术措施;管理措施
(20) 平台门未向停层平台内侧开启,并处于开启状态			施工条件定量风险评价	3	3			9	一般风险	技术措施;管理措施
(21) 物料提升机未安装吊笼安全门	第7.9.8条 吊笼应装安全门,安全门应定型化、工具化。	《施工现场机械设备检查技术规范》(JGJ 160—2016)	施工条件定量风险评价	6	3			18	较大风险	技术措施;管理措施
(22) 附墙架结构长细比大于180	第4.1.6条 (2)附墙架的长细比不应大于180。	《龙门架及井架物料提升机安全技术规范》(JGJ 88—2010)	施工条件定量风险评价	6	3			18	较大风险	技术措施;管理措施

风险因素	管理要求	管理依据	判定方式	可能性	严重程度	人员自身危险性	耦合概率	风险值	风险等级	管控措施
(23) 物料提升机自由端高度大于6 m	第4.1.10条 物料提升机自由端高度不宜大于6 m;附墙架间距不宜大于6 m。	《龙门架及井架物料提升机安全技术规范》(JGJ 88—2010)	施工条件定量风险评价	6	3			18	较大风险	技术措施;管理措施
(24) 物料提升机附墙架间距大于6 m			施工条件定量风险评价	6	3			18	较大风险	技术措施;管理措施
(25) 当标准附墙架结构尺寸不能满足要求时,未经设计计算采用非标附墙架	第8.2.2条 宜采用制造商提供的标准附墙架,当标准附墙架结构尺寸不能满足要求时,可经设计计算采用非标附墙架……	《龙门架及井架物料提升机安全技术规范》(JGJ 88—2010)	施工条件定量风险评价	6	3			18	较大风险	技术措施;管理措施
(26) 吊装作业时,对未形成稳定体系的部分,未采取临时固定措施	第3.4.6条 吊装作业时,对未形成稳定体系的部分,应采取临时固定措施。对临时固定的构件,应在安装固定完成并经检查确认无误后,方可解除临时固定措施。	《建筑与市政施工现场安全卫生与职业健康通用规范》(GB 55034—2022)	施工条件定量风险评价	6	3			18	较大风险	技术措施;管理措施
(27) 使用摩擦式卷扬机作为物料提升机	第3.4.4条 物料提升机严禁使用摩擦式卷扬机。	《建筑与市政施工现场安全卫生与职业健康通用规范》(GB 55034—2022)	施工条件定量风险评价	3	7			21	重大风险	技术措施;管理措施

风险因素	管理要求	管理依据	判定方式	可能性	严重程度	人员自身危险性	耦合概率	风险值	风险等级	管控措施
（28）钢丝绳未设防护槽，槽内未设滚动托架，槽口未封盖	第9.1.8条　钢丝绳宜设防护槽，槽内应设滚动托架，且应采用钢板网将槽口封盖。钢丝绳不得拖地或浸泡在水中。	《龙门架及井架物料提升机安全技术规范》（JGJ 88—2010）	施工条件定量风险评价	6	3			18	较大风险	技术措施；管理措施
（29）钢丝绳拖地或浸泡在水中			施工条件定量风险评价	6	3			18	较大风险	技术措施；管理措施
（30）钢丝绳未按规定采用绳夹连接，或绳夹规格与绳径不匹配，数量不符合要求	第6.4.7条　悬挑式操作平台安装时，钢丝绳应采用专用的钢丝绳夹连接，钢丝绳夹数量应与钢丝绳直径相匹配，且不得少于4个。建筑物锐角、利口周围系钢丝绳处应加衬软垫物。	《建筑施工高处作业安全技术规范》（JGJ 80—2016）	施工条件定量风险评价	6	3			18	较大风险	技术措施；管理措施
（31）钢丝绳的绳夹间距小于绳径的6倍，绳夹正反交错设置	第6.2.4条　钢丝绳夹压板应在钢丝绳受力绳一边，绳夹间距 A（图6.2.4）不应小于钢丝绳直径的6倍。 图6.2.4　钢丝绳夹压板布置图	《建筑施工塔式起重机安装、使用、拆卸安全技术规程》（JGJ 196—2010）	施工条件定量风险评价	6	3			18	较大风险	技术措施；管理措施

风险因素	管理要求	管理依据	判定方式	可能性	严重程度	人员自身危险性	耦合概率	风险值	风险等级	管控措施
（32）导向滑轮未设置钢丝绳防脱装置	**第3.15.4条** 物料提升机一般项目的检查评定应符合下列规定： （1）基础与导轨架 ①基础的承载力和平整度应符合规范要求； ②基础周边应设置排水设施； ③导轨架垂直度偏差不应大于导轨架高度0.15%； ④井架停层平台通道处的结构应采取加强措施。	《建筑施工安全检查标准》（JGJ 59—2011）	直接判定						重大风险	技术措施；管理措施
（33）导轨架垂直度偏差大于导轨架高度0.15%	（2）动力与传动 ①卷扬机、曳引机应安装牢固，当卷扬机卷筒与导轨底部导向轮的距离小于20倍卷筒宽度时，应设置排绳器； ②钢丝绳应在卷筒上排列整齐； ③滑轮与导轨架、吊笼应采用刚性连接，并应与钢丝绳相匹配； ④卷筒、滑轮应设置防止钢丝绳脱出装置； ⑤当曳引钢丝绳为2根及以上时，应设置曳引力平衡装置。		施工条件定量风险评价	6	3			18	较大风险	技术措施；管理措施

风险因素	管理要求	管理依据	判定方式	可能性	严重程度	人员自身危险性	耦合概率	风险值	风险等级	管控措施
（34）滑轮与吊笼或导轨架采用钢丝绳等柔性连接	**第5.3.3条** 滑轮与吊笼或导轨架,应采用刚性连接,严禁采用钢丝绳等柔性连接或使用开口拉板式滑轮。	《龙门架及井架物料提升机安全技术规范》(JGJ 88—2010)	施工条件定量风险评价	6	3			18	较大风险	技术措施;管理措施
（35）使用开口拉板式滑轮		《龙门架及井架物料提升机安全技术规范》(JGJ 88—2010)	施工条件定量风险评价	6	3			18	较大风险	技术措施;管理措施
（36）吊笼导轨架安装错位形成的阶差大于1.5 mm	**第9.1.7条** （2）标准节安装时导轨结合面对接应平直,错位形成的阶差应符合下列规定: ① 吊笼导轨不应大于1.5 mm。	《龙门架及井架物料提升机安全技术规范》(JGJ 88—2010)	施工条件定量风险评价	6	3			18	较大风险	技术措施;管理措施
（37）物料在吊笼内未均匀分布,过度偏载	**第11.0.4条** 物料应在吊笼内均匀分布,不应过度偏载。	《龙门架及井架物料提升机安全技术规范》(JGJ 88—2010)	施工条件定量风险评价	6	3			18	较大风险	技术措施;管理措施
（38）装载超出吊笼空间的超长物料	**第11.0.5条** 不得装载超出吊笼空间的超长物料,不得超载运行。	《龙门架及井架物料提升机安全技术规范》(JGJ 88—2010)	施工条件定量风险评价	6	3			18	较大风险	技术措施;管理措施

风险因素	管理要求	管理依据	判定方式	可能性	严重程度	人员自身危险性	耦合概率	风险值	风险等级	管控措施
(39)作业结束后,吊笼未返回最底层停放	**第11.0.11条** 作业结束后,应将吊笼返回最底层停放,控制开关应扳至零位,并应切断电源,锁好开关箱。	《龙门架及井架物料提升机安全技术规范》(JGJ 88—2010)	施工条件定量风险评价	6	3			18	较大风险	技术措施;管理措施
(40)作业结束后控制开关未扳至零位,未切断电源,开关箱未上锁			施工条件定量风险评价	6	3			18	较大风险	技术措施;管理措施
(41)起重设备操作人员无证操作	**第三十条** 生产经营单位的特种作业人员必须按照国家有关规定经专门的安全作业培训,取得相应资格,方可上岗作业。特种作业人员的范围由国务院应急管理部门会同国务院有关部门确定。	《中华人民共和国安全生产法》	直接判定						重大风险	技术措施;管理措施
(42)多班作业司机未按规定进行交接班,未填写交接班记录	**第2.0.9条** 实行多班作业的机械,应执行交接班制度,填写交接班记录,接班人员上岗前应认真检查。	《建筑机械使用安全技术规程》(JGJ 33—2012)	基础管理固有风险定量评价	1	1			1	低风险	管理措施
(43)使用吊篮载人,吊篮下方有人员停留或通过	**第4.8.7条** 不得使用吊篮载人,吊篮下方不得有人员停留或通过。	《建筑机械使用安全技术规程》(JGJ 33—2012)	施工条件定量风险评价	6	3			18	较大风险	技术措施;管理措施

风险因素	管理要求	管理依据	判定方式	可能性	严重程度	人员自身危险性	耦合概率	风险值	风险等级	管控措施
（44）操作人员对吊笼升降运行、停层平台观察不清时，未设置通信装置	**第6.1.7条** 当司机对吊笼升降运行、停层平台观察视线不清时,必须设置通信装置,通信装置应同时具备语音和影像显示功能。	《龙门架及井架物料提升机安全技术规范》（JGJ 88—2010）	施工条件定量风险评价	6	3			18	较大风险	技术措施；管理措施
（45）吊笼门及两侧立面未封闭	**第4.1.8条** （1）吊笼内净高度不应小于2 m,吊笼门及两侧立面应全高度封闭……	《龙门架及井架物料提升机安全技术规范》（JGJ 88—2010）	施工条件定量风险评价	6	3			18	较大风险	技术措施；管理措施
（46）物料提升机卷扬机的控制开关使用倒顺开关	**第7.9.2条** 严禁使用倒顺开关作为物料提升机卷扬机的控制开关。	《施工现场机械设备检查技术规范》（JGJ 160—2016）	施工条件定量风险评价	6	3			18	较大风险	技术措施；管理措施
（47）物料提升机的材料、钢丝绳及配套零部件产品无合格证明	**第3.0.3条** 用于物料提升机的材料、钢丝绳及配套零部件产品应有出厂合格证。起重量限制器、防坠安全器应经型式检验合格。	《龙门架及井架物料提升机安全技术规范》（JGJ 88—2010）	施工条件定量风险评价	6	3			18	较大风险	技术措施；管理措施
（48）物料提升机传动系统使用带式制动器	**第3.0.4条** 传动系统应设常闭式制动器,其额定制动力矩不应低于作业时额定力矩的1.5倍。不得采用带式制动器。	《龙门架及井架物料提升机安全技术规范》（JGJ 88—2010）	施工条件定量风险评价	6	3			18	较大风险	技术措施；管理措施

风险因素	管理要求	管理依据	判定方式	可能性	严重程度	人员自身危险性	耦合概率	风险值	风险等级	管控措施
(49)物料提升机平台四周未设置防护栏杆,上栏杆高度低于1 m,下栏杆高度小于0.5 m	第3.0.5条 具有自升(降)功能的物料提升机应安装自升平台,并应符合下列规定: (1)兼做天梁的自升平台在物料提升机正常工作状态时,应与导轨架刚性连接; (2)自升平台的导向滚轮应有足够的刚度,并应有防止脱轨的防护装置; (3)自升平台的传动系统应具有自锁功能,并应有刚性的停靠装置; (4)平台四周应设置防护栏杆,上栏杆高度宜为1.0 m～1.2 m,下栏杆高度宜为0.5 m～0.6 m,在栏杆任一点作用1 kN的水平力时,不应产生永久变形;挡脚板高度不应小于180 mm,且宜采用厚度不小于1.5 mm的冷轧钢板; (5)自升平台应安装渐进式防坠安全器。	《龙门架及井架物料提升机安全技术规范》(JGJ 88—2010)	施工条件定量风险评价	6	3			18	较大风险	技术措施;管理措施
(50)物料提升机自升平台的导向滚轮无防止脱轨的防护装置			施工条件定量风险评价	6	3			18	较大风险	技术措施;管理措施
(51)物料提升机自升平台未安装渐进式防坠安全器			施工条件定量风险评价	6	3			18	较大风险	技术措施;管理措施
(52)物料提升机的架体各停层通道相连接的开口处未采取加强措施	第4.1.7条 井架式物料提升机的架体,在各停层通道相连接的开口处应采取加强措施。	《龙门架及井架物料提升机安全技术规范》(JGJ 88—2010)	施工条件定量风险评价	6	3			18	较大风险	技术措施;管理措施
(53)物料提升机标准节未采用螺栓连接	第4.1.9条 当标准节采用螺栓连接时,螺栓直径不应小于M12,强度等级不宜低于8.8级。	《龙门架及井架物料提升机安全技术规范》(JGJ 88—2010)	施工条件定量风险评价	6	3			18	较大风险	技术措施;管理措施

风险因素	管理要求	管理依据	判定方式	可能性	严重程度	人员自身危险性	耦合概率	风险值	风险等级	管控措施
(54) 物料提升机起吊重量不明的物体	第3.4.3条 吊装重量不应超过起重设备的额定起重量。吊装作业严禁超载、斜拉或起吊不明重量的物体。	《建筑与市政施工现场安全卫生与职业健康通用规范》(GB 55034—2022)	施工条件定量风险评价	6	3			18	较大风险	技术措施；管理措施
(55) 物料提升机安全停层装置设置不符合规范要求	第6.1.3条 安全停层装置应为刚性机构，吊笼停层时，安全停层装置应能可靠承担吊笼自重、额定荷载及运料人员等全部工作荷载。吊笼停层后底板与停层平台的垂直偏差不应大于50 mm。	《龙门架及井架物料提升机安全技术规范》(JGJ 88—2010)	施工条件定量风险评价	6	3			18	较大风险	技术措施；管理措施
(56) 物料提升机进料口防护棚搭设不符合规范要求	第6.2.3条 进料口防护棚应设在提升机地面进料口上方，其长度不应小于3 m，宽度应大于吊笼宽度。顶部强度应符合本规范第4.1.8条的规定，可采用厚度不小于50 mm的木板搭设。	《龙门架及井架物料提升机安全技术规范》(JGJ 88—2010)	施工条件定量风险评价	6	3			18	较大风险	技术措施；管理措施
(57) 物料提升机电气设备的绝缘电阻不符合规范要求	第7.0.3条 物料提升机电气设备的绝缘电阻值不应小于0.5 MΩ，电气线路的绝缘电阻值不应小于1 MΩ。	《龙门架及井架物料提升机安全技术规范》(JGJ 88—2010)	施工条件定量风险评价	6	3			18	较大风险	技术措施；管理措施
(58) 物料提升机工作照明无明显标志	第7.0.6条 工作照明开关应与主电源开关相互独立。当主电源被切断时，工作照明不应断电，并应有明显标志。	《龙门架及井架物料提升机安全技术规范》(JGJ 88—2010)	施工条件定量风险评价	3	3			9	一般风险	管理措施

风险因素	管理要求	管理依据	判定方式	可能性	严重程度	人员自身危险性	耦合概率	风险值	风险等级	管控措施
(59) 物料提升机限位器不灵敏情况下作业	第11.0.7条　物料提升机每班作业前司机应进行作业前检查,确认无误后方可作业。应检查确认下列内容: (1) 制动器可靠有效; (2) 限位器灵敏完好; (3) 停层装置动作可靠; (4) 钢丝绳磨损在允许范围内; (5) 吊笼及对重导向装置无异常; (6) 滑轮、卷筒防钢丝绳脱槽装置可靠有效; (7) 吊笼运行通道内无障碍物。	《龙门架及井架物料提升机安全技术规范》(JGJ 88—2010)	施工条件定量风险评价	6	3			18	较大风险	技术措施;管理措施
(60) 物料提升机钢丝绳磨损严重下作业			施工条件定量风险评价	6	3			18	较大风险	技术措施;管理措施
(61) 物料提升机吊笼运行通道内有障碍情况下作业			施工条件定量风险评价	6	3			18	较大风险	技术措施;管理措施
(62) 物料提升机吊笼及对重导向装置有异常情况下作业			施工条件定量风险评价	6	3			18	较大风险	技术措施;管理措施
(63) 连墙杆(附墙架)的位置不符合规范要求	第3.15.3条　(3) 附墙架与缆风绳 ① 附墙架结构、材质、间距应符合产品说明书要求; ② 附墙架应与建筑结构可靠连接; ③ 缆风绳设置的数量、位置、角度应符合规范要求,并应与地锚可靠连接; ④ 安装高度超过30 m的物料提升机必须使用附墙架; ⑤ 地锚设置应符合规范要求。	《建筑施工安全检查标准》(JGJ 59—2011)	施工条件定量风险评价	6	3			18	较大风险	技术措施;管理措施
(64) 连墙杆与脚手架连接			施工条件定量风险评价	6	3			18	较大风险	技术措施;管理措施
(65) 连墙杆的连接不牢固			施工条件定量风险评价	6	3			18	较大风险	技术措施;管理措施
(66) 连墙杆的材质不符合要求			施工条件定量风险评价	6	3			18	较大风险	技术措施;管理措施

5　通　用　设　备

　　通用设备是指施工现场常用的设备设施,也是建筑施工过程中不可缺少的生产装备。它不仅能代替或者减轻施工人员繁重的体力劳动,而且可以提高工程质量,加快施工进度,降低工程成本。通用设备安装范围广、专业性强、施工复杂,需要的技术要求更高。本手册通用设备部分主要内容包含基本规定、焊接机械、钢筋加工机械、搅拌机、气瓶、混凝土泵车、套丝机等,易引发的事故类型有机械伤害、车辆伤害、物体打击等。

5.1　基　本　规　定

风险因素	管理要求	管理依据	判定方式	可能性	严重程度	人员自身危险性	耦合概率	风险值	风险等级	管控措施
(1)未对机械设备定期进行检查,机械设备带病运转	**第3.0.1条**　检查人员应定期对机械设备进行检查,发现隐患应及时排除,严禁机械设备带病运转。	《施工现场机械设备检查技术规范》(JGJ 160—2016)	基础管理固有风险定量评价	10	3			30	较大风险	管理措施;应急处置
(2)机械设备外露传动部位无防护罩	**第3.0.5条**　机械设备各安全装置齐全有效。	《施工现场机械设备检查技术规范》(JGJ 160—2016)	施工条件定量风险评价	3	3			9	一般风险	技术措施;管理措施;个体防护;应急处置

风险因素	管理要求	管理依据	判定方式	可能性	严重程度	人员自身危险性	耦合概率	风险值	风险等级	管控措施
(3) 机械设备电控装置或启动装置反应不灵敏	第3.0.11条 （2）电控装置反应应灵敏；熔断器配置应合理、正确；各电器仪表指示数据应准确，绝缘应良好； （3）启动装置反应应灵敏，与发动机飞轮啮合应良好。	《施工现场机械设备检查技术规范》（JGJ 160—2016）	施工条件定量风险评价	3	3			9	一般风险	技术措施；管理措施
(4) 机械集中停放场所未按规定配备消防器材	第2.0.14条 机械集中停放的场所、大型内燃机械，应有专人看管，并应按规定配备消防器材；机房及机械周边不得堆放易燃、易爆物品。	《建筑机械使用安全技术规程》（JGJ 33—2012）	施工条件定量风险评价	3	3			9	一般风险	管理措施
(5) 机房内及机械周边堆放易燃易爆物品			施工条件定量风险评价	6	3			18	较大风险	管理措施
(6) 作业人员带电检修电动机械设备	第3.10.5条 电气设备和线路检修应符合下列规定： (1) 电气设备检修、线路维修时，严禁带电作业。应切断并隔离相关配电回路及设备的电源，并应检验、确认电源被切除，对应配电间的门、配电箱或切断电源的开关上锁，及应在锁具或其箱门、墙壁等醒目位置设置警示标识牌。 (2) 电气设备发生故障时，应采用验电器检验，确认断电后方可检修，并在控制开关明显部位悬挂"禁止合闸、有人工作"停电标识牌。停送电必须由专人负责。 (3) 线路和设备作业严禁预约停送电。	《建筑与市政施工现场安全卫生与职业健康通用规范》（GB 55034—2022）	施工过程定量风险评价	3	3	6	2	108	较大风险	管理措施

风险因素	管理要求	管理依据	判定方式	可能性	严重程度	人员自身危险性	耦合概率	风险值	风险等级	管控措施
(7)机械检修时未挂警示标志	第2.0.22条　机械不得带病运转。检修前,应悬挂"禁止合闸,有人工作"的警示牌。	《建筑机械使用安全技术规程》(JGJ 33—2012)	施工条件定量风险评价	6	3			18	较大风险	管理措施
(8)机械使用前未检查验收	第2.0.6条　机械使用前,应对机械进行检查、试运转。	《建筑机械使用安全技术规程》(JGJ 33—2012)	施工条件定量风险评价	10	3			30	较大风险	管理措施
(9)机械作业产生对人体有害、有毒物质情况下未配置相应的安全保护设施、监测设备(仪器)、废品处理装置	第2.0.16条　在机械产生对人体有害的气体、液体、尘埃、渣滓、放射性射线、振动、噪声等场所,应配置相应的安全保护设施、监测设备(仪器)、废品处理装置;在隧道、沉井、管道等狭小空间施工时,应采取措施,使有害物控制在规定的限度内。	《建筑机械使用安全技术规程》(JGJ 33—2012)	施工条件定量风险评价	6	3			18	较大风险	技术措施;管理措施
(10)长期未作业机械设备保存不当	第2.0.17条　停用一个月以上或封存的机械,应做好停用或封存前的保养工作,并应采取预防风沙、雨淋、水泡、锈蚀等措施。	《建筑机械使用安全技术规程》(JGJ 33—2012)	施工条件定量风险评价	3	3			9	一般风险	管理措施

5.2 焊接机械

风险因素	管理要求	管理依据	判定方式	可能性	严重程度	人员自身危险性	耦合概率	风险值	风险等级	管控措施
(1)电焊机一次线长度超过规定		《建筑施工安全检查标准》(JGJ 59—2011)	施工条件定量风险评价	6	3			18	较大风险	技术措施;管理措施
(2)电焊机未按规定履行验收程序	**第3.19.3条** 施工机具的检查评定应符合下列规定: (5)电焊机 ① 电焊机安装完毕应按规定履行验收程序,并应经责任人签字确认; ② 保护零线应单独设置,并应安装漏电保护装置; ③ 电焊机应设置二次空载降压保护装置; ④ 电焊机一次线长度不得超过 5 m,并应穿管保护; ⑤ 二次线应采用防水橡皮护套铜芯软电缆; ⑥ 电焊机应设置防雨罩,接线柱应设置防护罩。	《建筑施工安全检查标准》(JGJ 59—2011)	施工条件定量风险评价	6	3			18	较大风险	技术措施;管理措施
(3)电焊机安装完毕未经责任人签字确认		《建筑施工安全检查标准》(JGJ 59—2011)	施工条件定量风险评价	6	3			18	较大风险	技术措施;管理措施
(4)电焊机二次线未采用防水橡皮护套铜芯软电缆		《建筑施工安全检查标准》(JGJ 59—2011)	施工条件定量风险评价	6	3			18	较大风险	技术措施;管理措施
(5)电焊机无二次空载降压保护装置		《建筑施工安全检查标准》(JGJ 59—2011)	施工条件定量风险评价	6	3			18	较大风险	技术措施;管理措施
(6)电焊机无防雨措施		《建筑施工安全检查标准》(JGJ 59—2011)	施工条件定量风险评价	6	1			6	一般风险	技术措施;管理措施

风险因素	管理要求	管理依据	判定方式	可能性	严重程度	人员自身危险性	耦合概率	风险值	风险等级	管控措施
（7）电焊机未做好机械保养维修工作	第2.0.8条 操作人员应根据机械有关保养维修规定,认真及时做好机械保养维修工作,保持机械的完好状态,并应做好维修保养记录。	《建筑机械使用安全技术规程》(JGJ 33—2012)	基础管理固有风险定量评价	6	3			18	较大风险	技术措施;管理措施
（8）电焊机周围堆放易燃易爆物品和其他杂物	第9.5.1条 电焊机械应放置在防雨、干燥和通风良好的地方。焊接现场不得有易燃、易爆物品。	《施工现场临时用电安全技术规范》(JGJ 46—2005)	施工条件定量风险评价	6	3			18	较大风险	技术措施;管理措施;个体防护;应急处置
（9）发电式直流电焊机工作时产生异常电火花	第9.5.2条 交流弧焊机变压器的一次侧电源线长度不应大于5 m,其电源进线处必须设置防护罩。发电机式直流电焊机的换向器应经常检查和维护,应消除可能产生的异常电火花。	《施工现场临时用电安全技术规范》(JGJ 46—2005)	施工条件定量风险评价	6	3			18	较大风险	技术措施;管理措施;个体防护;应急处置
（10）电焊机无漏电保护器	第9.5.3条 电焊机械开关箱中的漏电保护器必须符合本规范第8.2.10条的要求。交流电焊机械应配装防二次侧触电保护器。	《施工现场临时用电安全技术规范》(JGJ 46—2005)	施工条件定量风险评价	6	3			18	较大风险	技术措施;管理措施;个体防护;应急处置

风险因素	管理要求	管理依据	判定方式	可能性	严重程度	人员自身危险性	耦合概率	风险值	风险等级	管控措施
(11) 电焊机运行中温升值不在规定范围内	第10.1.6条 在载荷运行中,电焊机的温升值应在60 ℃～80 ℃范围内。	《施工现场机械设备检查技术规范》(JGJ 160—2016)	施工条件定量风险评价	6	3			18	较大风险	技术措施;管理措施;个体防护;应急处置
(12) 电焊作业时未配备灭火器材	第6.3.1条 (6) 焊接、切割、烘烤或加热等动火作业应配备灭火器材,并应设置动火监护人进行现场监护,每个动火作业点均应设置1个监护人。	《建设工程施工现场消防安全技术规范》(GB 50720—2011)	施工条件定量风险评价	6	3			18	较大风险	技术措施;管理措施;个体防护;应急处置

5.3 钢筋加工机械

风险因素	管理要求	管理依据	判定方式	可能性	严重程度	人员自身危险性	耦合概率	风险值	风险等级	管控措施
(1) 钢筋加工机械机身破损	第11.1.1条 整机应符合下列规定: (1) 机械的安装应坚实稳固,应采用防止设备意外移位的措施; (2) 机身不应有破损、断裂及变形; (3) 金属结构不应有开焊、裂纹;	《施工现场机械设备检查技术规范》(JGJ 160—2016)	施工条件定量风险评价	3	3			9	一般风险	技术措施;管理措施;个体防护;应急处置

风险因素	管理要求	管理依据	判定方式	可能性	严重程度	人员自身危险性	耦合概率	风险值	风险等级	管控措施
(2) 钢筋加工机械各部位连接不牢	(4) 各部位连接应牢固; (5) 零部件应完整,随机附件应齐全; (6) 外观应清洁,不应有油垢和锈蚀; (7) 操作系统应灵敏可靠,各仪表指示数据应准确; (8) 传动系统运转应平稳,不应有异常冲击、振动、爬行、窜动、噪声、超温、超压。	《施工现场机械设备检查技术规范》(JGJ 160—2016)	施工条件定量风险评价	6	3			18	较大风险	技术措施;管理措施;个体防护;应急处置
(3) 钢筋加工机械传动系统运转不平稳			施工条件定量风险评价	6	3			18	较大风险	技术措施;管理措施;个体防护;应急处置
(4) 钢筋加工机械安全防护措施不到位	第11.1.2条 安全防护应符合下列规定: (1) 安全防护装置应齐全可靠,防护罩或防护板安装应牢固,不应破损; (2) 接零应符合用电规定; (3) 漏电保护器参数应匹配,安装应正确,动作应灵敏可靠;电气保护装置应齐全有效; (4) 机械齿轮、皮带轮等高速运转部分,必须安装防护罩或防护板。	《施工现场机械设备检查技术规范》(JGJ 160—2016)	施工条件定量风险评价	6	3			18	较大风险	技术措施;管理措施;个体防护;应急处置
(5) 钢筋加工机械等设备电源线未采用耐气候型橡皮护套铜芯软电缆	第9.5.5条 混凝土搅拌机、插入式振动器、平板振动器、地面抹光机、水磨石机、钢筋加工机械、木工机械等设备的电源线应采用耐气候型橡皮护套铜芯软电缆,并不得有任何破损和接头。	《建设工程施工现场供用电安全规范》(GB 50194—2014)	施工条件定量风险评价	6	3			18	较大风险	技术措施;管理措施;个体防护;应急处置

风险因素	管理要求	管理依据	判定方式	可能性	严重程度	人员自身危险性	耦合概率	风险值	风险等级	管控措施
(6)加工较长钢筋时,无专人帮扶	**第9.1.3条** 加工较长的钢筋时,应有专人帮扶。帮扶人员应听从机械操作人员指挥,不得任意推拉。	《建筑机械使用安全技术规程》(JGJ 33—2012)	基础管理固有风险定量评价	3	3			9	一般风险	技术措施;管理措施;个体防护;应急处置
(7)对焊机作业时未采取隔离措施	**第3.19.3条** 施工机具的检查评定应符合下列规定: (4)钢筋机械 ①钢筋机械安装完毕应按规定履行验收程序,并应经责任人签字确认; ②保护零线应单独设置,并应安装漏电保护装置; ③钢筋加工区应搭设作业棚,并应具有防雨、防晒等功能; ④对焊机作业应设置防火花飞溅的隔离设施; ⑤钢筋冷拉作业应按规定设置防护栏; ⑥机械传动部位应设置防护罩。	《建筑施工安全检查标准》(JGJ 59—2011)	施工条件定量风险评价	6	3			18	较大风险	技术措施;管理措施;个体防护;应急处置
(8)冷拉作业未设置防护栏			施工条件定量风险评价	6	3			18	较大风险	技术措施;管理措施;个体防护;应急处置
(9)钢筋加工区未搭设作业棚			施工条件定量风险评价	6	1			6	一般风险	技术措施;管理措施
(10)钢筋加工机械传动部位无防护罩			施工条件定量风险评价	3	3			9	一般风险	技术措施;管理措施

风险因素	管理要求	管理依据	判定方式	可能性	严重程度	人员自身危险性	耦合概率	风险值	风险等级	管控措施
（11）手持式钢筋加工机械作业时未佩戴绝缘手套等防护用品	**第 9.1.2 条** 手持式钢筋加工机械作业时，应佩戴绝缘手套等防护用品。	《建筑机械使用安全技术规程》（JGJ 33—2012）	基础管理固有风险定量评价	6	3			18	较大风险	管理措施
（12）调直切断机加工较长的钢筋时无人帮扶	**第 9.1.3 条** 加工较长的钢筋时，应有专人帮扶。帮扶人员应听从机械操作人员指挥，不得任意推拉。	《建筑机械使用安全技术规程》（JGJ 33—2012）	基础管理固有风险定量评价	6	3			18	较大风险	管理措施
（13）调直切断机安全防护装置缺失	**第 9.2.4 条** 在调直块未固定或防护罩未盖好前，不得送料。作业中，不得打开防护罩。	《建筑机械使用安全技术规程》（JGJ 33—2012）	基础管理固有风险定量评价	6	3			18	较大风险	管理措施
（14）调直切断机人员操作不规范	**第 9.2.6 条** 钢筋送入后，手应与曳轮保持安全距离。	《建筑机械使用安全技术规程》（JGJ 33—2012）	基础管理固有风险定量评价	6	3			18	较大风险	管理措施
（15）钢筋切断机未达到正常转速前切料	**第 9.3.4 条** 机械未达到正常转速前，不得切料。操作人员应使用切刀的中、下部位切料，应紧握钢筋对准刃口迅速投入，并应站在固定刀片一侧用力压住钢筋，防止钢筋末端弹出伤人。不得用双手分在刀片两边握住钢筋切料。	《建筑机械使用安全技术规程》（JGJ 33—2012）	基础管理固有风险定量评价	6	3			18	较大风险	管理措施

风险因素	管理要求	管理依据	判定方式	可能性	严重程度	人员自身危险性	耦合概率	风险值	风险等级	管控措施
(16)钢筋切断机运转中非操作人员未离场	**第9.3.8条** 机械运转中,不得用手直接清除切刀附近的断头和杂物。在钢筋摆动范围和机械周围,非操作人员不得停留。	《建筑机械使用安全技术规程》(JGJ 33—2012)	基础管理固有风险定量评价	3	3			9	一般风险	管理措施
(17)钢筋切断机切割钢筋后,成品钢筋弯钩朝上	**第9.4.9条** 操作人员应站在机身设有固定销的一侧。成品钢筋应堆放整齐,弯钩不得朝上。	《建筑机械使用安全技术规程》(JGJ 33—2012)	基础管理固有风险定量评价	6	3			18	较大风险	管理措施
(18)钢筋切断机作业时机身未固定	**第9.4.5条** 作业时,应将需弯曲的一端钢筋插入在转盘固定销的间隙内,将另一端紧靠机身固定销,并用手压紧,在检查并确认机身固定销安放在挡住钢筋的一侧后,启动机械。	《建筑机械使用安全技术规程》(JGJ 33—2012)	基础管理固有风险定量评价	6	3			18	较大风险	管理措施

5.4 搅 拌 机

风险因素	管理要求	管理依据	判定方式	可能性	严重程度	人员自身危险性	耦合概率	风险值	风险等级	管控措施
(1)搅拌机供水系统不符合规范要求	**第8.2.5条** 供水系统的仪表计量应准确,水泵、管道等部件应连接可靠,不得有泄漏。	《建筑机械使用安全技术规程》(JGJ 33—2012)	施工条件定量风险评价	6	1			6	一般风险	技术措施;管理措施

风险因素	管理要求	管理依据	判定方式	可能性	严重程度	人员自身危险性	耦合概率	风险值	风险等级	管控措施
(2) 混凝土机械液压系统未配备溢流阀、安全阀	第8.1.2条 液压系统的溢流阀、安全阀应齐全有效,调定压力应符合说明书要求。系统应无泄漏,工作应平稳,不得有异响。	《建筑机械使用安全技术规程》(JGJ 33—2012)	施工条件定量风险评价	6	1			6	一般风险	技术措施;管理措施
(3) 混凝土机械液压系统漏水或漏油		《建筑机械使用安全技术规程》(JGJ 33—2012)	施工条件定量风险评价	6	1			6	一般风险	技术措施;管理措施
(4) 冬期施工时,机械设备未采取防冻保温措施	第8.1.5条 冬期施工,机械设备的管道、水泵及水冷却装置应采取防冻保温措施。	《建筑机械使用安全技术规程》(JGJ 33—2012)	施工条件定量风险评价	6	1			6	一般风险	技术措施;管理措施
(5) 搅拌筒内叶片松动	第8.2.3条 (5)搅拌筒内叶片应紧固,不得松动,叶片与衬板间隙应符合说明书规定。	《建筑机械使用安全技术规程》(JGJ 33—2012)	施工条件定量风险评价	3	1			3	低风险	技术措施;管理措施
(6) 非工作人员在机械作业区停留或通过	第3.6.4条 机械作业应设置安全区域,严禁非作业人员在作业区停留、通过、维修或保养机械。当进行清洁、保养、维修机械时,应设置警示标识,待切断电源、机械停稳后,方可进行操作。	《建筑与市政施工现场安全卫生与职业健康通用规范》(GB 55034—2022)	施工过程定量风险评价	3	3	6	2	108	较大风险	技术措施;管理措施;个体防护;应急处置
(7) 料斗未固定状态下,进入料斗下部进行清理作业			施工过程定量风险评价	3	3	6	2	108	较大风险	技术措施;管理措施;个体防护;应急处置
(8) 作业人员进入搅拌筒内作业时,未悬挂警示牌	第8.2.8条 搅拌机运转时,不得进行维修、清理作业。当作业人员需进入搅拌筒内作业时,应先切断电源,锁好开关箱,悬挂"禁止合闸"的警示牌,并应派专人监护。	《建筑机械使用安全技术规程》(JGJ 33—2012)	施工条件定量风险评价	6	3			18	较大风险	管理措施

风险因素	管理要求	管理依据	判定方式	可能性	严重程度	人员自身危险性	耦合概率	风险值	风险等级	管控措施
(9) 作业完毕后,未将料斗降至最低位置	**第8.2.9条** 作业完毕,宜将料斗降到最低位置,并应切断电源。	《建筑机械使用安全技术规程》(JGJ 33—2012)	施工条件定量风险评价	6	1			6	一般风险	技术措施;管理措施;个体防护;应急处置
(10) 搅拌机上料斗未设置安全挂钩或止挡装置	**第3.19.3条** 施工机具的检查评定应符合下列规定: (6) 搅拌机 ① 搅拌机安装完毕应按规定履行验收程序,并应经责任人签字确认; ② 保护零线应单独设置,并应安装漏电保护装置; ③ 离合器、制动器应灵敏有效,料斗钢丝绳的磨损、锈蚀、变形量应在规定允许范围内; ④ 料斗应设置安全挂钩或止挡装置,传动部位应设置防护罩; ⑤ 搅拌机应按规定设置作业棚,并应具有防雨、防晒等功能。	《建筑施工安全检查标准》(JGJ 59—2011)	施工条件定量风险评价	6	3			18	较大风险	管理措施
(11) 搅拌机无防雨措施			施工条件定量风险评价	3	1			3	低风险	管理措施
(12) 搅拌机离合器、制动器失灵			施工条件定量风险评价	6	3			18	较大风险	管理措施
(13) 料斗钢丝绳磨损、锈蚀、变形量严重			施工条件定量风险评价	6	3			18	较大风险	技术措施;管理措施
(14) 搅拌机未搭设防雨、防砸防护棚			施工条件定量风险评价	6	3			18	较大风险	技术措施;管理措施
(15) 搅拌机传动装置无防护罩			施工条件定量风险评价	3	3			9	一般风险	技术措施;管理措施

5.5 气 瓶

风险因素	管理要求	管理依据	判定方式	可能性	严重程度	人员自身危险性	耦合概率	风险值	风险等级	管控措施
(1) 气瓶未按规定安装减压器、防振圈、防护帽等	**第3.19.3条** 施工机具的检查评定应符合下列规定： (7) 气瓶 ① 气瓶使用时必须安装减压器，乙炔瓶应安装回火防止器，并应灵敏可靠； ② 气瓶间安全距离不应小于5m，与明火安全距离不应小于10m； ③ 气瓶应设置防振圈、防护帽，并应按规定存放。	《建筑施工安全检查标准》（JGJ 59—2011）	施工条件定量风险评价	6	3			18	较大风险	技术措施；管理措施
(2) 乙炔瓶未按规定安装回火防止器			施工条件定量风险评价	6	3			18	较大风险	技术措施；管理措施
(3) 气瓶之间距离小于5m			施工条件定量风险评价	6	3			18	较大风险	技术措施；管理措施
(4) 气瓶与明火间距小于10m			施工条件定量风险评价	3	3			9	一般风险	管理措施
(5) 氧气表、乙炔表损坏	**第6.3.3条** 施工现场用气应符合下列规定： (1) 储装气体的罐瓶及其附件应合格、完好和有效；严禁使用减压器及其他附件缺损的氧气瓶，严禁使用乙炔专用减压器、回火止器及其他附件缺损的乙炔瓶。	《建设工程施工现场消防安全技术规范》（GB 50720—2011）	施工条件定量风险评价	3	3			9	一般风险	管理措施
(6) 氧气瓶、乙炔瓶无防倾倒装置			施工条件定量风险评价	3	3			9	一般风险	管理措施

风险因素	管理要求	管理依据	判定方式	可能性	严重程度	人员自身危险性	耦合概率	风险值	风险等级	管控措施
(7) 乙炔瓶横躺卧放	(2) 气瓶运输、存放、使用时,应符合下列规定: ① 气瓶应保持直立状态,并采取防倾倒措施,乙炔瓶严禁横躺卧放。 ② 严禁碰撞、敲打、抛掷、滚动气瓶。 ③ 气瓶应远离火源,与火源的距离不应小于10 m,并应采取避免高温和防止曝晒的措施。 ④ 燃气储装瓶罐应设置防静电装置。 (3) 气瓶应分类储存,库房内应通风良好;空瓶和实瓶同库存放时,应分开放置,空瓶和实瓶的间距不应小于1.5 m。 (4) 气瓶使用时,应符合下列规定: ① 使用前,应检查气瓶及气瓶附件的完好性,检查连接气路的气密性,并采取避免气体泄漏的措施,严禁使用已老化的橡皮气管。 ② 氧气瓶与乙炔瓶的工作间距不应小于5 m,气瓶与明火作业点的距离不应小于10 m。	《建设工程施工现场消防安全技术规范》(GB 50720—2011)	施工条件定量风险评价	3	3			9	一般风险	管理措施
(8) 运输气瓶时,采用滚动方式			施工条件定量风险评价	3	3			9	一般风险	管理措施
(9) 气瓶未分类储存			施工条件定量风险评价	3	3			9	一般风险	管理措施
(10) 气瓶橡皮气管老化			施工条件定量风险评价	3	3			9	一般风险	管理措施
(11) 使用前,未检查气瓶气密性			基础管理固有风险定量评价	6	3			18	较大风险	管理措施
(12) 氧气瓶内剩余气体压力小于0.1 MPa			施工条件定量风险评价	3	3			9	一般风险	管理措施

风险因素	管理要求	管理依据	判定方式	可能性	严重程度	人员自身危险性	耦合概率	风险值	风险等级	管控措施
(13) 用火烘烤或用铁器敲击瓶阀,猛拧减压器的调节螺丝	③冬季使用气瓶,气瓶的瓶阀、减压器等发生冻结时,严禁用火烘烤或用铁器敲击瓶阀,严禁猛拧减压器的调节螺丝。④氧气瓶内剩余气体的压力不应小于0.1 MPa。⑤气瓶用后应及时归库。	《建设工程施工现场消防安全技术规范》(GB 50720—2011)	施工条件定量风险评价	6	3			18	较大风险	管理措施
(14) 气瓶使用后未及时归库			施工条件定量风险评价	6	3			18	较大风险	管理措施
(15) 气瓶存放场所不符合安全技术规范要求			施工条件定量风险评价	6	3			18	较大风险	管理措施

5.6 混凝土泵车

风险因素	管理要求	管理依据	判定方式	可能性	严重程度	人员自身危险性	耦合概率	风险值	风险等级	管控措施
(1) 地基承载力不能满足混凝土机械安全使用要求	第9.1.1条 混凝土机械应安放在平坦坚实的地坪上,地基承载力应能承受工作荷载和振动荷载,场地周边应有良好的排水、供水、供电条件,道路应畅通。	《施工现场机械设备检查技术规范》(JGJ 160—2016)	施工条件定量风险评价	6	3			18	较大风险	技术措施;管理措施

风险因素	管理要求	管理依据	判定方式	可能性	严重程度	人员自身危险性	耦合概率	风险值	风险等级	管控措施
(2)混凝土泵车金属结构存在开焊、裂纹、变形等情况	**第9.1.3条** 整机应符合下列规定: (1)主要工作性能应达到使用说明书规定的额定指标; (2)金属结构不应有开焊、裂纹、变形、严重锈蚀,各连接螺栓应紧固; (3)工作装置性能应可靠,附件应齐全完整; (4)整机应清洁,应无漏油、漏气、漏水等现象。	《施工现场机械设备检查技术规范》(JGJ 160—2016)	施工条件定量风险评价	6	3			18	较大风险	技术措施;管理措施
(3)混凝土泵车附件不齐全			施工条件定量风险评价	3	3			9	一般风险	技术措施;管理措施
(4)混凝土泵车出现漏油、漏气、漏水等现象			施工条件定量风险评价	6	1			6	一般风险	技术措施;管理措施

5.7 套 丝 机

风险因素	管理要求	管理依据	判定方式	可能性	严重程度	人员自身危险性	耦合概率	风险值	风险等级	管控措施
(1)作业人员违章操作套丝机	**第5.4.2.2条** ……企业应监督、指导从业人员遵守安全生产和职业卫生规章制度、操作规程,杜绝违章指挥、违规作业和违反劳动纪律的"三违"行为……	《企业安全生产标准化基本规范》(GB/T 33000—2016)	施工过程定量风险评价	3	3	6	2	108	较大风险	技术措施;管理措施

风险因素	管理要求	管理依据	判定方式	可能性	严重程度	人员自身危险性	耦合概率	风险值	风险等级	管控措施
(2)套丝机带故障作业	**第3.1.3条** 机械设备应定期进行维修保养,严禁带故障作业。	《建筑施工土石方工程安全技术规范》(JGJ 180—2009)	施工过程定量风险评价	3	3	6	2	108	较大风险	技术措施;管理措施
(3)套丝机未做好保护接零和保护接地	**第5.12.9条** (2)……应做好保护接零或保护接地,接地电阻应符合国家现行规范要求……	《施工现场机械设备检查技术规范》(JGJ 160—2016)	施工条件定量风险评价	6	3			18	较大风险	技术措施;管理措施
(4)套丝机未采用防止设备意外移位的措施	**第11.1.1条** (1)机械的安装应坚实稳固,应采用防止设备意外移位的措施 (4)各部位连接应牢固。	《施工现场机械设备检查技术规范》(JGJ 160—2016)	施工条件定量风险评价	6	3			18	较大风险	技术措施;管理措施
(5)套丝机各部位连接不牢固			施工条件定量风险评价	3	3			9	一般风险	技术措施;管理措施

6 施 工 准 备

施工准备工作,就是指工程施工前所做的一切工作,是有组织、有计划、有步骤、分阶段地贯穿于整个工程建设的始终。认真细致地做好施工准备工作,对充分发挥各方面的积极因素、合理利用资源、加快施工速度、提高工程质量、确保施工安全、降低工程成本及获得较好经济效益都起着重要作用。本手册施工准备部分主要内容包含场地平整、临水布置、临建设施,易引发事故类型有机械伤害、车辆伤害、坍塌、溺水等。

6.1 场 地 平 整

风险因素	管理要求	管理依据	判定方式	可能性	严重程度	人员自身危险性	耦合概率	风险值	风险等级	管控措施
(1)未收集掌握作业场地原有地上和地下设施、管网相关资料	**第4.1.1条** 作业前应查明地下管线、障碍物等情况,制定处理方案后方可开始场地平整工作。	《建筑施工土石方工程安全技术规范》(JGJ 180—2009)	基础管理固有风险定量评价	1	1			1	低风险	技术措施;管理措施
(2)特种设备操作人员无证操作	**第三十条** 生产经营单位的特种作业人员必须按照国家有关规定经专门的安全作业培训,取得相应资格,方可上岗作业。特种作业人员的范围由国务院应急管理部门会同国务院有关部门确定。	《中华人民共和国安全生产法》	直接判定						重大风险	管理措施

风险因素	管理要求	管理依据	判定方式	可能性	严重程度	人员自身危险性	耦合概率	风险值	风险等级	管控措施
(3) 操作人员违规操作,无关人员进入工作区	第2.0.7条 操作人员在作业过程中,应集中精力,正确操作,并应检查机械工况,不得擅自离开工作岗位或将机械交给其他无证人员操作。无关人员不得进入作业区或操作室内。	《建筑机械使用安全技术规程》(JGJ 33—2012)	施工过程定量风险评价	3	3	6	2	108	较大风险	管理措施
(4) 机械设备作业人员违规站在机械旋转范围内	第3.1.7条 配合机械设备作业的人员,应在机械设备的回转半径以外工作;当在回转半径内作业时,必须有专人协调指挥。	《建筑施工土石方工程安全技术规范》(JGJ 180—2009)	施工过程定量风险评价	3	3	6	2	108	较大风险	管理措施
(6) 机械设备未进行定期维修保养	第3.1.3条 机械设备应定期进行维修保养,严禁带故障作业。	《建筑施工土石方工程安全技术规范》(JGJ 180—2009)	基础管理固有风险定量评价	6	3			18	较大风险	管理措施
(7) 机械设备带故障作业			施工条件定量风险评价	6	3			18	较大风险	技术措施;管理措施;个体防护;应急处置
(8) 挖掘机、推土机等土方机械设备质量不达标	第3.1.1条 土石方施工的机械设备应有出厂合格证书。必须按照出厂使用说明书规定的技术性能、承载能力和使用条件等要求,正确操作,合理使用,严禁超载作业或任意扩大使用范围。	《建筑施工土石方工程安全技术规范》(JGJ 180—2009)	施工条件定量风险评价	6	3			18	较大风险	技术措施;管理措施;个体防护;应急处置
(9) 外运土方车辆超载运输或任意扩大使用范围			施工条件定量风险评价	6	3			18	较大风险	技术措施;管理措施;个体防护;应急处置

风险因素	管理要求	管理依据	判定方式	可能性	严重程度	人员自身危险性	耦合概率	风险值	风险等级	管控措施
(10) 深基坑临边未设置围挡和防护	第 11.2.5 条　基坑临边、临边位置及周边危险部位,应设置明显的安全警示标志,并应安装可靠围挡和防护	《建筑深基坑工程施工安全技术规范》(JGJ 311—2013)	基础管理固有风险定量评价	3	3			9	一般风险	管理措施
(11) 危险部位未设置明显的安全警示标志			施工条件定量风险评价	6	3			18	较大风险	管理措施
(12) 施工现场未实行封闭管理	第 3.0.8 条　施工现场应实行封闭管理,并应采用硬质围挡。市区主要路段的施工场围挡高度不应低于 2.5 m,一般路段围挡高度不应低于 1.8 m。围挡应牢固、稳定、整洁。距离交通路口 20 m 范围内占据道路施工设置的围挡,其 0.8 m 以上部分应采用通透性围挡,并应采取交通疏导和警示措施。	《建设工程施工现场环境与卫生标准》(JGJ 146—2013)	施工条件定量风险评价	6	3			18	较大风险	管理措施
(13) 施工现场未采取交通疏导和警示措施			施工条件定量风险评价	6	3			18	较大风险	管理措施
(14) 场地存在坑洼或暗沟	第 4.0.1 条　主要通道、进出道路、材料加工区及办公生活区地面应全部进行硬化处理;施工现场内裸露的场地和集中堆放的土方应采取覆盖、固化或绿化等防尘措施。易产生扬尘的物料应全部篷盖。	《建筑与市政施工现场安全卫生与职业健康通用规范》(GB 55034—2022)	施工条件定量风险评价	3	3			9	一般风险	技术措施;管理措施

风险因素	管理要求	管理依据	判定方式	可能性	严重程度	人员自身危险性	耦合概率	风险值	风险等级	管控措施
(15) 施工现场道路拥堵	**第3.2.3条** （3）施工场地 ① 施工现场的主要道路及材料加工区地面应进行硬化处理； ② 施工现场道路应畅通，路面应平整坚实……	《建筑施工安全检查标准》(JGJ 59—2011)	施工条件定量风险评价	6	1			6	一般风险	管理措施
(16) 施工场地修筑的道路松散	**第4.3.1条**　施工场地修筑的道路应坚固、平整。	《建筑施工土石方工程安全技术规范》(JGJ 180—2009)	施工条件定量风险评价	6	1			6	一般风险	管理措施

6.2　临　水　布　置

风险因素	管理要求	管理依据	判定方式	可能性	严重程度	人员自身危险性	耦合概率	风险值	风险等级	管控措施
(1) 施工现场总平面布局未明确与现场防火、灭火及人员疏散密切相关的临时用房及临时设施的具体位置	**第3.1.2条**［条文说明］　……施工现场总平面布局应明确与现场防火、灭火及人员疏散密切相关的临时用房及临时设施的具体位置，以满足现场防火、灭火及人员疏散的要求。	《建筑工程施工现场消防安全技术规范》(GB 50720—2011)	施工条件定量风险评价	6	1			6	一般风险	管理措施

风险因素	管理要求	管理依据	判定方式	可能性	严重程度	人员自身危险性	耦合概率	风险值	风险等级	管控措施
(2) 当外部消防水源不能满足施工现场的临时消防用水量要求时,未在施工现场设置临时贮水池	**第5.3.16条** 当外部消防水源不能满足施工现场的临时消防用水量要求时,应在施工现场设置临时贮水池。临时贮水池宜设置在便于消防车取水的部位,其有效容积不应小于施工现场火灾延续时间内一次灭火的全部消防用水量。	《建筑工程施工现场消防安全技术规范》(GB 50720—2011)	施工条件定量风险评价	6	3			18	较大风险	技术措施;管理措施
(3) 临时贮水池存水量小于规范要求			施工条件定量风险评价	6	1			6	一般风险	技术措施;管理措施
(4) 临时消防给水干管直径小于100 mm	**第5.3.7条** (2)临时室外消防给水干管的管径,应根据施工现场临时消防用水量和干管内水流计算速度计算确定,且不应小于DN100。	《建筑工程施工现场消防安全技术规范》(GB 50720—2011)	施工条件定量风险评价	2	1			2	低风险	技术措施;管理措施
(5) 临时用房面积之和大于1 000 m²,未设置室外消防给水系统	**第5.3.4条** 临时用房建筑面积之和大于1 000 m²或在建工程单体体积大于10 000 m³时,应设置临时室外消防给水系统……	《建筑工程施工现场消防安全技术规范》(GB 50720—2011)	施工条件定量风险评价	6	3			18	较大风险	技术措施;管理措施
(6) 在建单体建筑体积大于10 000 m³,未设置室外消防给水系统			施工条件定量风险评价	6	3			18	较大风险	技术措施;管理措施

风险因素	管理要求	管理依据	判定方式	可能性	严重程度	人员自身危险性	耦合概率	风险值	风险等级	管控措施
(7) 建筑高度大于24 m,未设置室内消防给水系统	**第5.3.8条** 建筑高度大于24 m或单体体积超过30 000 m³的在建工程,应设置临时室内消防给水系统。	《建筑工程施工现场消防安全技术规范》(GB 50720—2011)	施工条件定量风险评价	6	3			18	较大风险	技术措施;管理措施
(8) 单体建筑体积大于30 000 m³,未设置室内消防给水系统			施工条件定量风险评价	6	3			18	较大风险	技术措施;管理措施
(9) 在建工程消防竖管安装数量不符合要求	**第5.3.10条** 在建工程临时室内消防竖管的设置应符合下列规定:① 消防竖管的设置位置应便于消防人员操作,其数量不应少于2根,当结构封顶时,应将消防竖管设置成环状。	《建筑工程施工现场消防安全技术规范》(GB 50720—2011)	施工条件定量风险评价	6	3			18	较大风险	技术措施;管理措施
(10) 当结构封顶时,未将消防竖管设置成环状			施工条件定量风险评价	6	3			18	较大风险	技术措施;管理措施
(11) 在建工程未设置消防水泵接合器或设置不符合要求	**第5.3.11条** 设置室内消防给水系统的在建工程,应设置消防水泵接合器。消防水泵接合器应设置在室外便于消防车取水的部位,与室外消火栓或消防水池取水口的距离宜为15 m~40 m。	《建筑工程施工现场消防安全技术规范》(GB 50720—2011)	施工条件定量风险评价	6	3			18	较大风险	技术措施;管理措施

风险因素	管理要求	管理依据	判定方式	可能性	严重程度	人员自身危险性	耦合概率	风险值	风险等级	管控措施
(12) 高度超过 100 m 楼层,未在适当楼层增设临时中转水池及加压水泵	**第 5.3.14 条** 高度超过 100 m 的在建工程,应在适当楼层增设临时中转水池及加压水泵。中转水池的有效容积不应少于 10 m³,上、下两个中转水池的高度差不宜超过 100 m。	《建筑工程施工现场消防安全技术规范》(GB 50720—2011)	施工条件定量风险评价	6	3			18	较大风险	技术措施;管理措施
(13) 高度超过 100 m 的在建工程,上、下两个中转水池的高度差超过 100 m			施工条件定量风险评价	6	3			18	较大风险	技术措施;管理措施
(14) 在建工程楼梯间未设置消防设施或数量不足	**第 5.3.13 条** 在建工程结构施工完毕的每层楼梯处应设置消防水枪、水带及软管,且每个设置点不应少于 2 套。	《建筑工程施工现场消防安全技术规范》(GB 50720—2011)	施工条件定量风险评价	6	3			18	较大风险	技术措施;管理措施
(15) 施工现场不平整,场地泥泞	**第 3.2.3 条** (3) 施工场地 ① 施工现场的主要道路及材料加工区地面应进行硬化处理; ② 施工现场道路应畅通,路面应平整坚实……	《建筑施工安全检查标准》(JGJ 59—2011)	施工条件定量风险评价	3	3			9	一般风险	技术措施;管理措施
(16) 施工现场未设置稳定、可靠的水源	**第 5.3.1 条** 施工现场或其附近应设置稳定、可靠的水源,并应能满足施工现场临时消防用水的需要。 消防水源可采用市政给水管网或天然水源。当采用天然水源时,应采取确保冰冻季节、枯水期最低水位时顺利取水的措施,并应满足临时消防用水量的要求。	《建筑工程施工现场消防安全技术规范》(GB 50720—2011)	施工条件定量风险评价	3	3			9	一般风险	技术措施;管理措施

6.3 临建设施

风险因素	管理要求	管理依据	判定方式	可能性	严重程度	人员自身危险性	耦合概率	风险值	风险等级	管控措施
（1）生活区、办公区选址未采取隔离措施	**第3.2.3条** （5）现场办公与住宿 ① 施工作业、材料存放区与办公、生活区应划分清晰，并应采取相应的隔离措施。	《建筑施工安全检查标准》（JGJ 59—2011）	施工条件定量风险评价	3	3			9	一般风险	技术措施；管理措施
（2）临时建筑施工未编制专项施工方案	**第3.0.1条** 临时建筑应由专业技术人员编制施工组织设计，并应经企业技术负责人批准后方可实施。临时建筑的施工安装、拆卸或拆除应编制施工方案，并应由专业人员施工、专业技术人员现场监督。	《施工现场临时建筑物技术规范》（JGJ/T 188—2009）	基础管理固有风险定量评价	3	7			21	较大风险	技术措施；管理措施
（3）临时建筑的施工安装、拆卸或拆除时，无专业人员施工、专业技术人员现场监督			基础管理固有风险定量评价	3	3			9	一般风险	技术措施；管理措施
（4）临时建筑的管理责任单位未制订应急预案	**第11.1.5条** 临时建筑使用单位应建立临时建筑防风、防汛、防雨雪灾害等应急预案，在风暴、洪水、雨雪来临前，应组织进行全面检查，并应采取可靠的加固措施。	《施工现场临时建筑物技术规范》（JGJ/T 188—2009）	基础管理固有风险定量评价	1	3			3	低风险	技术措施；管理措施
（5）临时建筑施工未进行验收	**第10.1.1条** 临时建筑宜在施工安装完工后进行一次性验收。	《施工现场临时建筑物技术规范》（JGJ/T 188—2009）	基础管理固有风险定量评价	3	3			9	一般风险	技术措施；管理措施

风险因素	管理要求	管理依据	判定方式	可能性	严重程度	人员自身危险性	耦合概率	风险值	风险等级	管控措施
(6)临时建筑设在危险地段	**第4.1.1条** 临时建筑不应建造在易发生滑坡、坍塌、泥石流、山洪等危险地段和低洼积水区域,应避开水源保护区、水库泄洪区、濒险水库下游地段、强风口和危房影响范围,且应避免有害气体、强噪声等对临时建筑使用人员的影响。	《施工现场临时建筑物技术规范》(JGJ/T 188—2009)	基础管理固有风险定量评价	1	15			15	较大风险	技术措施;管理措施;应急处置
(7)生活区、办公区未与食堂制作间、锅炉房、可燃材料库房及易燃易爆危险品库房保持一定的安全距离	**第5.1.16条** 食堂制作间、锅炉房、可燃材料库房及易燃易爆危险品库房等应采用单层建筑,应与宿舍和办公用房分别设置,并应按相关规定保持安全距离……	《建设工程施工现场环境与卫生标准》(JGJ 146—2013)	施工条件定量风险评价	6	3			18	较大风险	技术措施;管理措施;个体防护;应急处置
(8)食堂制作间、锅炉房、可燃材料库房及易燃易爆危险品库房等未采用单层建筑			施工条件定量风险评价	6	3			18	较大风险	技术措施;管理措施;个体防护;应急处置
(9)施工现场焚烧废弃物	**第4.0.4条** 施工现场严禁熔融沥青及焚烧各类废弃物。	《建筑与市政施工现场安全卫生与职业健康通用规范》(GB 55034—2022)	施工条件定量风险评价	1	1			1	低风险	管理措施

续表

风险因素	管理要求	管理依据	判定方式	可能性	严重程度	人员自身危险性	耦合概率	风险值	风险等级	管控措施
（10）临时建筑结构设计不满足抗震、抗风等级要求	**第7.1.3条** 临时建筑结构设计应满足抗震、抗风要求，并应进行地基和基础承载力计算。	《施工现场临时建筑物技术规范》（JGJ/T 188—2009）	基础管理固有风险定量评价	1	15			15	较大风险	技术措施；管理措施；应急处置
（11）临时建筑用材不符合规范要求	**第3.0.8条** 临时建筑所采用的原材料、构配件和设备等，其品种、规格、性能等应满足设计要求并符合国家现行标准的规定，不得使用已被国家淘汰的产品。	《施工现场临时建筑物技术规范》（JGJ/T 188—2009）	施工条件定量风险评价	6	3			18	较大风险	技术措施；管理措施
（12）临时建筑地基承载力不符合要求	**第7.4.3条** （1）地基承载力特征值不应小于60 kPa；当遇到松散填土、暗浜时，应根据地基承载力要求进行地基处理或加固。	《施工现场临时建筑物技术规范》（JGJ/T 188—2009）	施工条件定量风险评价	6	3			18	较大风险	技术措施；管理措施
（13）围挡出现开裂、沉降、倾斜等险情，未及时采取相应加固或拆除措施	**第11.1.12条** （2）对围挡应定期进行检查，当出现开裂、沉降、倾斜等险情时，应立即采取相应加固措施。	《施工现场临时建筑物技术规范》（JGJ/T 188—2009）	施工条件定量风险评价	6	3			18	较大风险	技术措施；管理措施
（14）临时设施搭建超过两层	**第3.0.4条** 临时建筑层数不宜超过两层。	《施工现场临时建筑物技术规范》（JGJ/T 188—2009）	施工条件定量风险评价	6	3			18	较大风险	技术措施；管理措施
（15）临时建筑的电气防火、应急照明和疏散指示标志不符合规定	**第8.4.25条** 临时建筑的电气防火、应急照明和疏散指示标志应符合现行国家标准《建筑设计防火规范》GB 50016的有关规定。	《施工现场临时建筑物技术规范》（JGJ/T 188—2009）	施工条件定量风险评价	3	3			9	一般风险	技术措施；管理措施

风险因素	管理要求	管理依据	判定方式	可能性	严重程度	人员自身危险性	耦合概率	风险值	风险等级	管控措施
(16) 采用掏掘或推倒方法拆除建筑墙体	**第 3.5.14 条** 拆除作业应符合下列规定：(2)……拆除建筑墙体时,严禁采用底部掏掘或推倒的方法。	《建筑与市政施工现场安全卫生与职业健康通用规范》(GB 55034—2022)	直接判定						重大风险	管理措施；个体防护；应急处置
(17) 临时建筑拆除前未做好拆除范围内的断水、断电、断燃气等工作	**第 12.1.4 条** 临时建筑拆除前,应做好拆除范围内的断水、断电、断燃气等工作。拆除过程中,现场用电不得使用被拆临时建筑中的配电线。	《施工现场临时建筑物技术规范》(JGJ/T 188—2009)	施工条件定量风险评价	6	3			18	较大风险	技术措施；管理措施；个体防护；应急处置
(18) 办公区、生活区处于塔吊等机械作业半径之内	**第 4.2.2 条** 办公区、生活区宜位于建筑物的坠落半径和塔吊等机械作业半径之外。	《施工现场临时建筑物技术规范》(JGJ/T 188—2009)	施工条件定量风险评价	7	3			21	重大风险	技术措施；管理措施；应急处置
(19) 人工拆除作业时先拆除防护设施	**第 5.1.4 条** 当拆除建筑的栏杆、楼梯、楼板等构件时,应与建筑结构整体拆除进度相配合,不得先行拆除。建筑的承重梁柱,应在其所承载的全部构件拆除后,再进行拆除。	《建筑拆除工程安全技术规范》(JGJ 147—2016)	施工条件定量风险评价	6	3			18	较大风险	技术措施；管理措施；个体防护；应急处置
(20) 拆除废料未进行分类处理	**第 7.0.7 条** 拆除工程的各类拆除物料应分类,宜回收再生利用;废弃物应及时清运出场。	《建筑拆除工程安全技术规范》(JGJ 147—2016)	施工条件定量风险评价	3	1			3	低风险	管理措施
(21) 拆除作业完成后现场未清理干净,对占用场地未恢复原貌	**第 7.0.9 条** 拆除工程完成后,应将现场清理干净。裸露的场地应采取覆盖、硬化或绿化等防扬尘的措施。对临时占用的场地应及时腾退并恢复原貌。	《建筑拆除工程安全技术规范》(JGJ 147—2016)	施工条件定量风险评价	3	1			3	低风险	管理措施

7　地基与基础

地基基础是指以地基为基础的房屋的墙或柱埋在地下的扩大部分。地基基础的设计和检测是建筑工程建设过程中的重要一环。建筑埋在地面以下的部分称为基础。承受由基础传来荷载的土层称为地基,位于基础底面下第一层土称为持力层,在其以下土层称为下卧层。地基和基础都是地下隐蔽工程,是建筑物的根本,它们的勘察、设计和施工质量关系到整个建筑的安全和正常使用。常见的地基与基础工程有基坑、基槽与管沟的开挖和回填、地下建筑物或构筑物的土方开挖与回填。基础按埋置深度可划分为浅基础与深基础两大类。一般埋深小于 5 m 的为浅基础,大于 5 m 的为深基础。还可以按施工方法来划分:用普通基坑开挖和敞坑排水方法修建的基础称为浅基础,如砖混结构的墙基础、高层建筑的箱形基础(埋深可能大于 5 m)等;而用特殊施工方法将基础埋置于深层地基中的基础称为深基础,如桩基础、沉井、地下连续墙等。本手册地基与基础部分主要内容包含土方工程、基坑支护、桩基工程,易引发的事故类型有坍塌、高处坠落、物体打击等。

7.1　土方工程

风险因素	管理要求	管理依据	判定方式	可能性	严重程度	人员自身危险性	耦合概率	风险值	风险等级	管控措施
(1)土方开挖未按照专项方案开挖	**第8.3.1条**　基坑开挖应按先撑后挖、限时、对称、分层、分区等的开挖的方法确定开挖顺序,严禁超挖,应减小基坑无支撑暴露开挖时间和空间。混凝土支撑应在达到设计要求的强度后。进行下层土方开挖;钢支撑应在质量验收并按设计要求施加预应力后。进行下层土方开挖。	《建筑深基坑工程施工安全技术规范》(JGJ 311—2013)	施工条件定量风险评价	6	7			42	重大风险	技术措施;管理措施

风险因素	管理要求	管理依据	判定方式	可能性	严重程度	人员自身危险性	耦合概率	风险值	风险等级	管控措施
(2) 基坑内未设置供施工人员上下的专用梯道	**第3.11.3条** 基坑工程保证项目的检查评定应符合下列规定: (6) 安全防护 ① 开挖深度超过2 m及以上的基坑周边必须安装防护栏杆,防护栏杆的安装应符合规范要求; ② 基坑内应设置供施工人员上下的专用梯道;梯道应设置扶手栏杆,梯道的宽度不应小于1 m,梯道搭设应符合规范要求; ③ 降水井口应设置防护盖板或围栏,并应设置明显的警示标志。		施工条件定量风险评价	3	3			9	一般风险	技术措施;管理措施;个体防护;应急处置
(3) 防护栏杆的安装不符合规范要求		《建筑施工安全检查标准》(JGJ 59—2011)	施工条件定量风险评价	3	3			9	一般风险	技术措施;管理措施;个体防护;应急处置
(4) 降水井口未设置防护盖板或围栏和明显的警示标志			施工条件定量风险评价	6	3			18	较大风险	管理措施
(5) 基坑工程施工完毕后,未验收就投入使用	**第11.1.1条** 基坑开挖完毕后,应组织验收,经验收合格并进行安全使用与维护技术交底后,方可使用。基坑使用与维护过程中应按施工安全专项方案要求落实安全措施。	《建筑深基坑工程施工安全技术规范》(JGJ 311—2013)	基础管理固有风险定量评价	6	7			42	重大风险	技术措施;管理措施;个体防护;应急处置
(6) 工程项目部在施工前未编制施工组织设计	**第3.1.3条** (2) 施工组织设计及专项施工方案 ① 工程项目部在施工前应编制施工组织设计,施工组织设计应针对工程特点、施工工艺制定安全技术措施。	《建筑施工安全检查标准》(JGJ 59—2011)	基础管理固有风险定量评价	3	3			9	一般风险	技术措施;管理措施;个体防护;应急处置

风险因素	管理要求	管理依据	判定方式	可能性	严重程度	人员自身危险性	耦合概率	风险值	风险等级	管控措施
(7) 未按规定委托具有勘察资质单位进行第三方监测	**第3.0.3条** 基坑工程施工前,应由建设方委托具备相应能力的第三方对基坑工程实施现场监测。监测单位应编制监测方案,监测方案应经建设方、设计方等认可,必要时还应与基坑周边环境涉及的有关管理单位协商一致后方可实施。	《建筑基坑工程监测技术标准》(GB 50497—2019)	直接判定						重大风险	管理措施
(8) 监测单位未编制监测方案或监测方案未按规定审批			基础管理固有风险定量评价	3	15			45	重大风险	管理措施
(9) 施工单位未按规定进行施工监测和巡视	**第4.3.1条** 基坑工程施工和使用期内,每天均应有专人进行巡视检查。	《建筑基坑工程监测技术标准》(GB 50497—2019)	基础管理固有风险定量评价	10	3			30	较大风险	管理措施
(10) 当有重大变更时,监测单位未及时调整监测方案	**第3.0.11条** 监测单位应按监测方案实施监测。当基坑工程设计或施工有重大变更时,监测单位应与建设方及相关单位研究并及时调整监测方案。	《建筑基坑工程监测技术标准》(GB 50497—2019)	基础管理固有风险定量评价	3	15			45	重大风险	管理措施
(11) 监测单位未将监测结果和评价及时向建设方及相关单位进行反馈	**第3.0.12条** 监测单位应及时处理、分析监测数据,并将监测结果和评价及时向建设方及相关单位进行反馈。	《建筑基坑工程监测技术标准》(GB 50497—2019)	基础管理固有风险定量评价	3	7			21	较大风险	管理措施
(12) 监测期间,监测方未做好监测设施的保护	**第3.0.13条** 监测期间,监测方应做好监测设施的保护。建设方及总包方应协助监测单位保护监测设施。		基础管理固有风险定量评价	3	7			21	较大风险	管理措施

风险因素	管理要求	管理依据	判定方式	可能性	严重程度	人员自身危险性	耦合概率	风险值	风险等级	管控措施
(13)基坑工程的监测方案未进行专项论证	**第3.0.10条** 下列基坑工程的监测方案应进行专项论证： (1)邻近重要建筑、设施、管线等破坏后果很严重的基坑工程； (2)工程地质、水文地质条件复杂的基坑工程； (3)已发生严重事故，重新组织施工的基坑工程； (4)采用新技术、新工艺、新材料、新设备的一、二级基坑工程； (5)其他需要论证的基坑工程。	《建筑基坑工程监测技术标准》(GB 50497—2019)	直接判定						重大风险	管理措施
(14)采用放坡开挖的基坑未验算基坑边坡的整体稳定性	**第8.1.2条** 基坑开挖除应满足设计工况要求按分层、分段、限时、限高和均衡、对称开挖的方法进行外，尚应符合下列规定： (2)基坑周边、放坡平台的施工荷载应按设计要求进行控制。 (3)基坑开挖的土方不应在邻近建筑及基坑周边影响范围内堆放，当需堆放时应进行承载力和相关稳定性验算。	《建筑深基坑工程施工安全技术规范》(JGJ 311—2013)	施工条件定量风险评价	6	3			18	较大风险	技术措施； 管理措施； 应急处置
(15)当进行分级放坡开挖时，在上一级基坑坡面处理完成之前，开挖下一级基坑坡面土方	**第8.2.1条** 放坡开挖的基坑，边坡表面护坡应符合下列规定： (4)当进行分级放坡开挖时，在上一级基坑坡面处理完成之前，严禁下一级基坑坡面土方开挖。	《建筑深基坑工程施工安全技术规范》(JGJ 311—2013)	施工条件定量风险评价	6	3			18	较大风险	技术措施； 管理措施； 应急处置

风险因素	管理要求	管理依据	判定方式	可能性	严重程度	人员自身危险性	耦合概率	风险值	风险等级	管控措施
(16) 机械设备的地基基础承载力不满足安全使用要求	**第2.0.11条** 机械设备的地基基础承载力应满足安全使用要求……	《建筑机械使用安全技术规程》(JGJ 33—2012)	直接判定						重大风险	技术措施；管理措施；应急处置
(17) 土方运输道路坡度过大	**第8.1.2条** 基坑开挖除应满足设计工况要求按分层、分段、限时、限高和均衡、对称开挖的方法进行外,尚应符合下列规定:(1)当挖土机械、运输车辆等直接进入基坑进行施工作业时,应采取措施保证坡道稳定,坡道坡度不应大于1∶7,坡道宽度应满足行车要求。	《建筑深基坑工程施工安全技术规范》(JGJ 311—2013)	施工条件定量风险评价	6	1			6	一般风险	技术措施
(18) 基坑开挖时未采取可靠的安全技术措施	**第8.1.3条** 基坑开挖过程中,当基坑周边相邻工程进行桩基、基坑支护、爆破等施工作业时,应根据相互之间的施工影响,采取可靠的安全技术措施。	《建筑深基坑工程施工安全技术规范》(JGJ 311—2013)	直接判定						重大风险	技术措施；管理措施；个体防护；应急处置
(19) 作业范围内有地下管线的,未采取保护措施	**第三十条** 施工单位对因建设工程施工可能造成损害的毗邻建筑物、构筑物和地下管线等,应当采取专项防护措施。施工单位应当遵守有关环境保护法律、法规的规定,在施工现场采取措施,防止或者减少粉尘、废气、废水、固体废物、噪声、振动和施工照明对人和环境的危害和污染。在城市市区内的建设工程,施工单位应当对施工现场实行封闭围挡。	《建设工程安全生产管理条例》	施工条件定量风险评价	6	3			18	较大风险	管理措施

风险因素	管理要求	管理依据	判定方式	可能性	严重程度	人员自身危险性	耦合概率	风险值	风险等级	管控措施
(20) 预制墙段的堆放和运输不符合规定	第6.4.5条 预制墙段的堆放和运输应符合下列规定： (1) 预制墙段应达到设计强度100％后方可运输及吊放。 (2) 堆放场地应平整、坚实、排水通畅。垫块宜放置在吊点处,底层垫块面积应满足墙段自重对地基荷载的有效扩散。预制墙段叠放层数不宜超过3层,上下层垫块应放置在同一直线上。 (3) 运输叠放层数不宜超过2层。墙段装车后应采用紧绳器与车板固定,钢丝绳与墙段阳角接触处应有护角措施。异形截面墙段运输时应有可靠的支撑措施。	《建筑深基坑工程施工安全技术规范》(JGJ 311—2013)	施工条件定量风险评价	6	3			18	较大风险	技术措施；管理措施；个体防护；应急处置
(21) 土方开挖机械操作人员酒后作业	第3.1.6条 作业时操作人员不得擅自离开岗位或将机械设备交给其他无证人员操作,严禁疲劳和酒后作业……	《建筑施工土石方工程安全技术规范》(JGJ 180—2009)	施工过程定量风险评价	6	3	6	2	216	较大风险	技术措施；管理措施；个体防护；应急处置
(22) 机械操作人员擅自离岗或交给其他无证人员操作			基础管理固有风险定量评价	6	3			18	较大风险	管理措施
(23) 机械操作人员疲劳作业			施工过程定量风险评价	3	1	6	2	36	一般风险	管理措施

风险因素	管理要求	管理依据	判定方式	可能性	严重程度	人员自身危险性	耦合概率	风险值	风险等级	管控措施
（24）配合机械作业人员未经联系随意进入机械作业半径内	**第3.1.7条** 配合机械设备作业的人员,应在机械设备的回转半径以外工作;当在回转半径内作业时,必须有专人协调指挥。	《建筑施工土石方工程安全技术规范》(JGJ 180—2009)	施工过程定量风险评价	3	3	6	2	108	较大风险	管理措施
（25）当在机械回转半径内作业时,无专人协调指挥			施工条件定量风险评价	3	3			9	一般风险	管理措施
（26）无关人员进入作业区或操作室内	**第2.0.7条** ……无关人员不得进入作业区或操作室内。	《建筑机械使用安全技术规程》(JGJ 33—2012)	施工过程定量风险评价	3	3	6	2	108	较大风险	管理措施
（27）拖车装卸机械时未停在平坦坚实处	**第6.3.3条** 拖车装卸机械时,应停在平坦坚实处,拖车应制动并用三角木楔紧车胎。装车时应调整好机械在拖车板上的位置,各轴负荷分配应合理。	《建筑机械使用安全技术规程》(JGJ 33—2012)	施工条件定量风险评价	6	3			18	较大风险	管理措施
（28）机械装车后各保险装置未锁牢	**第6.3.7条** 机械装车后,机械的制动器应锁定,保险装置应锁牢,履带或车轮应楔紧,机械应绑扎牢固。	《建筑机械使用安全技术规程》(JGJ 33—2012)	施工条件定量风险评价	6	3			18	较大风险	管理措施

风险因素	管理要求	管理依据	判定方式	可能性	严重程度	人员自身危险性	耦合概率	风险值	风险等级	管控措施
(29)挖掘前驾驶员未发出信号确认安全	**第3.2.1条** 挖掘前,驾驶员应发出信号,确认安全后方可启动设备……	《建筑施工土石方工程安全技术规范》(JGJ 180—2009)	基础管理固有风险定量评价	3	3			9	一般风险	管理措施
(30)工作时有人站在履带或刀片支架上	**第3.2.7条** 推土机工作时严禁有人站在履带或刀片的支架上。	《建筑施工土石方工程安全技术规范》(JGJ 180—2009)	施工过程定量风险评价	3	3	6	2	108	较大风险	管理措施
(31)在未给机械周围人员发出任何信号情况下,机械操作人员启动机械进行回转作业	**第4.1.16条** 操作人员进行起重机械回转、变幅、行走和吊钩升降等动作前,应发出音响信号示意。	《建筑机械使用安全技术规程》(JGJ 33—2012)	基础管理固有风险定量评价	3	3			9	一般风险	管理措施
(32)在行驶或作业中,机械上乘坐或站人	**第5.1.13条** 行驶或作业中的机械,除驾驶室外的任何地方不得有乘员。	《建筑机械使用安全技术规程》(JGJ 33—2012)	施工过程定量风险评价	3	3	6	2	108	较大风险	管理措施
(33)土方车车厢内载人行驶			施工过程定量风险评价	3	3	6	2	108	较大风险	管理措施
(34)铲运机行驶时,人员攀爬	**第3.8.3条** 车辆行驶过程中,严禁人员上下。	《建筑与市政施工现场安全卫生与职业健康通用规范》(GB 55034—2022)	施工过程定量风险评价	3	3	6	2	108	较大风险	管理措施

续表

风险因素	管理要求	管理依据	判定方式	可能性	严重程度	人员自身危险性	耦合概率	风险值	风险等级	管控措施
(35) 装运土方时,挖掘机、装载机铲斗从土方车驾驶室顶上越过	**第5.2.14条** 挖掘机向运土车辆装车时,应降低卸落高度,不得偏装或砸坏车厢。回转时,铲斗不得从运输车辆驾驶室顶上越过。	《建筑机械使用安全技术规程》(JGJ 33—2012)	施工过程定量风险评价	3	3	6	2	108	较大风险	管理措施
(36) 土方车停靠后,司机未拉紧手刹制动器	**第6.1.17条** 车辆停放时,应将内燃机熄火,拉紧手刹制动器……	《建筑机械使用安全技术规程》(JGJ 33—2012)	施工过程定量风险评价	3	3	6	2	108	较大风险	管理措施
(37) 土方车卸料后,车厢未及时复位	**第6.2.6条** 卸完料,车厢应及时复位,自卸汽车应在复位后行驶。	《建筑机械使用安全技术规程》(JGJ 33—2012)	施工过程定量风险评价	3	3	6	2	108	较大风险	管理措施
(38) 未按规定使用劳动保护用品	**第2.0.5条** 在工作中,应按规定使用劳动保护用品……	《建筑机械使用安全技术规程》(JGJ 33—2012)	基础管理固有风险定量评价	10	3			30	较大风险	管理措施
(39) 在未固定、无防护设施的构件及管道上进行作业或通行	**第3.2.4条** 严禁在未固定、无防护设施的构件及管道上进行作业或通行。	《建筑与市政施工现场安全卫生与职业健康通用规范》(GB 55034—2022)	施工条件定量风险评价	6	3			18	较大风险	管理措施

风险因素	管理要求	管理依据	判定方式	可能性	严重程度	人员自身危险性	耦合概率	风险值	风险等级	管控措施
(40)基坑边未设挡水墙、排水沟			施工条件定量风险评价	6	3			18	较大风险	技术措施
(41)基坑未进行支护或支护不符合设计要求	**第3.11.3条** 基坑工程保证项目的检查评定应符合下列规定： (3)降排水 ① 当基坑开挖深度范围内有地下水时,应采取有效的降排水措施; ② 基坑边沿周围地面应设排水沟;放坡开挖时,应对坡顶、坡面、坡脚采取降排水措施; ③ 基坑底四周应按专项施工方案设排水沟和集水井,并应及时排除积水。 (5)坑边荷载 ① 基坑边堆置土、料具等荷载应在基坑支护设计允许范围内; ② 施工机械与基坑边沿的安全距离应符合设计要求。	《建筑施工安全检查标准》(JGJ 59—2011)	直接判定						重大风险	技术措施
(42)基坑开挖深度范围内有地下水时未采取降排水措施			施工条件定量风险评价	6	3			18	较大风险	技术措施
(43)基坑底四周未按专项施工方案设排水沟和集水井,也未及时排除积水			直接判定						重大风险	技术措施
(44)基坑边堆置土、料具等荷载未在基坑支护设计允许范围内			直接判定						重大风险	技术措施

续表

风险因素	管理要求	管理依据	判定方式	可能性	严重程度	人员自身危险性	耦合概率	风险值	风险等级	管控措施
(45) 挖出的土石方未及时运离孔口	第6.6.7条 (4) 挖出的土石方应及时运离孔口,不得堆放在孔口周边1m范围内,机动车辆的通行不得对井壁的安全造成影响。	《建筑桩基技术规范》(JGJ 94—2008)	施工条件定量风险评价	3	3			9	一般风险	技术措施;管理措施;个体防护;应急处置
(46) 机动车辆的通行对井壁的安全造成影响			施工条件定量风险评价	3	3			9	一般风险	技术措施;管理措施;个体防护;应急处置
(47) 作业位置的安全通道不畅通	第11.2.6条 基坑内应设置作业人员上下坡道或爬梯,数量不应少于2个。作业位置的安全通道应畅通。	《建筑深基坑工程施工安全技术规范》(JGJ 311—2013)	施工条件定量风险评价	3	3			9	一般风险	技术措施;管理措施
(48) 基坑内施工作业人员上下梯道设置不符合规范要求			施工条件定量风险评价	3	3			9	一般风险	技术措施;管理措施
(49) 基坑开挖的土方在邻近建筑及基坑周边影响范围内堆放,未进行承载力和相关稳定性验算	第8.1.2条 基坑开挖除应满足设计工况要求按分层、分段、限时、限高和均衡、对称开挖的方法进行外,尚应符合下列规定:(3)基坑开挖的土方不应在邻近建筑及基坑周边影响范围内堆放,当需堆放时应进行承载力和相关稳定性验算。	《建筑深基坑工程施工安全技术规范》(JGJ 311—2013)	施工条件定量风险评价	6	3			18	较大风险	管理措施;个体防护;应急处置

风险因素	管理要求	管理依据	判定方式	可能性	严重程度	人员自身危险性	耦合概率	风险值	风险等级	管控措施
(50) 挖土未均衡分层进行	**第 8.1.5 条** 挖土应均衡分层进行,对流塑状软土的基坑开挖,高差不应超过 1 m。	《建筑桩基技术规范》(JGJ 94—2008)	施工条件定量风险评价	6	3			18	较大风险	管理措施;个体防护;应急处置
(51) 不具有相应资质及安全生产许可证的企业承担土石方工程施工	**第 2.0.1 条** 土石方工程施工应由具有相应资质及安全生产许可证的企业承担。	《建筑施工土石方工程安全技术规范》(JGJ 180—2009)	直接判定						重大风险	技术措施;管理措施
(52) 土石方开挖后未及时对不稳定或欠稳定边坡采取有效措施	**第 10.1.2 条** 对不稳定或欠稳定边坡工程,应根据加固前边坡工程已发生的变形迹象、地质特征和可能发生的破坏模式等情况,采取有效的措施增加边坡工程稳定性,确保边坡工程和施工安全。	《建筑边坡工程鉴定与加固技术规范》(GB 50843—2013)	施工条件定量风险评价	6	3			18	较大风险	技术措施;管理措施
(53) 基坑支护结构被挖机撞击破损	**第 8.1.2 条** (5)挖土机械不得碰撞工程桩、围护墙、支撑、立柱和立柱桩、降水井管、监测点等。	《建筑深基坑工程施工安全技术规范》(JGJ 311—2013)	施工条件定量风险评价	6	3			18	较大风险	技术措施;管理措施

风险因素	管理要求	管理依据	判定方式	可能性	严重程度	人员自身危险性	耦合概率	风险值	风险等级	管控措施
（54）未按设计和施工方案的要求进行基坑开挖	第3.11.3条　基坑工程保证项目的检查评定应符合下列规定： （4）基坑开挖 ① 基坑支护结构必须在达到设计要求的强度后，方可开挖下层土方，严禁提前开挖和超挖； ② 基坑开挖应按设计和施工方案的要求，分层、分段、均衡开挖； ③ 基坑开挖应采取措施防止碰撞支护结构、工程桩或扰动基底原状土土层； ④ 当采用机械在软土场地作业时，应采取铺设渣土或砂石等硬化措施。	《建筑施工安全检查标准》（JGJ 59—2011）	直接判定						重大风险	技术措施；管理措施
（55）挖掘机未停稳进行装土作业	第5.2.11条　挖掘机应停稳后再进行挖土作业。当铲斗未离开工作面时，不得做回转、行走等动作。应使用回转制动器进行回转制动，不得用转向离合器反转制动。	《建筑机械使用安全技术规程》（JGJ 33—2012）	施工过程定量风险评价	3	3	6	2	108	较大风险	管理措施
（56）土方开挖过程未对电力、通信、燃气、上下水等管线进行有效保护	第3.11.4条　（3）作业环境 ③ 在电力、通信、燃气、上下水等管线2 m范围内挖土时，应采取安全保护措施，并应设专人监护。	《建筑施工安全检查标准》（JGJ 59—2011）	直接判定						重大风险	技术措施；管理措施；应急处置

风险因素	管理要求	管理依据	判定方式	可能性	严重程度	人员自身危险性	耦合概率	风险值	风险等级	管控措施
(57)预压地基加固未考虑预压施工对相邻建筑物、地下管线等产生附加沉降的影响	第5.1.8条 预压地基加固应考虑预压施工对相邻建筑物、地下管线等产生附加沉降的影响。真空预压地基加固区边线与相邻建筑物、地下管线等的距离不宜小于 20 m,当距离较近时,应对相邻建筑物、地下管线等采取保护措施。	《建筑地基处理技术规范》(JGJ 79—2012)	直接判定						重大风险	技术措施;个体防护;应急处置
(58)作业区内高压线路、地下管线未采取保护措施			施工条件定量风险评价	6	3			18	较大风险	技术措施;管理措施;应急处置
(59)基坑开挖时有水作业	第8.1.2条 基坑开挖除应满足设计工况要求按分层、分段、限时、限高和均衡、对称开挖的方法进行外,尚应符合下列规定: (1)当挖土机械、运输车辆等直接进入基坑进行施工作业时,应采取措施保证坡道稳定,坡道坡度不应大于 1∶7,坡道宽度应满足行车要求。 (5)挖土机械不得碰撞工程桩、围护墙、支撑、立柱和立柱桩、降水井管、监测点等。 (6)当基坑开挖深度范围内有地下水时,应采取有效的降水与排水措施,地下水宜在每层土方开挖时,应采取有效的降水与排水措施,地下水宜在每层土方开挖面以下 800~1 000 mm。	《建筑深基坑工程施工安全技术规范》(JGJ 311—2013)	施工条件定量风险评价	6	3			18	较大风险	技术措施;管理措施;应急处置
(60)基坑开挖边坡坡度不符合规范要求			施工条件定量风险评价	6	3			18	较大风险	技术措施;管理措施;应急处置
(61)基坑开挖施工机械损坏或碰撞工程桩及降水井			施工条件定量风险评价	6	3			18	较大风险	技术措施;管理措施;应急处置

风险因素	管理要求	管理依据	判定方式	可能性	严重程度	人员自身危险性	耦合概率	风险值	风险等级	管控措施
（62）基坑周边堆放大量物料，超过设计限制	**第11.2.2条** 基坑周边使用荷载不应超过设计限值。	《建筑深基坑工程施工安全技术规范》（JGJ 311—2013）	施工条件定量风险评价	6	3			18	较大风险	技术措施；管理措施；应急处置
（63）在夜间昏暗的灯光下进行基坑施工作业	**第6.3.11条** 施工现场应采用防水型灯具，夜间施工的作业面及进出道路应有足够的照明措施和安全警示标志。	《建筑施工土石方工程安全技术规范》（JGJ 180—2009）	基础管理固有风险定量评价	10	3			30	较大风险	技术措施；管理措施；应急处置
（64）基坑四周有积水	**第6.3.3条** 基坑边坡的顶部应设排水措施。基坑底四周宜设排水沟和集水井，并及时排除积水。基坑挖至坑底时应及时清理基底并浇筑垫层。	《建筑施工土石方工程安全技术规范》（JGJ 180—2009）	施工条件定量风险评价	6	3			18	较大风险	技术措施；管理措施；应急处置
（65）基坑开挖过程中，出现地表裂缝仍在进行施工作业	**第6.4.4条** 当基坑开挖过程中出现位移超过预警值、地表裂缝或沉陷等情况时，应及时报告有关方面。出现塌方险情等征兆时，应立即停止作业，组织撤离危险区域，并立即通知有关方面进行研究处理。	《建筑施工土石方工程安全技术规范》（JGJ 180—2009）	施工条件定量风险评价	6	3			18	较大风险	技术措施；管理措施；应急处置
（66）基坑安全巡查次数不足，记录不全	**第11.3.1条** 使用单位应有专人对基坑安全进行定期检查，雨期应增加巡查次数，并应做好记录；发现异常情况应立即报告建设、设计、监理等单位。	《建筑深基坑工程施工安全技术规范》（JGJ 311—2013）	施工条件定量风险评价	3	3			9	一般风险	技术措施；管理措施；应急处置

风险因素	管理要求	管理依据	判定方式	可能性	严重程度	人员自身危险性	耦合概率	风险值	风险等级	管控措施
(67)基坑支护结构混凝土强度未达到设计要求,提前开挖和超挖	**第8.1.1条** (1)当支护结构构件强度达到开挖阶段的设计强度时,方可下挖基坑……	《建筑基坑支护技术规程》(JGJ 120—2012)	直接判定						重大风险	技术措施;管理措施
(68)基坑开挖下层土前,未对围护结构进行检测或检测不合格	**第8.1.3条** 当基坑开挖面上方的锚杆、土钉、支撑未达到设计要求时,严禁向下超挖土方。		基础管理固有风险定量评价	3	10			30	较大风险	技术措施;管理措施
(69)开挖过程中未采取设备、重物支撑、腰梁、锚杆等防碰撞措施	**第8.1.1条** (4)开挖时,挖土机械不得碰撞或损害锚杆、腰梁、土钉墙面、内支撑及其连接件等构件,不得损害已施工的基础桩。	《建筑基坑支护技术规程》(JGJ 120—2012)	施工条件定量风险评价	6	3			18	较大风险	技术措施;管理措施;应急处置
(70)基坑内施工机械未保证安全有效距离	**第4.9.11条** (2)相邻支撑的水平间距应满足土方开挖的施工要求;采用机械挖土时,应满足挖土机械作业的空间要求,且不宜小于4 m。	《建筑基坑支护技术规程》(JGJ 120—2012)	施工条件定量风险评价	6	3			18	较大风险	技术措施;管理措施;应急处置
(71)未按设计及方案要求对基坑工程进行监测	**第8.2.1条** 基坑支护设计应根据支护结构类型和地下水控制方法,按表8.2.1选择基坑监测项目,并应根据支护结构的具体形式、基坑周边环境的重要性及地质条件的复杂性确定监测点部位及数量。选用的监测	《建筑基坑支护技术规程》(JGJ 120—2012)	基础管理固有风险定量评价	3	10			30	较大风险	技术措施;管理措施

风险因素	管理要求	管理依据	判定方式	可能性	严重程度	人员自身危险性	耦合概率	风险值	风险等级	管控措施
（71）未按设计及方案要求对基坑工程进行监测	项目及其监测部位应能够反映支护结构的安全状态和基坑周边环境受影响的程度。 表 8.2.1　基坑监测项目选择 表注：表内各监测项目中,仅选择实际基坑支护形式所含有的内容。	《建筑基坑支护技术规程》（JGJ 120—2012）	基础管理固有风险定量评价	3	10			30	较大风险	技术措施;管理措施

表 8.2.1　基坑监测项目选择

监测项目	支护结构的安全等级		
	一级	二级	三级
支护结构顶部水平位移	应测	应测	应测
基坑周边建（构）筑物、地下管线、道路沉降	应测	应测	应测
坑边地面沉降	应测	应测	宜测
支护结构深部水平位移	应测	应测	选测
锚杆拉力	应测	应测	选测
支撑轴力	应测	应测	选测
挡土构件内力	应测	宜测	选测
支撑立柱沉降	应测	宜测	选测
挡土构件、水泥土墙沉降	应测	宜测	选测
地下水位	应测	应测	选测
土压力	宜测	选测	选测
孔隙水压力	宜测	选测	选测

注:表内各监测项目中,仅选择实际基坑支护形式所含有的内容。

风险因素	管理要求	管理依据	判定方式	可能性	严重程度	人员自身危险性	耦合概率	风险值	风险等级	管控措施
(72) 监测的时间间隔不符合方案要求或监测结果变化速率较大时,未加密观测次数	第8.2.19条 支护结构顶部水平位移的监测频次应符合下列要求: (1) 基坑向下开挖期间,监测不应少于每天一次,直至开挖停止后连续三天的监测数值稳定; (2) 当地面、支护结构或周边建筑物出现裂缝、沉降,遇到降雨、降雪、气温骤变,基坑出现异常的渗水或漏水,坑外地面荷载增加等各种环境条件变化或异常情况时,应立即进行连续监测,直至连续三天的监测数值稳定; (3) 当位移速率大于前次监测的位移速率时,则应进行连续监测; (4) 在监测数值稳定期间,应根据水平位移稳定值的大小及工程实际情况定期进行监测。	《建筑基坑支护技术规程》 (JGJ 120—2012)	基础管理固有风险定量评价	3	10			30	较大风险	技术措施;管理措施

7.2 基坑支护

7.2.1 降水与排水

风险因素	管理要求	管理依据	判定方式	可能性	严重程度	人员自身危险性	耦合概率	风险值	风险等级	管控措施
(1) 基坑工程保证项目的检查评定不符合相关规定	**第3.11.3条** 基坑工程保证项目的检查评定应符合下列规定: (1) 施工方案 ① 基坑工程施工应编制专项施工方案,开挖深度超过3 m或虽未超过3 m但地质条件和周边环境复杂的基坑土方开挖、支护、降水工程,应单独编制专项施工方案; ② 专项施工方案应按规定进行审核、审批; ③ 开挖深度超过5 m的基坑土方开挖、支护、降水工程或开挖深度虽未超过5 m但地质条件、周围环境复杂的基坑土方开挖、支护、降水工程专项施工方案,应组织专家进行论证; ④ 当基坑周边环境或施工条件发生变化时,专项施工方案应重新进行审核、审批。	《建筑施工安全检查标准》(JGJ 59—2011)	基础管理固有风险定量评价	10	3			30	较大风险	管理措施
(2) 施工现场入口处、施工区域、危险部位未设置相应的安全警示标志牌	**第3.1.4条** (4) 安全标志 ① 施工现场入口处及主要施工区域、危险部位应设置相应的安全警示标志牌。	《建筑施工安全检查标准》(JGJ 59—2011)	施工条件定量风险评价	6	3			18	较大风险	管理措施

风险因素	管理要求	管理依据	判定方式	可能性	严重程度	人员自身危险性	耦合概率	风险值	风险等级	管控措施
(3) 高处作业未按规定使用劳动保护用品	**第 2.0.5 条**　在工作中,应按规定使用劳动保护用品。高处作业时应系安全带。	《建筑机械使用安全技术规程》(JGJ 33—2012)	基础管理固有风险定量评价	10	3			30	较大风险	管理措施
(4) 作业人员不遵守安全操作规程	**第 12.0.4 条**　(7) 作业人员应严格遵守安全操作规程,并应做到不伤害自己、不伤害他人和不被他人伤害。	《施工企业安全生产管理规范》(GB 50656—2011)	施工过程定量风险评价	3	3	6	2	108	较大风险	管理措施
(5) 泵送管道直接与钢筋或模板相连	**第 9.4.11 条**　(4) 泵送管道应有支承固定,在管道和固定物之间应设置木垫,不得直接与钢筋或模板相连,管道与管道之间应连接牢靠……	《施工现场机械设备检查技术规范》(JGJ 160—2016)	施工条件定量风险评价	6	3			18	较大风险	技术措施
(6) 抽水泵安装不稳固	**第 7.3.10 条**　(7) 抽水泵应安装稳固,泵轴应垂直,连续抽水时,水泵吸口应低于井内扰动水位 2.0 m。	《建筑地基基础工程施工规范》(GB 51004—2015)	施工条件定量风险评价	3	1			3	低风险	管理措施
(7) 降水井口未设置防护盖板或围栏且未设置警示标志	**第 3.11.3 条**　(6) 安全防护 ③ 降水井口应设置防护盖板或围栏,并应设置明显的警示标志。	《建筑施工安全检查标准》(JGJ 59—2011)	施工条件定量风险评价	6	3			18	较大风险	管理措施
(8) 暗挖作业区域未采取通风照明措施	**第 8.2.11 条**　(6) 暗挖作业区域应采取通风照明的措施。	《建筑地基基础工程施工规范》(GB 51004—2015)	直接判定						重大风险	技术措施;管理措施;个体防护;应急处置

风险因素	管理要求	管理依据	判定方式	可能性	严重程度	人员自身危险性	耦合概率	风险值	风险等级	管控措施
(9) 开挖深度超过2m的基坑周边未设置防护栏杆	**第6.2.1条** 开挖深度超过2m的基坑周边必须安装防护栏杆。防护栏杆应符合下列规定： (1) 防护栏杆高度不应低于1.2m； (2) 防护栏杆应由横杆及立杆组成；横杆应设2道～3道，下杆离地高度宜为0.3～0.6m，上杆离地高度宜为1.2～1.5m；立杆间距不宜大于2.0m，立杆离坡边距离宜大于0.5m； (3) 防护栏杆宜加挂密目安全网和挡脚板；安全网应自上而下封闭设置；挡脚板高度不应小于180mm，挡脚板下沿离地面不应大于10mm； (4) 防护栏杆应安装牢固，材料应有足够的强度。	《建筑施工土石方工程安全技术规范》(JGJ 180—2009)	施工条件定量风险评价	6	3			18	较大风险	管理措施
(10) 振动器工作不正常	**第9.3.5条** (1) 振动器工作应正常，卡固应牢靠，振动筛应完好。	《施工现场机械设备检查技术规范》(JGJ 160—2016)	施工条件定量风险评价	3	1			3	低风险	管理措施
(11) 降水完成后未及时封井	**第5.1.8条** 降水完成后应及时封井。	《建筑与市政工程地下水控制技术规范》(JGJ 111—2016)	施工条件定量风险评价	3	1			3	低风险	技术措施；管理措施

风险因素	管理要求	管理依据	判定方式	可能性	严重程度	人员自身危险性	耦合概率	风险值	风险等级	管控措施
(12)地下水降水过程中未采取防止土颗粒流失的措施	第5.2.1条 降水方法应根据场地地质条件、降水目的、降水技术要求、降水工程可能涉及的工程环境保护等因素按表5.2.1选用,并应符合下列规定: (2)降水过程中应采取防止土颗粒流失的措施……	《建筑与市政工程地下水控制技术规范》(JGJ111—2016)	基础管理固有风险定量评价	3	1			3	低风险	技术措施
(13)降水引发基坑安全时,未及时采取措施	第7.1.7条 当坑底下部的承压水影响到基坑安全时,应采取坑底土体加固或降低承压水头等治理措施。	《建筑深基坑工程施工安全技术规范》(JGJ 311—2013)	施工条件定量风险评价	6	3			18	较大风险	技术措施;管理措施

7.2.2　压顶梁、支撑梁施工

风险因素	管理要求	管理依据	判定方式	可能性	严重程度	人员自身危险性	耦合概率	风险值	风险等级	管控措施
(1)防护栏杆的安装不满足规范要求	第3.11.3条 (6)安全防护 ① 开挖深度超过2 m及以上的基坑周边必须安装防护栏杆,防护栏杆的安装应符合规范要求; ② 基坑内应设置供施工人员上下的专用梯道;梯道应设置扶手栏杆,梯道的宽度不应小于1 m,梯道搭设应符合规范要求。	《建筑施工安全检查标准》(JGJ 59—2011)	施工条件定量风险评价	3	3			9	一般风险	技术措施;管理措施
(2)基坑内未设置供施工人员上下的专用梯道			施工条件定量风险评价	6	3			18	较大风险	技术措施;管理措施
(3)梯道无扶手栏杆			直接判定						重大风险	技术措施;管理措施

风险因素	管理要求	管理依据	判定方式	可能性	严重程度	人员自身危险性	耦合概率	风险值	风险等级	管控措施
(4) 支撑系统未施工完成即开始土方开挖	第6.9.1条 支撑系统的施工与拆除,应按先撑后挖、先托后拆的顺序,拆除顺序应与支护结构的设计工况相一致,并应结合现场支护结构内力与变形的监测结果进行。	《建筑深基坑工程施工安全技术规范》(JGJ 311—2013)	施工条件定量风险评价	6	3			18	较大风险	技术措施;管理措施
(5) 混凝土机械未安放在平坦坚实地坪上	第9.1.1条 混凝土机械应安放在平坦坚实的地坪上,地基承载力应能承受工作荷载和振动荷载,场地周边应有良好的排水、供水、供电条件,道路应畅通。	《施工现场机械设备检查技术规范》(JGJ 160—2016)	施工条件定量风险评价	6	3			18	较大风险	技术措施;管理措施
(6) 混凝土支撑梁强度未达到设计强度就进行土方作业	第6.9.3条 (5)混凝土支撑应达到设计要求的强度后方可进行支撑下土方开挖。	《建筑地基基础工程施工规范》(GB 51004—2015)	施工条件定量风险评价	6	7			42	重大风险	技术措施
(7) 钢结构支撑梁端头固定不牢固,未设置稳固的支撑托架	第6.9.4条 (2)支撑与冠梁、腰梁的连接应牢固,钢腰梁与围护墙体之间的空隙应填充密实,采用无腰梁的钢支撑系统时,钢支撑与围护墙体的连接应满足受力要求。	《建筑地基基础工程施工规范》(GB 51004—2015)	施工条件定量风险评价	6	3			18	较大风险	技术措施;管理措施
(8) 采用无腰梁的钢支撑系统时,钢支撑与围护墙体的连接不满足受力要求			施工条件定量风险评价	6	3			18	较大风险	技术措施;管理措施

风险因素	管理要求	管理依据	判定方式	可能性	严重程度	人员自身危险性	耦合概率	风险值	风险等级	管控措施
(9)钢支撑吊装用吊索具未进行安全验算	**第 10.8.5 条** 施工作业使用的专用吊具、吊索、定型工具式支撑、支架等,应进行安全验算,使用中进行定期、不定期检查,确保其安全状态。	《装配式混凝土建筑技术标准》(GB/T 51231—2016)	施工条件定量风险评价	6	3			18	较大风险	技术措施
	第 11.2.6 条 用于吊装的钢丝绳、吊装带、卸扣、吊钩等吊具应经检查合格,并应在其额定许用荷载范围内使用。	《钢结构工程施工规范》(GB 50755—2012)								
(10)钢支撑吊装用起重设备选择不当	**第 11.2.4 条** 钢结构吊装作业必须在起重设备的额定起重量范围内进行。	《钢结构工程施工规范》(GB 50755—2012)	施工条件定量风险评价	6	3			18	较大风险	技术措施;管理措施
(11)钢腰梁与围护墙体之间的空隙未填充密实	**第 6.9.4 条** (2)支撑与冠梁、腰梁的连接应牢固,钢腰梁与围护墙体之间的空隙应填充密实,采用无腰梁的钢支撑系统时,钢支撑与围护墙体的连接应满足受力要求。	《建筑地基基础工程施工规范》(GB 51004—2015)	施工条件定量风险评价	6	3			18	较大风险	技术措施;管理措施
(12)基坑支撑结构的拆除方式、拆除顺序不符合专项施工方案要求	**第 4.10.8 条** 支撑拆除应在替换支撑的结构构件达到换撑要求的承载力后进行……支撑的拆除应根据支撑材料、形式、尺寸等具体情况采用人工、机械和爆破等方法。	《建筑基坑支护技术规程》(JGJ 120—2012)	直接判定						重大风险	技术措施;管理措施

7.2.3　喷射混凝土

风险因素	管理要求	管理依据	判定方式	可能性	严重程度	人员自身危险性	耦合概率	风险值	风险等级	管控措施
(1) 露天固定使用的中小型机械未设置作业棚	**第3.0.8条**　露天固定使用的中小型机械应设置作业棚,作业棚应具有防雨、防晒、防物体打击功能。	《施工现场机械设备检查技术规范》(JGJ 160—2016)	施工条件定量风险评价	6	1			6	一般风险	管理措施
(2) 管道安装不正确,连接处未紧固密封	**第8.9.2条**　管道应安装正确,连接处应紧固密封。当管道通过道路时,管道应有保护措施。	《建筑机械使用安全技术规程》(JGJ 33—2012)	施工条件定量风险评价	6	1			6	一般风险	技术措施;管理措施
(3) 管道未采取保护措施			施工条件定量风险评价	6	1			6	一般风险	管理措施
(4) 喷射混凝土施工不符合相关规定	**第6.2.3条**　喷射混凝土施工应符合下列规定: (1) 作业人员应佩戴防尘口罩、防护眼镜等防护用具,并应避免直接接触液体速凝剂,接触后应立即用清水冲洗;非施工人员不得进入喷射混凝土的作业区,施工中喷嘴前严禁站人。 (2) 喷射混凝土施工中应检查输料管、接头的情况,当有磨损、击穿或松脱时应及时处理。 (3) 喷射混凝土作业中如发生输料管路堵塞或爆裂时,必须依次停止投料、送水和供风。	《建筑深基坑工程施工安全技术规范》(JGJ 311—2013)	施工条件定量风险评价	6	3			18	较大风险	技术措施

风险因素	管理要求	管理依据	判定方式	可能性	严重程度	人员自身危险性	耦合概率	风险值	风险等级	管控措施
(5) 空压机压力表未定期标定	**第 3.5.10 条**　正常运转后,应经常观察各种仪表读数,并应随时按使用说明书进行调整。	《建筑机械使用安全技术规程》(JGJ 33—2012)	基础管理固有风险定量评价	3	1			3	低风险	管理措施

7.2.4　土钉墙、地锚施工

风险因素	管理要求	管理依据	判定方式	可能性	严重程度	人员自身危险性	耦合概率	风险值	风险等级	管控措施
(1) 喷射混凝土施工所用工作台架不牢固	**第 8.1.3 条**　喷射混凝土施工用工作台架应牢固可靠,并应设置安全栏杆。	《喷射混凝土应用技术规程》(JGJ/T 372—2016)	施工条件定量风险评价	6	3			18	较大风险	技术措施;管理措施
(2) 施工所用工作平台无防护栏	**第 6.1.3 条**　操作平台的临边应设置防护栏杆,单独设置的操作平台应设置供人上下、踏步间距不大于 400 mm 的扶梯。	《建筑施工高处作业安全技术规范》(JGJ 80—2016)	施工条件定量风险评价	6	3			18	较大风险	技术措施;管理措施
(3) 在粉土、粉质黏土地域,采用振动法施工土钉	**第 6.2.2 条**　(3) 对灵敏度较高的粉土、粉质黏土及可能产生液化的土体,严禁采用振动法施工土钉。	《建筑深基坑工程施工安全技术规范》(JGJ 311—2013)	施工条件定量风险评价	6	3			18	较大风险	技术措施;管理措施

风险因素	管理要求	管理依据	判定方式	可能性	严重程度	人员自身危险性	耦合概率	风险值	风险等级	管控措施
（4）土钉墙注浆液未达到设计强度时开挖下一层土方	**第6.2.1条**　土钉墙支护施工应配合土石方开挖和降水工程施工等进行，并应符合下列规定： （1）分层开挖厚度应与土钉竖向间距协调同步，逐层开挖并施工土钉，严禁超挖。 （2）开挖后应及时封闭临空面，完成土钉墙支护；在易产生局部失稳的土层中，土钉上下排距较大时，宜将开挖分为二层并应控制开挖分层厚度，及时喷射混凝土底层。 （3）上一层土钉墙施工完成后，应按设计要求或间隔不小于48 h后开挖下一层土方。	《建筑深基坑工程施工安全技术规范》（JGJ 311—2013）	施工条件定量风险评价	6	3			18	较大风险	技术措施；管理措施
（5）土方开挖过程中，挖土设备碰撞上部已施工土钉	（4）施工期间坡顶应按超载值设计要求控制施工荷载。 （5）严禁土方开挖设备碰撞上部已施工土钉，严禁振动源振动土钉侧壁。 （6）对环境调查结果显示基坑侧壁地下管线存在渗漏或存在地表水补给的工程，应反馈修改设计，提高土钉墙设计安全度，必要时应调整支护结构方案。		施工条件定量风险评价	6	3			18	较大风险	技术措施；管理措施

7.2.5 地下连续墙

7.2.5.1 成槽

风险因素	管理要求	管理依据	判定方式	可能性	严重程度	人员自身危险性	耦合概率	风险值	风险等级	管控措施
(1) 操作人员未进行有关保养维修的工作	**第2.0.8条** 操作人员应根据机械有关保养维修规定,认真及时做好机械保养维修工作,保持机械的完好状态,并应做好维修保养记录。	《建筑机械使用安全技术规程》(JGJ 33—2012)	基础管理固有风险定量评价	6	3			18	较大风险	管理措施
(2) 成槽机行走地面不平坦	**第6.4.8条** 成槽机、履带吊应在平坦坚实的路面上作业、行走和停放。外露传动系统应有防护罩,转盘方向轴应设有安全警告牌……	《建筑深基坑工程施工安全技术规范》(JGJ 311—2013)	基础管理固有风险定量评价	6	1			6	一般风险	技术措施;管理措施
(3) 转盘方向轴未设置安全警告牌			施工条件定量风险评价	6	1			6	一般风险	管理措施
(4) 导墙养护期间,重型机械设备在导墙附近作业或停留	**第6.4.1条** 地下连续墙成槽施工应符合下列规定: (1) 地下连续墙成槽前应设置钢筋混凝土导墙及施工道路。导墙养护期间,重型机械设备不应在导墙附近作业或停留。 (2) 地下连续墙成槽前应进行槽壁稳定性验算。 (3) 对位于暗河区、扰动土区、浅部砂性土中的槽段或邻近建筑物保护要求较高时,宜在连续墙施工前对槽壁进行加固。	《建筑深基坑工程施工安全技术规范》(JGJ 311—2013)	施工条件定量风险评价	6	1			6	一般风险	技术措施;管理措施
(5) 地下连续墙成槽前未进行槽壁稳定性验算			施工条件定量风险评价	6	3			18	较大风险	技术措施

风险因素	管理要求	管理依据	判定方式	可能性	严重程度	人员自身危险性	耦合概率	风险值	风险等级	管控措施
(6)保护设施不齐全的情况下,人员下槽、孔内清理障碍物	(4)地下连续墙单元槽段成槽施工宜采用跳幅间隔的施工顺序。 (5)在保护设施不齐全、监管人不到位的情况下,严禁人员下槽、孔内清理障碍物。	《建筑深基坑工程施工安全技术规范》(JGJ 311—2013)	施工过程定量风险评价	6	3	6	2	216	较大风险	管理措施
(7)成槽机工作时,回转半径内有障碍物,吊臂下站人	第6.4.8条　成槽机、履带吊应在平坦坚实的路面上作业、行走和停放。外露传动系统应有防护罩,转盘方向轴应设有安全警告牌。成槽机、起重机工作时,回转半径内不应有障碍物,吊臂下严禁站人。	《建筑深基坑工程施工安全技术规范》(JGJ 311—2013)	施工过程定量风险评价	3	3	6	2	108	较大风险	管理措施
(8)外露传动系统无防护罩			施工条件定量风险评价	3	3			9	一般风险	技术措施;管理措施
(9)履带吊工作时,吊臂下有人			施工过程定量风险评价	6	3	6	2	216	较大风险	技术措施;管理措施
(10)成槽机、履带吊作业、行走和停放的路面土质松软			施工条件定量风险评价	6	3			18	较大风险	技术措施;管理措施

7.2.5.2 钢筋笼制作、吊装

风险因素	管理要求	管理依据	判定方式	可能性	严重程度	人员自身危险性	耦合概率	风险值	风险等级	管控措施
(1)钢结构施工未按规定进行质量过程控制	第3.0.7条　钢结构施工应按下列规定进行质量过程控制： (1)原材料及成品进行进场验收；凡涉及安全、功能的原材料和半成品，按相关规定进行复验，见证取样、送样； (2)各工序按施工工艺要求进行质量控制，实行工序检验； (3)相关各专业工种之间进行交接检验； (4)隐蔽工程在封闭前进行质量验收。	《钢结构工程施工规范》（GB 50755—2012）	施工条件定量风险评价	6	3			18	较大风险	技术措施；管理措施
(2)吊装前未对钢筋笼进行全面检查	第6.4.4条　地下连续墙钢筋笼吊装应符合下列规定： (1)吊装所选用的吊车应满足吊装高度及起重量的要求，主吊和副吊应根据计算确定。钢筋笼吊点布置应根据吊装工艺通过计算确定，并应进行整体起吊安全验算，按计算结果配置吊具、吊点加固钢筋、吊筋等。 (2)吊装前必须对钢筋笼进行全面检查，防止有剩余的钢筋断头、焊接接头等遗留在钢筋笼上。 (3)采用双机抬吊作业时，应统一指挥，动作应配合协调，载荷应分配合理。	《建筑深基坑工程施工安全技术规范》（JGJ 311—2013）	基础管理固有风险定量评价	10	3			30	较大风险	技术措施；管理措施
(3)钢筋笼吊装用钢丝绳扣选用不当，破损、起重量小			施工条件定量风险评价	6	3			18	较大风险	技术措施；管理措施
(4)钢筋笼吊装用吊车选用不当，吊装高度及起重量无法满足			施工条件定量风险评价	6	3			18	较大风险	技术措施；管理措施

风险因素	管理要求	管理依据	判定方式	可能性	严重程度	人员自身危险性	耦合概率	风险值	风险等级	管控措施
(5) 钢筋笼吊装采用双机抬吊作业时,指挥不统一,动作不协调,载荷分配不合理	(4) 起重机械起吊钢筋笼时应先稍离地面试吊,确认钢筋笼已挂牢,钢筋笼刚度、焊接强度等满足要求时,再继续起吊。	《建筑深基坑工程施工安全技术规范》(JGJ 311—2013)	施工条件定量风险评价	6	3			18	较大风险	技术措施;管理措施
(6) 起重机械在吊钢筋笼行走时,载荷超过允许起重量的70%	(5) 起重机械在吊钢筋笼行走时,载荷不得超过允许起重量的70%,钢筋笼离地不得大于500 mm……		施工条件定量风险评价	6	3			18	较大风险	技术措施;管理措施

7.2.5.3 预制墙段安装

风险因素	管理要求	管理依据	判定方式	可能性	严重程度	人员自身危险性	耦合概率	风险值	风险等级	管控措施
(1) 预制墙段叠放层数超过3层,上下层垫块未放置在同一直线上	**第6.4.5条** 预制墙段的堆放和运输应符合下列规定: (1) 预制墙段应达到设计强度100%后方可运输及吊放。	《建筑深基坑工程施工安全技术规范》(JGJ 311—2013)	施工条件定量风险评价	6	3			18	较大风险	技术措施;管理措施

风险因素	管理要求	管理依据	判定方式	可能性	严重程度	人员自身危险性	耦合概率	风险值	风险等级	管控措施
(2) 预制墙段未达到设计强度100％时运输及吊放	(2) 堆放场地应平整、坚实、排水通畅。垫块宜放置在吊点处,底层垫块面积应满足墙段自重对地基荷载的有效扩散。预制墙段叠放层数不宜超过3层,上下层垫块应放置在同一直线上。	《建筑深基坑工程施工安全技术规范》(JGJ 311—2013)	施工条件定量风险评价	6	3			18	较大风险	技术措施;管理措施
(3) 预制墙段的运输叠放层数超过2层	(3) 运输叠放层数不宜超过2层。墙段装车后应采用紧绳器与车板固定,钢丝绳与墙段阳角接触处应有护角措施。异形截面墙段运输时应有可靠的支撑措施。		施工条件定量风险评价	6	3			18	较大风险	技术措施;管理措施
(4) 预制墙段安放不符合规范要求	**第6.4.6条** 预制墙段的安放应符合下列规定: (1) 预制墙段应验收合格,待槽段完成并验槽合格后方可安放入槽段内; (2) 安放顺序为先转角槽段后直线槽段,安放闭合位置宜设置在直线槽段上; (3) 相邻槽段应连续成槽,幅间接头宜采用现浇接头; (4) 吊放时应在导墙上安装导向架;起吊吊点应按设计要求或经计算确定,起吊过程中所产生的内力应满足设计要求;起吊回直过程中应防止预制墙段根部拖行或着力过大。	《建筑深基坑工程施工安全技术规范》(JGJ 311—2013)	施工条件定量风险评价	6	3			18	较大风险	技术措施;管理措施
(5) 起吊回直过程中预制墙段根部拖行或着力过大			施工条件定量风险评价	6	3			18	较大风险	技术措施;管理措施

7.3 桩 基 工 程

7.3.1 基本规定

风险因素	管理要求	管理依据	判定方式	可能性	严重程度	人员自身危险性	耦合概率	风险值	风险等级	管控措施
(1) 未对地基条件不明的打桩作业场地进行勘察	第1.0.3条 各项建设工程在设计和施工之前,必须按基本建设程序进行岩土工程勘察。 第1.0.3A条 岩土工程勘察应按工程建设各勘察阶段的要求,正确反映工程地质条件,查明不良地质作用和地质灾害,精心勘察、精心分析,提出资料完整、评价正确的勘察报告。	《岩土工程勘察规范(2009年版)》(GB 50021—2001)	基础管理固有风险定量评价	1	15			15	较大风险	技术措施;管理措施
(2) 桩基施工过程中遇到情况时,未进行施工勘察	第A.1.5条 遇到下列情况之一时,尚应进行专门的施工勘察。 (1) 工程地质与水文地质条件复杂,出现详勘阶段难以查清的问题时; (2) 开挖基槽发现土质、地层结构与勘察资料不符时; (3) 施工中地基土受严重扰动,天然承载力减弱,需进一步查明其性状及工程性质时; (4) 开挖后发现需要增加地基处理或改变基础型式,已有勘察资料不能满足需求时; (5) 施工中出现新的岩土工程或工程地质问题,已有勘察资料不能充分判别新情况时。	《建筑地基基础工程施工质量验收标准》(GB 50202—2018)	基础管理固有风险定量评价	1	15			15	较大风险	技术措施;管理措施

风险因素	管理要求	管理依据	判定方式	可能性	严重程度	人员自身危险性	耦合概率	风险值	风险等级	管控措施
（3）作业前未检查并确认桩机各部件连接是否牢靠	**第7.1.8条** 作业前,应检查并确认桩机各部件连接牢靠,各传动机构、齿轮箱、防护罩、吊具、钢丝绳、制动器等应完好,起重机起升、变幅机构工作正常,润滑油、液压油的油位符合规定,液压系统无泄漏,液压缸动作灵敏,作业范围内不得有非工作人员或障碍物……	《建筑机械使用安全技术规程》（JGJ 33—2012）	基础管理固有风险定量评价	10	3			30	较大风险	技术措施;管理措施
（4）桩基施工作业范围内有非工作人员或障碍物			施工过程定量风险评价	3	3	6	2	108	较大风险	管理措施
（5）桩锤在施打过程中,监视人员距离过近	**第7.1.15条** 桩锤在施打过程中,监视人员应在距离桩锤中心5 m以外。	《建筑机械使用安全技术规程》（JGJ 33—2012）	施工过程定量风险评价	3	3	6	2	108	较大风险	管理措施
（6）桩机作业或行走时搭载其他人员	**第7.1.19条** 桩机作业或行走时,除本机操作人员外,不应搭载其他人员。	《建筑机械使用安全技术规程》（JGJ 33—2012）	施工过程定量风险评价	6	3	6	2	216	较大风险	管理措施
（7）停机或检修时桩锤悬空	**第7.1.24条** 作业中,当停机时间较长时,应将桩锤落下垫稳。检修时,不得悬吊桩锤。	《建筑机械使用安全技术规程》（JGJ 33—2012）	施工条件定量风险评价	6	3			18	较大风险	技术措施;管理措施
（8）打桩船或排架的偏斜度超过3°时未停止作业	**第7.1.9条** 水上打桩时,应选择排水量比桩机重量大4倍以上的作业船或安装牢固的排架,桩机与船体或排架应可靠固定,并应采取有效的锚固措施。当打桩船或排架的偏斜度超过3°时,应停止作业。	《建筑机械使用安全技术规程》（JGJ 33—2012）	施工条件定量风险评价	6	3			18	较大风险	技术措施;管理措施

风险因素	管理要求	管理依据	判定方式	可能性	严重程度	人员自身危险性	耦合概率	风险值	风险等级	管控措施
(9)混凝土实心桩的吊运不符合要求	**第7.2.1条**　混凝土实心桩的吊运应符合下列规定： (1)混凝土设计强度达到70％及以上方可起吊，达到100％方可运输； (2)桩起吊时应采取相应措施，保证安全平稳，保护桩身质量； (3)水平运输时，应做到桩身平稳放置，严禁在场地上直接拖拉桩体。	《建筑桩基技术规范》(JGJ 94—2008)	施工条件定量风险评价	6	3			18	较大风险	技术措施；管理措施

7.3.2　桩机安拆

风险因素	管理要求	管理依据	判定方式	可能性	严重程度	人员自身危险性	耦合概率	风险值	风险等级	管控措施
(1)作业前项目负责人未向作业人员作详细的安全技术交底	**第7.1.6条**　作业前，应由项目负责人向作业人员作详细的安全技术交底。桩机的安装、试机、拆卸应严格按设备使用说明书的要求进行。	《建筑机械使用安全技术规程》(JGJ 33—2012)	基础管理固有风险定量评价	6	3			18	较大风险	技术措施；管理措施
(2)作业人员未按照设备安装使用说明书(或安装方案)进行设备安装、拆除作业			施工条件定量风险评价	6	3			18	较大风险	管理措施；个体防护

风险因素	管理要求	管理依据	判定方式	可能性	严重程度	人员自身危险性	耦合概率	风险值	风险等级	管控措施
(3) 作业过程中未经常检查设备的运转情况	**第7.1.18条** 作业过程中,应经常检查设备的运转情况,当发生异响、吊索具破损、紧固螺栓松动、漏气、漏油、停电以及其他不正常情况时,应立即停机检查,排除故障。	《建筑机械使用安全技术规程》(JGJ 33—2012)	基础管理固有风险定量评价	6	3			18	较大风险	技术措施;管理措施
(4) 桩机传动装置固定不牢	**第7.1.8条** 作业前,应检查并确认桩机各部件连接牢靠,各传动机构、齿轮箱、防护罩、吊具、钢丝绳、制动器等应完好,起重机起升、变幅机构工作正常,润滑油、液压油的油位符合规定,液压系统无泄漏,液压缸动作灵敏,作业范围内不得有非工作人员或障碍物……	《建筑机械使用安全技术规程》(JGJ 33—2012)	基础管理固有风险定量评价	6	3			18	较大风险	技术措施;管理措施
(5) 桩机液压系统存在泄漏			施工条件定量风险评价	3	1			3	低风险	技术措施;管理措施
(6) 桩机部件吊装超载、超速作业	**第3.6.1条** 机械操作人员应按机械使用说明书规定的技术技能、承载能力和使用条件正确操作、合理使用机械,严禁超载、超速作业或扩大使用范围。	《建筑与市政施工现场安全卫生与职业健康通用规范》(GB 55034—2022)	施工过程定量风险评价	6	3	6	6	648	重大风险	技术措施;管理措施;应急处置
(7) 起重机的选择不满足相关要求	**第4.1.3条** 起重机的选择应满足起重量、起重高度、工作半径的要求,同时起重臂的最小杆长应满足跨越障碍物进行起吊时的操作要求。	《建筑施工起重吊装工程安全技术规范》(JGJ 276—2012)	施工条件定量风险评价	6	3			18	较大风险	技术措施;管理措施;应急处置
(8) 桩机设备各安全装置不齐全	**第3.0.5条** 机械设备各安全装置齐全有效。	《施工现场机械设备检查技术规范》(JGJ 160—2016)	施工条件定量风险评价	6	3			18	较大风险	技术措施;管理措施;应急处置

7.3.3 桩机移位

风险因素	管理要求	管理依据	判定方式	可能性	严重程度	人员自身危险性	耦合概率	风险值	风险等级	管控措施
(1)机械作业前,施工技术人员未向操作人员进行安全技术交底	**第2.0.4条** 机械作业前,施工技术人员应向操作人员进行安全技术交底。操作人员应熟悉作业环境和施工条件,并应听从指挥,遵守现场安全管理规定。	《建筑机械使用安全技术规程》(JGJ 33—2012)	基础管理固有风险定量评价	6	3			18	较大风险	技术措施;管理措施
(2)走管桩机移位所用钢丝绳破损	**第7.1.8条** 作业前,应检查并确认桩机各部件连接牢靠,各传动机构、齿轮箱、防护罩、吊具、钢丝绳、制动器等应完好,起重机起升、变幅机构工作正常,润滑油、液压油的油位符合规定,液压系统无泄漏,液压缸动作灵敏,作业范围内不得有非工作人员或障碍物……	《建筑机械使用安全技术规程》(JGJ 33—2012)	施工条件定量风险评价	3	3			9	一般风险	技术措施;管理措施
(3)走管桩机移位所用部件固定不牢			施工条件定量风险评价	3	3			9	一般风险	技术措施;管理措施
(4)非工作人员违规进入桩基施工作业半径范围内	**第7.1.4条** 桩机作业内不得有妨碍作业的高压线路、地下管道和埋设电缆。作业区应有明显标志或围栏,非工作人员不得进入。	《建筑机械使用安全技术规程》(JGJ 33—2012)	施工过程定量风险评价	6	3	6	2	216	较大风险	技术措施;管理措施
(5)桩机同时进行吊桩、吊锤、回转、行走等动作	**第7.1.10条** 桩机吊桩、吊锤、回转、行走等动作不应同时进行。吊桩时,应在桩上拴	《建筑机械使用安全技术规程》(JGJ 33—2012)	施工条件定量风险评价	6	3			18	较大风险	技术措施;管理措施;应急处置

风险因素	管理要求	管理依据	判定方式	可能性	严重程度	人员自身危险性	耦合概率	风险值	风险等级	管控措施
(6)桩机吊桩作业时拉绳未系好	好拉绳,避免桩与桩锤或机架碰撞。桩机吊锤(桩)时,锤(桩)的最高点离立柱顶部的最小距离应确保安全。轨道式桩机吊桩时应夹紧夹轨器。桩机在吊有桩和锤的情况下,操作人员不得离开岗位。	《建筑机械使用安全技术规程》(JGJ 33—2012)	施工条件定量风险评价	6	3			18	较大风险	技术措施;管理措施;应急处置
(7)轨道式桩机吊桩时未夹紧夹轨器			施工条件定量风险评价	6	3			18	较大风险	技术措施;管理措施;应急处置
(8)桩机在吊有桩和锤的情况下,操作人员离开岗位			施工过程定量风险评价	6	3	6	2	216	较大风险	技术措施;管理措施
(9)作业人员带电检修电动桩基机械	第3.10.5条 电气设备和线路检修应符合下列规定: (1)电气设备检修、线路维修时,严禁带电作业……	《建筑与市政施工现场安全卫生与职业健康通用规范》(GB 55034—2022)	施工过程定量风险评价	6	3	6	2	216	较大风险	技术措施;管理措施

7.3.4　灌注桩施工

风险因素	管理要求	管理依据	判定方式	可能性	严重程度	人员自身危险性	耦合概率	风险值	风险等级	管控措施
(1)作业人员戴手套整理卷扬机钢丝绳	第5.4.2.2条 ……企业应监督、指导从业人员遵守安全生产和职业卫生规章制度、操	《企业安全生产标准化基本规范》(GB/T 33000—2016)	施工过程定量风险评价	3	3	6	2	108	较大风险	管理措施;个体防护;应急处置

续表

风险因素	管理要求	管理依据	判定方式	可能性	严重程度	人员自身危险性	耦合概率	风险值	风险等级	管控措施
(2) 作业人员违规进行斜拉、斜吊钢筋笼、成品桩等不安全行为			施工过程定量风险评价	3	3	6	2	108	较大风险	管理措施;个体防护;应急处置
(3) 打桩、下钢筋笼等吊装作业过程中,作业人员站位不当			施工过程定量风险评价	3	3	6	2	108	较大风险	管理措施;个体防护;应急处置
(4) 起吊桩锤、护筒等重物时,人员在扒杆、重物的下方停留、站立和通行	作规程,杜绝违章指挥、违规作业和违反劳动纪律的"三违"行为……	《企业安全生产标准化基本规范》(GB/T 33000—2016)	施工过程定量风险评价	3	3	6	2	108	较大风险	管理措施;个体防护;应急处置
(5) 操作人员出现带负荷启动电动机、用脚代替手操作、坐在带电电焊机上等不安全行为			施工过程定量风险评价	3	3	6	2	108	较大风险	管理措施;个体防护;应急处置
(6) 作业人员在钻机高危运行状态下进行非冲孔作业			施工过程定量风险评价	3	3	6	2	108	较大风险	管理措施;个体防护;应急处置
(7) 输送泥浆的高压浆液带破损	**第2.0.8条** 操作人员应根据机械有关保养维修规定,认真及时做好机械保养维修工作,保持机械的完好状态,并应做好维修保养记录。	《建筑机械使用安全技术规程》(JGJ 33—2012)	施工条件定量风险评价	3	3			9	一般风险	技术措施;管理措施

风险因素	管理要求	管理依据	判定方式	可能性	严重程度	人员自身危险性	耦合概率	风险值	风险等级	管控措施
(8) 泥浆池无防护栏	**第7.1.4条** ……作业区应有明显标志或围栏,非工作人员不得进入。	《建筑机械使用安全技术规程》(JGJ 33—2012)	施工条件定量风险评价	3	3			9	一般风险	技术措施;管理措施;个体防护;应急处置
(9) 泥浆池护栏无警示标志			施工条件定量风险评价	6	3			18	较大风险	管理措施
(10) 台风时桩机未采取缆风绳加固或放倒桩架的措施	**第7.1.22条** 遇风速12.0 m/s及以上的大风和雷雨、大雾、大雪等恶劣气候时,应停止作业。当风速达到13.9 m/s及以上时,应将桩机顺风向置,并应按使用说明书的要求,增设缆风绳,或将桩架放倒……	《建筑机械使用安全技术规程》(JGJ 33—2012)	施工条件定量风险评价	6	3			18	较大风险	技术措施;管理措施;应急处置
(11) 钢筋笼安装不符合规范要求	**第5.6.15条** 钢筋笼安装入孔时,应保持垂直,对准孔位轻放,避免碰撞孔壁。钢筋笼安装应符合下列规定: (1) 下节钢筋笼宜露出操作平台1 m; (2) 上下节钢筋笼主筋连接时,应保证主筋部位对正,且保持上下节钢筋笼垂直,焊接时应对称进行; (3) 钢筋笼全部安装入孔后应固定于孔口,安装标高应符合设计要求,允许偏差应为±100 mm。	《建筑地基基础工程施工规范》(GB 51004—2015)	施工条件定量风险评价	3	3			9	一般风险	技术措施;管理措施

风险因素	管理要求	管理依据	判定方式	可能性	严重程度	人员自身危险性	耦合概率	风险值	风险等级	管控措施
(12) 混凝土导管使用前未进行预拼装、试压	**第6.3.28条** 导管的构造和使用应符合下列规定： (1) 导管壁厚不宜小于3 mm，直径宜为200～250 mm，直径制作偏差不应超过2 mm，导管的分节长度可视工艺要求确定，底管长度不宜小于4 m，接头宜采用双螺纹方扣快速接头；	《建筑桩基技术规范》(JGJ 94—2008)	施工条件定量风险评价	6	3			18	较大风险	技术措施；管理措施
(13) 每次灌注后未对导管内外进行清洗			施工条件定量风险评价	3	1			3	低风险	管理措施
(14) 导管接头未采用双螺纹方扣快速接头	(2) 导管使用前应试拼装、试压，试水压力可取为0.6～1.0 MPa； (3) 每次灌注后应对导管内外进行清洗。		施工条件定量风险评价	3	1			3	低风险	管理措施
(15) 振动桩锤悬挂钢架的耳环上未加装保险钢丝绳	**第6.6.3条** 桩机作业应符合下列规定： (1) 严禁吊桩、吊锤、回转或行走等动作同时进行。		施工条件定量风险评价	3	3			9	一般风险	技术措施；管理措施
(16) 当停机时间较长时未将桩锤落下垫好	(2) 当打桩机带锤行走时，应将桩锤放至最低位。打桩机在吊有桩和锤的情况下，操作人员不得离开岗位。 (3) 当采用振动桩锤作业时，悬挂振动桩锤的起重机，其吊钩上必须有防松脱的保护装置，振动桩锤悬挂钢架的耳环上应加装保险钢丝绳。	《建筑深基坑工程施工安全技术规范》(JGJ 311—2013)	施工条件定量风险评价	3	3			9	一般风险	技术措施；管理措施
(17) 桩机检修时悬吊桩锤			施工条件定量风险评价	6	3			18	较大风险	管理措施

风险因素	管理要求	管理依据	判定方式	可能性	严重程度	人员自身危险性	耦合概率	风险值	风险等级	管控措施
(18) 作业后未切断打桩机电源	(4) 插桩过程中,应及时校正桩的垂直度。后续桩与先打桩间的钢板桩锁扣使用前应进行套锁检查。当桩入土 3 m 以上时,严禁用打桩机行走或回转动作来纠正桩的垂直度。 (5) 当停机时间较长时,应将桩锤落下垫好。 (6) 检修时不得悬吊桩锤。 (7) 作业后应将打桩机停放在坚实平整的地面上,将桩锤落下垫实,并应切断动力电源。	《建筑深基坑工程施工安全技术规范》(JGJ 311—2013)	施工条件定量风险评价	6	3			18	较大风险	管理措施
(19) 钻进过程中发生斜孔、塌孔和护筒周围冒浆、失稳等现象时未停机	第6.3.8条　如在钻进过程中发生斜孔、塌孔和护筒周围冒浆、失稳等现象时,应停钻,待采取相应措施后再进行钻进。	《建筑桩基技术规范》(JGJ 94—2008)	施工条件定量风险评价	6	3			18	较大风险	技术措施;管理措施
(20) 旋挖钻机施工时道路不平稳导致行走机械不稳定	第6.3.21条　旋挖钻机施工时,应保证机械稳定、安全作业,必要时可在场地铺设能保证其安全行走和操作的钢板或垫层(路基板)。	《建筑桩基技术规范》(JGJ 94—2008)	施工条件定量风险评价	6	3			18	较大风险	技术措施;管理措施

7.3.5 水泥搅拌桩施工

风险因素	管理要求	管理依据	判定方式	可能性	严重程度	人员自身危险性	耦合概率	风险值	风险等级	管控措施
(1)打桩机结构件、附属部件不齐全	第6.1.7条 整机应符合下列规定: (1)打桩机结构件、附属部件应齐全,主要受力构件不应有失稳及明显变形; (2)金属结构件焊缝不应有开焊和焊接缺陷; (3)金属结构件锈蚀(或腐蚀)的深度不应超过原厚度的10%; (4)金属结构杆件螺栓连接或铆接不应松动,不应有缺损;关键部件连接螺栓应配有防松、防脱落装置,使用高强度螺栓时应有足够的预紧力矩; (5)钢丝绳的使用应符合本规范第7.1.7条的规定。		施工条件定量风险评价	6	3			18	较大风险	管理措施
(2)金属结构件焊缝有开焊和焊接缺陷		《施工现场机械设备检查技术规范》(JGJ 160—2016)	施工条件定量风险评价	3	3			9	一般风险	技术措施;管理措施
(3)金属结构杆件螺栓连接或铆接松动,有缺损			施工条件定量风险评价	3	3			9	一般风险	技术措施;管理措施
(4)油缸密封不严,漏油	第3.0.4条 机械设备外观应清洁,润滑应良好,不应漏水、漏电、漏油、漏气。	《施工现场机械设备检查技术规范》(JGJ 160—2016)	施工条件定量风险评价	3	1			3	低风险	技术措施;管理措施
(5)液压泵内外有泄漏	第3.0.10条 (1)液压系统中应设置过滤和防止污染的装置,液压泵内外不应有泄漏,元件应完好,不得有振动及异响。	《施工现场机械设备检查技术规范》(JGJ 160—2016)	施工条件定量风险评价	3	1			3	低风险	技术措施;管理措施

风险因素	管理要求	管理依据	判定方式	可能性	严重程度	人员自身危险性	耦合概率	风险值	风险等级	管控措施
(6)桩工机械零部件不齐全或带病作业	**第6.1.6条** 桩工机械零部件应齐全,各分支系统性能应完好,并应满足使用要求,不应带病作业。	《施工现场机械设备检查技术规范》(JGJ 160—2016)	施工条件定量风险评价	3	3			9	一般风险	技术措施；管理措施
(7)作业棚不具有防雨、防晒、防物体打击功能	**第3.0.8条** 露天固定使用的中小型机械应设置作业棚,作业棚应具有防雨、防晒、防物体打击功能。	《施工现场机械设备检查技术规范》(JGJ 160—2016)	施工条件定量风险评价	3	3			9	一般风险	技术措施；管理措施
(8)水泥罐地基承压能力不足	**第6.1.5条** 施工现场的地基承载力应满足桩工机械安全作业的要求；打桩机作业时应与基坑、基槽保持安全距离。	《施工现场机械设备检查技术规范》(JGJ 160—2016)	施工条件定量风险评价	6	3			18	较大风险	管理措施
(9)地基离基坑、基槽未保持安全距离			施工条件定量风险评价	6	3			18	较大风险	管理措施
(10)水泥搅拌桩作业区域未采取有效警戒隔离措施	**第三十五条** 生产经营单位应当在有较大危险因素的生产经营场所和有关设施、设备上,设置明显的安全警示标志。	《中华人民共和国安全生产法》	施工条件定量风险评价	6	3			18	较大风险	管理措施
(11)水泥罐放置位置无安全警示标志			施工条件定量风险评价	6	1			6	一般风险	管理措施
(12)水泥浆生产、输送区域无安全警示标志			施工条件定量风险评价	6	1			6	一般风险	管理措施

风险因素	管理要求	管理依据	判定方式	可能性	严重程度	人员自身危险性	耦合概率	风险值	风险等级	管控措施
（13）水泥搅拌桩临近外电输送网施工未采取有效防护措施	**第3.14.3条** （1）外电防护 ① 外电线路与在建工程及脚手架、起重机械、场内机动车道的安全距离应符合规范要求； ② 当安全距离不符合规范要求时，必须采取隔离防护措施，并应悬挂明显的警示标志； ③ 防护设施与外电线路的安全距离应符合规范要求，并应坚固、稳定……	《建筑施工安全检查标准》（JGJ 59—2011）	施工条件定量风险评价	6	3			18	较大风险	技术措施；管理措施

7.3.6 人工挖孔桩施工

风险因素	管理要求	管理依据	判定方式	可能性	严重程度	人员自身危险性	耦合概率	风险值	风险等级	管控措施
（1）气泵安全部件不全	**第3.0.5条** 机械设备各安全装置齐全有效。	《施工现场机械设备检查技术规范》（JGJ 160—2016）	施工条件定量风险评价	6	1			6	一般风险	技术措施；管理措施
（2）气泵传动装置无防护罩	**第6.1.8条** （4）传动机构的防护罩、盖板、防护栏杆应齐全，不应有变形、破损。	《施工现场机械设备检查技术规范》（JGJ 160—2016）	施工条件定量风险评价	6	1			6	一般风险	技术措施；管理措施

风险因素	管理要求	管理依据	判定方式	可能性	严重程度	人员自身危险性	耦合概率	风险值	风险等级	管控措施
(3)使用前未检查电葫芦的安全起吊能力			基础管理固有风险定量评价	10	3			30	较大风险	管理措施；应急处置
(4)孔内未设置应急软爬梯供人员上下	**第6.6.7条** 人工挖孔桩施工应采取下列安全措施： (1)孔内必须设置应急软爬梯供人员上下；使用的电葫芦、吊笼等应安全可靠，并配有自动卡紧保险装置，不得使用麻绳和尼龙绳吊挂或脚踏井壁凸缘上下；电葫芦宜用按钮式开关，使用前必须检验其安全起吊能力； (2)每日开工前必须检测井下的有毒、有害气体，并应有相应的安全防范措施；当桩孔开挖深度超过10 m时，应有专门向井下送风的设备，风量不宜少于25 L/s； (3)孔口四周必须设置护栏，护栏高度宜为0.8 m；	《建筑桩基技术规范》(JGJ 94—2008)	施工条件定量风险评价	6	3			18	较大风险	技术措施；管理措施；个体防护；应急处置
(5)人员上下井违规利用电动葫芦吊进、吊出			施工过程定量风险评价	3	3	6	2	108	较大风险	技术措施；管理措施；个体防护；应急处置
(6)每日开工前，未检测井孔内有无毒害气体和氧气含量			直接判定						重大风险	技术措施；管理措施；个体防护；应急处置
(7)井下施工作业中未采取相应的安全防范措施			直接判定						重大风险	技术措施；管理措施；个体防护；应急处置

风险因素	管理要求	管理依据	判定方式	可能性	严重程度	人员自身危险性	耦合概率	风险值	风险等级	管控措施
(8) 孔深超过 10 m 无通风措施	(4) 挖出的土石方应及时运离孔口,不得堆放在孔口周边 1 m 范围内,机动车辆的通行不得对井壁的安全造成影响; (5) 施工现场的一切电源、电路的安装和拆除必须遵守现行行业标准《施工现场临时用电安全技术规范》JGJ 46 的规定。	《建筑桩基技术规范》(JGJ 94—2008)	直接判定						重大风险	技术措施;管理措施;个体防护;应急处置
(9) 孔口周边 1 m 范围内堆放杂物			施工条件定量风险评价	3	3			9	一般风险	技术措施;管理措施
(10) 挖出的土石方堆放在孔周围			施工条件定量风险评价	3	3			9	一般风险	技术措施;管理措施
(11) 挖孔暂停施工时井口未做有效防护	**第 6.5.1 条** (4) 施工过程中孔中无作业和作业完毕后,应及时在孔口加盖盖板。	《建筑深基坑工程施工安全技术规范》(JGJ 311—2013)	施工条件定量风险评价	6	3			18	较大风险	技术措施;管理措施;个体防护;应急处置
(12) 人工挖孔井下存在涌水和流砂	**第 5.9.4 条〔条文说明〕** ……开挖遇到流砂现象严重的桩孔时,先将附近无流砂的桩孔挖深,使其起到集水井作用。集水井选在地下水流的上方。 少量渗水时,应在桩孔内设置集水坑;当渗水量过大时,应采取场地截水、降水或水下灌注混凝土等有效措施。桩孔内排水时,应注意地下水位变化。严禁在桩孔中边抽水边开挖边灌注混凝土,包括相邻桩的灌注。 ……	《建筑地基基础工程施工规范》(GB 51004—2015)	施工条件定量风险评价	6	3			18	较大风险	技术措施;管理措施;个体防护;应急处置

风险因素	管理要求	管理依据	判定方式	可能性	严重程度	人员自身危险性	耦合概率	风险值	风险等级	管控措施
(13) 当渗水量过大时在桩孔中边抽水边开挖边灌注	**第6.6.14条** 当渗水量过大时,应采取场地截水、降水或水下灌注混凝土等有效措施。严禁在桩孔中边抽水边开挖边灌注,包括相邻桩的灌注。	《建筑桩基技术规范》(JGJ 94—2008)	施工条件定量风险评价	6	3			18	较大风险	技术措施;管理措施

7.3.7 PHC 施工

风险因素	管理要求	管理依据	判定方式	可能性	严重程度	人员自身危险性	耦合概率	风险值	风险等级	管控措施
(1) 压桩机紧固件缺失或破损	**第6.1.6条** 桩工机械零部件应齐全,各分支系统性能应完好,并应满足使用要求,不应带病作业。	《施工现场机械设备检查技术规范》(JGJ 160—2016)	施工条件定量风险评价	6	3			18	较大风险	技术措施;管理措施
(2) 压桩机供电电缆表面损伤和老化	**第3.0.11条** (6)线路应整齐,不应损伤和老化,包扎和卡固应可靠;绝缘应良好,电缆电线不应有老化、裸露。	《施工现场机械设备检查技术规范》(JGJ 160—2016)	施工条件定量风险评价	6	3			18	较大风险	技术措施;管理措施;个体防护;应急处置
(3) 配重块安装不当	**第6.6.3条** 配重块安装应稳固,排列应整齐有序。	《施工现场机械设备检查技术规范》(JGJ 160—2016)	施工条件定量风险评价	6	3			18	较大风险	技术措施;管理措施;应急处置

风险因素	管理要求	管理依据	判定方式	可能性	严重程度	人员自身危险性	耦合概率	风险值	风险等级	管控措施
(4) 压桩作业时,起重机提升、变幅机构运行不正常	**第7.1.8条** 作业前,应检查并确认桩机各部件连接牢靠,各传动机构、齿轮箱、防护罩、吊具、钢丝绳、制动器等应完好,起重机起升、变幅机构工作正常,润滑油、液压油的油位符合规定,液压系统无泄漏,液压缸动作灵敏,作业范围内不得有非工作人员或障碍物……	《建筑机械使用安全技术规程》(JGJ 33—2012)	施工条件定量风险评价	6	3			18	较大风险	技术措施;管理措施;个体防护;应急处置
(5) 进行压桩作业时,吊钩未完全脱离桩体	**第7.4.4条** 起重机吊装进入夹持机构,进行接桩或插桩作业后,操作人员在压桩前应确认吊钩已安全脱离桩体。	《建筑机械使用安全技术规程》(JGJ 33—2012)	施工条件定量风险评价	6	3			18	较大风险	技术措施;管理措施
(6) 停机后,控制器未归零,电源未切断	**第7.4.15条** 作业后,应将控制器放在"零位",并依次切断各部电源,锁闭门窗,冬期应放尽各部积水。	《建筑机械使用安全技术规程》(JGJ 33—2012)	施工条件定量风险评价	6	3			18	较大风险	管理措施
(7) 起落架附件不齐全	**第6.4.4条** 起落架应符合下列规定: (1) 附件应齐全,起吊锤芯的吊钩运行应灵活有效,吊钩与锤芯接触线距离应在5 mm~10 mm之间; (2) 滑轮与支架连接应牢固,滑轮润滑应良好,转动应灵活,不应松旷及转动受阻; (3) 滑轮不应出现缺损、裂纹等损伤; (4) 滑动抱板与支架的连接应牢靠,连接螺栓应有防松装置。	《施工现场机械设备检查技术规范》(JGJ 160—2016)	施工条件定量风险评价	6	3			18	较大风险	技术措施;管理措施

风险因素	管理要求	管理依据	判定方式	可能性	严重程度	人员自身危险性	耦合概率	风险值	风险等级	管控措施
（8）柴油锤偏心打桩	**第7.2.7条** 柴油锤启动前,柴油锤、桩帽和桩应在同一轴线上,不得偏心打桩。	《建筑机械使用安全技术规程》(JGJ 33—2012)	施工条件定量风险评价	6	3			18	较大风险	技术措施;管理措施
（9）桩锤（振动锤）、桩帽和桩身不在同一轴线上			施工条件定量风险评价	6	3			18	较大风险	技术措施;管理措施
（10）振动锤的液压钳失灵	**第7.3.14条** 作业中,当遇液压软管破损、液压操作失灵或停电时,应立即停机,并应采取安全措施,不得让桩从夹紧装置中脱落。	《建筑机械使用安全技术规程》(JGJ 33—2012)	施工条件定量风险评价	6	3			18	较大风险	技术措施;管理措施
（11）桩机行走时桩锤未停留在最低处	**第7.1.20条** ……桩机带锤行走时,应将桩锤放至最低位……	《建筑机械使用安全技术规程》(JGJ 33—2012)	施工条件定量风险评价	6	3			18	较大风险	技术措施;管理措施

风险因素	管理要求	管理依据	判定方式	可能性	严重程度	人员自身危险性	耦合概率	风险值	风险等级	管控措施
(12)管桩堆放场地不平整、不坚实	**第8.2.2条** 管桩的现场堆放应符合下列规定： (1)堆放场地应平整、坚实,排水条件良好; (2)堆放时应采取支垫措施,支垫材料宜选用长方木或枕木,不得使用有棱角的金属构件; (3)应按不同规格、长度及施工流水顺序分类堆放; (4)当场地条件许可时,宜单层或双层堆放;叠层堆放及运输过程堆叠时,外径500 mm以上的管桩不宜超过5层,直径为400 mm以下的管桩不宜超过8层,堆叠的层数还应满足地基承载力的要求; (5)叠层堆放时,应在垂直于桩身长度方向的地面上设置两道垫木,垫木支点宜分别位于距桩端0.21倍桩长处;采用多支点堆放时上下叠层支点不应错位,两支点间不得有突出地面的石块等硬物;管桩堆放时,底层最外缘桩的垫木处应用木楔塞紧。	《预应力混凝土管桩技术标准》（JGJ/T 406—2017）	施工条件定量风险评价	3	1			3	低风险	技术措施;管理措施
(13)管桩堆放未设支垫			施工条件定量风险评价	3	1			3	低风险	技术措施;管理措施
(14)管桩未进行分类堆放			施工条件定量风险评价	3	1			3	低风险	技术措施;管理措施
(15)管桩堆放底层最外缘桩的垫木处未用木楔塞紧			施工条件定量风险评价	3	1			3	低风险	技术措施;管理措施

风险因素	管理要求	管理依据	判定方式	可能性	严重程度	人员自身危险性	耦合概率	风险值	风险等级	管控措施
(16)压桩、打桩作业时未采取警戒隔离措施	**第7.1.4条** 桩机作业区内不得有妨碍作业的高压线路、地下管道和埋设电缆。作业区应有明显标志或围栏，非工作人员不得进入。	《建筑机械使用安全技术规程》(JGJ 33—2012)	施工条件定量风险评价	6	3			18	较大风险	管理措施
(17)操作人员未根据机械有关保养维修规定进行维修保养	**第2.0.8条** 操作人员应根据机械有关保养维修规定，认真及时做好机械保养维修工作，保持机械的完好状态，并应做好维修保养记录。	《建筑机械使用安全技术规程》(JGJ 33—2012)	施工条件定量风险评价	6	3			18	较大风险	管理措施
(18)桩基施工地基承载力不满足要求	**第6.1.5条** 施工现场的地基承载力应满足桩工机械安全作业的要求……	《施工现场机械设备检查技术规范》(JGJ 160—2016)	施工条件定量风险评价	6	3			18	较大风险	技术措施；管理措施
(19)场地泥泞地表水未及时排除	**第3.0.5条〔条文说明〕** 地基、基础、基坑工程与边坡工程在施工过程中，由于地下水、地表水和潮汐对施工的影响较大，如果控制不当，会影响工程和周边环境的安全，在施工过程中应采取截水帷幕、降水、回灌等措施控制地下水、地表水和潮汐，确保工程及周边环境的安全。	《建筑地基基础工程施工规范》(GB 51004—2015)	施工条件定量风险评价	6	3			18	较大风险	技术措施；管理措施

8　主　体　工　程

　　建筑主体工程是指基于地基基础之上,接受、承担和传递建设工程所有上部荷载,维持结构整体性、稳定性和安全性的承重结构体系。主体结构工程可分为地下和地上两部分,主要包含砌筑、钢筋、模板、混凝土工程以及脚手架、起重机械安拆等施工分项。

　　本手册主体工程部分主要内容包含钢筋制作安装、模板工程、装配式结构安装、预应力工程、混凝土浇筑、机械施工、材料运输、临边洞口高处作业、砌筑作业、钢结构工程,易引发的事故类型有高处坠落、物体打击、坍塌等。

8.1　钢筋制作安装

风险因素	管理要求	管理依据	判定方式	可能性	严重程度	人员自身危险性	耦合概率	风险值	风险等级	管控措施
(1) 工人未经钢筋加工机械操作人员同意,擅自加工钢筋	第2.0.7条　操作人员在作业过程中,应集中精力,正确操作,并应检查机械工况,不得擅自离开工作岗位或将机械交给其他无证人员操作。无关人员不得进入作业区或操作室内。	《建筑机械使用安全技术规程》(JGJ 33—2012)	施工过程定量风险评价	3	3	6	2	108	较大风险	技术措施;管理措施
(2) 钢筋加工机械工作状态不良,未定期维修、保养	第2.0.8条　操作人员应根据机械有关保养维修规定,认真及时做好机械保养维修工作,保持机械的完好状态,并应做好维修保养记录。	《建筑机械使用安全技术规程》(JGJ 33—2012)	基础管理固有风险定量评价	3	3			9	一般风险	技术措施;管理措施

风险因素	管理要求	管理依据	判定方式	可能性	严重程度	人员自身危险性	耦合概率	风险值	风险等级	管控措施
(3) 钢筋机械传动部位无防护罩	**第3.19.3条** 施工机具的检查评定应符合下列规定： (4) 钢筋机械 ① 钢筋机械安装完毕应按规定履行验收程序，并应经责任人签字确认； ② 保护零线应单独设置，并应安装漏电保护装置；	《建筑施工安全检查标准》(JGJ 59—2011)	施工条件定量风险评价	3	3			9	一般风险	技术措施；管理措施；个体防护；应急处置
(4) 钢筋冷拉作业未设置防护栏	③ 钢筋加工区应搭设作业棚，并应具有防雨、防晒等功能； ④ 对焊机作业应设置防火花飞溅的隔离设施； ⑤ 钢筋冷拉作业应按规定设置防护栏； ⑥ 机械传动部位应设置防护罩。		施工条件定量风险评价	3	3			9	一般风险	技术措施；管理措施；个体防护；应急处置
(5) 钢筋小料吊装未使用专用吊笼	**第3.18.4条** 起重吊装一般项目的检查评定应符合下列规定： (1) 起重吊装 ① 当多台起重机同时起吊一个构件时，单台起重机所受的荷载应符合专项施工方案要求；	《建筑施工安全检查标准》(JGJ 59—2011)	施工条件定量风险评价	6	3			18	较大风险	技术措施；管理措施；个体防护；应急处置
(6) 起重机作业时，人员停留在起重臂下方	② 吊索系挂点应符合专项施工方案要求； ③ 起重机作业时，任何人不应停留在起重臂下方，被吊物不应从人的正上方通过； ④ 起重机不应采用吊具载运人员； ⑤ 当吊运易散落物件时，应使用专用吊笼。		施工过程定量风险评价	6	3	6	2	216	较大风险	技术措施；管理措施

风险因素	管理要求	管理依据	判定方式	可能性	严重程度	人员自身危险性	耦合概率	风险值	风险等级	管控措施
(7) 钢筋调直作业区未设置警示牌或防护栏	第8.2.3条 成型钢筋生产设备的作业区域应设置安全警示牌或安全防护栏等安全防范措施。	《混凝土结构成型钢筋应用技术规程》(JGJ 366—2015)	施工条件定量风险评价	3	3			9	一般风险	技术措施；管理措施
(8) 钢筋吊运过程捆绑不牢	第4.0.12条 物件起吊时应绑扎牢固,不得在吊物上堆放或悬挂其他物件;零星材料起吊时,必须用吊笼或钢丝绳绑扎牢固。当吊物上站人时不得起吊。	《建筑施工塔式起重机安装、使用、拆卸安全技术规程》(JGJ 196—2010)	施工条件定量风险评价	6	3			18	较大风险	技术措施；管理措施；个体防护；应急处置
(9) 钢筋加工机械安全防护不符合规定	第11.1.2条 安全防护应符合下列规定: (1) 安全防护装置应齐全可靠,防护罩或防护板安装应牢固,不应破损; (2) 接零应符合用电规定; (3) 漏电保护器参数应匹配,安装应正确,动作应灵敏可靠,电气保护装置应齐全有效; (4) 机械齿轮、皮带轮等高速运转部分,必须安装防护罩或防护板。	《施工现场机械设备检查技术规范》(JGJ 160—2016)	施工条件定量风险评价	6	3			18	较大风险	技术措施；管理措施；应急处置
(10) 钢筋支架焊接不牢固	第11.1.1条 整机应符合下列规定: (1) 机械的安装应坚实稳固,应采用防止设备意外移位的措施; (2) 机身不应有破损、断裂及变形; (3) 金属结构不应有开焊、裂纹;	《施工现场机械设备检查技术规范》(JGJ 160—2016)	施工条件定量风险评价	3	3			9	一般风险	技术措施；管理措施
(11) 钢筋套筒连接不牢固	(4) 各部位连接应牢固; (5) 零部件应完整,随机附件应齐全;		施工条件定量风险评价	3	3			9	一般风险	技术措施；管理措施

风险因素	管理要求	管理依据	判定方式	可能性	严重程度	人员自身危险性	耦合概率	风险值	风险等级	管控措施
(12) 机身有破损、断裂及变形			施工条件定量风险评价	6	3			18	较大风险	技术措施;管理措施
(13) 操作系统不灵敏可靠	(6) 外观应清洁,不应有油垢和锈蚀; (7) 操作系统应灵敏可靠,各仪表指示数据应准确; (8) 传动系统运转应平稳,不应有异常冲击、振动、爬行、窜动、噪声、超温、超压。	《施工现场机械设备检查技术规范》(JGJ 160—2016)	施工条件定量风险评价	6	3			18	较大风险	技术措施;管理措施
(14) 传动系统运转不平稳			施工条件定量风险评价	6	3			18	较大风险	技术措施;管理措施

8.2 模板工程

风险因素	管理要求	管理依据	判定方式	可能性	严重程度	人员自身危险性	耦合概率	风险值	风险等级	管控措施
(1) 未编制模板支撑专项施工方案	**第3.12.3条** 模板支架保证项目的检查评定应符合下列规定: (1) 施工方案	《建筑施工安全检查标准》(JGJ 59—2011)	直接判定						重大风险	技术措施;管理措施

风险因素	管理要求	管理依据	判定方式	可能性	严重程度	人员自身危险性	耦合概率	风险值	风险等级	管控措施
（2）超过一定规模的模板支撑专项施工方案未组织专家论证	① 模板支架搭设应编制专项施工方案,结构设计应进行计算,并应按规定进行审核、审批; ② 模板支架搭设高度 8 m 及以上;跨度18 m 及以上,施工总荷载 15 kN/m² 及以上;集中线荷载 20 kN/m 及以上的专项施工方案,应按规定组织专家论证。	《建筑施工安全检查标准》（JGJ 59—2011）	直接判定						重大风险	技术措施;管理措施
（3）模板工程未编制施工设计和安全技术措施,且未进行安全技术交底	第 8.0.4 条 模板工程应编制施工设计和安全技术措施,并应严格按施工设计与安全技术措施的规定进行施工。满堂模板、建筑层高 8 m 及以上和梁跨大于或等于 15 m 的模板,在安装、拆除作业前,工程技术人员应以书面形式向作业班组进行施工操作的安全技术交底,作业班组应对照书面交底进行上、下班的自检和互检。	《建筑施工模板安全技术规范》（JGJ 162—2008）	基础管理固有风险定量评价	3	7			21	较大风险	技术措施;管理措施

风险因素	管理要求	管理依据	判定方式	可能性	严重程度	人员自身危险性	耦合概率	风险值	风险等级	管控措施
(4) 模板支撑地基未夯实	**第4.4.4条** 支架立柱和竖向模板安装在土层上时,应符合下列规定: (1) 应设置具有足够强度和支承面积的垫板; (2) 土层应坚实,并应有排水措施;对湿陷性黄土、膨胀土,应有防水措施;对冻胀性土,应有防冻胀措施; (3) 对软土地基,必要时可采用堆载预压的方法调整模板面板安装高度。	《混凝土结构工程施工规范》(GB 50666—2011)	直接判定						重大风险	管理措施
(5) 模板支撑立柱下方未设置垫板			施工条件定量风险评价	6	3			18	较大风险	技术措施;管理措施
(6) 可调托撑螺杆与立杆内径不匹配	**第3.12.4条** (2) 底座与托撑 ① 可调底座、托撑螺杆直径应与立杆内径匹配,配合间隙应符合规范要求; ② 螺杆旋入螺母内长度不应少于5倍的螺距。	《建筑施工安全检查标准》(JGJ 59—2011)	施工条件定量风险评价	6	3			18	较大风险	技术措施;管理措施
(7) 组合大模板堆放超高	**第7.0.7条** 当大模板叠层平放时,在模板的底部及层间应加垫木。垫木应上下对齐,垫点应使模板不产生弯曲变形。大模板叠放高度不宜超过2 m,并应稳固。	《建筑工程大模板技术标准》(JGJ/T 74—2017)	施工条件定量风险评价	6	3			18	较大风险	技术措施;管理措施

风险因素	管理要求	管理依据	判定方式	可能性	严重程度	人员自身危险性	耦合概率	风险值	风险等级	管控措施
(8) 组合大模板吊装不规范	**第 6.1.4 条** 大模板吊装应符合下列规定： (1) 吊装大模板应设专人指挥，模板起吊应平稳，不得偏斜和大幅度摆动；操作人员应站在安全可靠处，严禁施工人员随同大模板一同起吊； (2) 被吊模板上不得有未固定的零散件； (3) 当风速 v_f 达到或超过 15 m/s 时，应停止吊装； (4) 应确认大模板固定或放置稳固后方可摘钩。	《建筑工程大模板技术标准》(JGJ/T 74—2017)	施工条件定量风险评价	6	3			18	较大风险	技术措施；管理措施
(9) 组合大模板作业前未进行试吊	**第 6.2.8 条** 大模板起吊前应进行试吊，当确认模板起吊平衡、吊环及吊索安全可靠后，方可正式起吊。	《建筑工程大模板技术标准》(JGJ/T 74—2017)	施工条件定量风险评价	6	3			18	较大风险	技术措施；管理措施
(10) 组合大模板安装支撑不稳固	**第 6.3.3 条** 大模板应支撑牢固、稳定。支撑点应设在坚固可靠处，不得与作业脚手架拉结。	《建筑工程大模板技术标准》(JGJ/T 74—2017)	施工条件定量风险评价	6	3			18	较大风险	技术措施；管理措施
(11) 作业人员攀爬模板、绳索	**第 8.0.15 条** 作业人员严禁攀登模板、斜撑杆、拉杆或绳索等，不得在高处的墙顶、独立梁或在其模板上行走。	《建筑施工模板安全技术规范》(JGJ 162—2008)	施工过程定量风险评价	3	3	6	2	108	较大风险	技术措施；管理措施；个体防护；应急处置

风险因素	管理要求	管理依据	判定方式	可能性	严重程度	人员自身危险性	耦合概率	风险值	风险等级	管控措施
(12)模板、木方堆放不整齐、超高，不符合安全要求	**第8.0.7条** 作业时，模板和配件不得随意堆放，模板应放平放稳，严防滑落。脚手架或操作平台上临时堆放的模板不宜超过3层，连接件应放在箱盒或工具袋中，不得散放在脚手板上。脚手架或操作平台上的施工总荷载不得超过其设计值。	《建筑施工模板安全技术规范》(JGJ 162—2008)	施工过程定量风险评价	6	7	6	2	504	重大风险	技术措施；管理措施；个体防护；应急处置
(13)采用单个吊点进行模板吊运	**第6.1.14条** 吊运模板时，必须符合下列规定： (1)作业前应检查绳索、卡具、模板上的吊环，必须完整有效，在升降过程中应设专人指挥，统一信号，密切配合。 (2)吊运大块或整体模板时，竖向吊运不应少于2个吊点，水平吊运不应少于4个吊点。吊运必须使用卡环连接，并应稳起稳落，待模板就位连接牢固后，方可摘除卡环。 (3)吊运散装模板时，必须码放整齐，待捆绑牢固后方可起吊。 (4)严禁起重机在架空输电线路下面工作。 (5)遇5级及以上大风时，应停止一切吊运作业。	《建筑施工模板安全技术规范》(JGJ 162—2008)	施工条件定量风险评价	6	3			18	较大风险	技术措施；管理措施
(14)模板、木方吊运捆绑不牢			施工条件定量风险评价	6	3			18	较大风险	技术措施；管理措施

续表

风险因素	管理要求	管理依据	判定方式	可能性	严重程度	人员自身危险性	耦合概率	风险值	风险等级	管控措施
(15) 模板支架底部未设置垫板	**第 3.12.3 条**　模板支架保证项目的检查评定应符合下列规定： (2) 支架基础 ② 支架底部应按规范要求设置底座、垫板，垫板规格应符合规范要求。	《建筑施工安全检查标准》(JGJ 59—2011)	施工条件定量风险评价	6	3			18	较大风险	技术措施；管理措施
(16) 浇筑混凝土未对支架的基础沉降、架体变形采取监测措施	**第 3.12.3 条**　(4) 支架稳定 ① 当支架高宽比大于规定值时，应按规定设置连墙杆或采用增加架体宽度的加强措施； ② 立杆伸出顶层水平杆中心线至支撑点的长度应符合规范要求； ③ 浇筑混凝土时应对架体基础沉降、架体变形进行监控，基础沉降、架体变形应在规定允许范围内。	《建筑施工安全检查标准》(JGJ 59—2011)	基础管理固有风险定量评价	1	15			15	较大风险	技术措施；管理措施
(17) 模板拆除未办理拆模许可手续	**第 7.1.1 条**　模板的拆除措施应经技术主管部门或负责人批准，拆除模板的时间可按现行国家标准《混凝土结构工程施工质量验收规范》GB 50204 的有关规定执行。冬期施工的拆模，应符合专门规定。	《建筑施工模板安全技术规范》(JGJ 162—2008)	基础管理固有风险定量评价	1	7			7	一般风险	技术措施；管理措施
(18) 违反拆模工序拆除模板	**第 7.1.8 条**　拆模的顺序和方法应按模板的设计规定进行。当设计无规定时，可采取先支的后拆、后支的先拆、先拆非承重模板、后拆承重模板，并应从上而下进行拆除。拆下的模板不得抛扔，应按指定地点堆放。	《建筑施工模板安全技术规范》(JGJ 162—2008)	直接判定						重大风险	技术措施；管理措施；个体防护；应急处置

风险因素	管理要求	管理依据	判定方式	可能性	严重程度	人员自身危险性	耦合概率	风险值	风险等级	管控措施
(19) 模板拆除时未设置警戒线	**第 7.1.7 条** 模板的拆除工作应设专人指挥。作业区应设围栏,其内不得有其他工种作业,并应设专人负责监护。拆下的模板、零配件严禁抛掷。	《建筑施工模板安全技术规范》(JGJ 162—2008)	基础管理固有风险定量评价	6	3			18	较大风险	管理措施
(20) 模板的拆除工作无专人指挥			基础管理固有风险定量评价	3	3			9	一般风险	管理措施
(21) 模板和支撑杆件在离槽(坑)上口边缘 1 m 以内堆放	**第 7.3.1 条** 拆除条形基础、杯形基础、独立基础或设备基础的模板时,应符合下列规定: (1) 拆除前应先检查基槽(坑)土壁的安全状况,发现有松软、龟裂等不安全因素时,应在采取安全防范措施后,方可进行作业。 (2) 模板和支撑杆件等应随拆随运,不得在离槽(坑)上口边缘 1 m 以内堆放。 (3) 拆除模板时,施工人员必须站在安全地方。应先拆内外木楞、再拆木面板;钢模板应先拆钩头螺栓和内外钢楞,后拆 U 形卡和 L 形插销,拆下的钢模板应妥善传递或用绳钩放置地面,不得抛掷。拆下的小型零配件应装入工具袋内或小型箱笼内,不得随处乱扔。	《建筑施工模板安全技术规范》(JGJ 162—2008)	施工条件定量风险评价	6	3			18	较大风险	管理措施

风险因素	管理要求	管理依据	判定方式	可能性	严重程度	人员自身危险性	耦合概率	风险值	风险等级	管控措施
(22)使用大锤和撬棍进行高处拆除模板作业	**第7.1.10条** 高处拆除模板时,应符合有关高处作业的规定。严禁使用大锤和撬棍,操作层上临时拆下的模板堆放不能超过3层。	《建筑施工模板安全技术规范》(JGJ 162—2008)	施工条件定量风险评价	6	3			18	较大风险	管理措施
(23)安装模板时各种配件随意摆放	**第6.1.12条** 安装模板时,安装所需各种配件置于工具箱或工具袋内,严禁散放在模板或脚手架上;安装所用工具应系挂在作业人员身上或置于所配带的工具袋中,不得掉落。	《建筑施工模板安全技术规范》(JGJ 162—2008)	施工条件定量风险评价	3	3			9	一般风险	管理措施
(24)作业时绳索、卡具、模板上的吊环破损,未有专人指挥	**第6.1.14条** 吊运模板时,必须符合下列规定: (1)作业前应检查绳索、卡具、模板上的吊环,必须完整有效,在升降过程中应设专人指挥,统一信号,密切配合。 (2)吊运大块或整体模板时,竖向吊运不应少于2个吊点,水平吊运不应少于4个吊点。吊运必须使用卡环连接,并应稳起稳落,待模板就位连接牢固后,方可摘除卡环。 (3)吊运散装模板时,必须码放整齐,待捆绑牢固后方可起吊。 (4)严禁起重机在架空输电线路下面工作。 (5)遇5级及以上大风时,应停止一切吊运作业。	《建筑施工模板安全技术规范》(JGJ 162—2008)	基础管理固有风险定量评价	3	3			9	一般风险	管理措施
(25)起重机在架空输电线路下面工作			施工条件定量风险评价	6	3			18	较大风险	管理措施

风险因素	管理要求	管理依据	判定方式	可能性	严重程度	人员自身危险性	耦合概率	风险值	风险等级	管控措施
(26)混凝土未达到规定强度进行模板拆除作业	第7.1.2条 当混凝土未达到规定强度或已达到设计规定强度,需提前拆模或承受部分超设计荷载时,必须经过计算和技术主管确认其强度能足够承受此荷载后,方可拆除。	《建筑施工模板安全技术规范》(JGJ 162—2008)	直接判定						重大风险	技术措施;管理措施;个体防护;应急处置
(27)拆模时,所使用的扳手等工具随意摆放	第7.1.6条 拆模前应检查所使用的工具有效和可靠,扳手等工具必须装入工具袋或系挂在身上,并应检查拆模场所范围内的安全措施。	《建筑施工模板安全技术规范》(JGJ 162—2008)	施工条件定量风险评价	3	3			9	一般风险	管理措施;应急处置
(28)从事模板作业的人员,未进行安全技术培训	第8.0.1条 从事模板作业的人员,应经常组织安全技术培训。从事高处作业人员,应定期体检,不符合要求的不得从事高处作业。	《建筑施工模板安全技术规范》(JGJ 162—2008)	基础管理固有风险定量评价	10	3			30	较大风险	管理措施
(29)拆除模板时,操作人员未佩戴个人防护用品	第8.0.2条 安装和拆除模板时,操作人员应佩戴安全帽、系安全带、穿防滑鞋。安全帽和安全带应定期检查,不合格者严禁使用。	《建筑施工模板安全技术规范》(JGJ 162—2008)	基础管理固有风险定量评价	10	3			30	较大风险	管理措施;应急处置
(30)作业人员攀登模板,在高处的墙顶、独立梁或在其模板上随意走动	第8.0.15条 作业人员严禁攀登模板、斜撑杆、拉条或绳索等,不得在高处的墙顶、独立梁或在其模板上行走。	《建筑施工模板安全技术规范》(JGJ 162—2008)	施工过程定量风险评价	6	3	6	2	216	较大风险	管理措施;应急处置

风险因素	管理要求	管理依据	判定方式	可能性	严重程度	人员自身危险性	耦合概率	风险值	风险等级	管控措施
(31) 模板施工中未设专人负责安全检查	第8.0.16条 模板施工中应设专人负责安全检查,发现问题应报告有关人员处理。当遇险情时,应立即停工和采取应急措施;待修复或排除险情后,方可继续施工。	《建筑施工模板安全技术规范》(JGJ 162—2008)	基础管理固有风险定量评价	10	3			30	较大风险	管理措施
(32) 钢模板高度超过15 m时,未安设避雷设施	第8.0.19条 当钢模板高度超过15 m时,应安设避雷设施,避雷设施的接地电阻不得大于4 Ω。	《建筑施工模板安全技术规范》(JGJ 162—2008)	施工条件定量风险评价	3	3			9	一般风险	技术措施;管理措施
(33) 钢模板及配件露天堆放时,随意放置	第8.0.22条 (9)钢模板及配件应放入室内或敞棚内,当需露天堆放时,应装入集装箱内,底部垫高100 mm,顶面应遮盖防水篷布或塑料布,集装箱堆放高度不宜超过2层。	《建筑施工模板安全技术规范》(JGJ 162—2008)	施工条件定量风险评价	3	1			3	低风险	管理措施
(34) 施工用的临时照明和行灯的电压超过36 V	第8.0.10条 施工用的临时照明和行灯的电压不得超过36 V;当为满堂模板、钢支架及特别潮湿的环境时,不得超过12 V。照明行灯及机电设备的移动线路应采用绝缘橡胶套电缆线。		施工条件定量风险评价	6	3			18	较大风险	技术措施;管理措施
(35) 模板安装时上下无人接应,随意抛掷	第8.0.13条 模板安装时,上下应有人接应,随装随运,严禁抛掷。且不得将模板支搭在门窗框上,也不得将脚手板支搭在模板上,并严禁将模板与上料井架及有车辆运行的脚手架或操作平台支成一体。	《建筑施工模板安全技术规范》(JGJ 162—2008)	施工过程定量风险评价	6	3	6	2	216	较大风险	管理措施

风险因素	管理要求	管理依据	判定方式	可能性	严重程度	人员自身危险性	耦合概率	风险值	风险等级	管控措施
（36）拼装高度为2 m以上的竖向模板的安装过程未设置临时固定设施	**第6.1.4条** 拼装高度为2 m以上的竖向模板,不得站在下层模板上拼装上层模板。安装过程中应设置临时固定设施。	《建筑施工模板安全技术规范》(JGJ 162—2008)	施工条件定量风险评价	6	3			18	较大风险	技术措施;管理措施
（37）当承重焊接钢筋骨架和模板一起安装时做法不符合规定	**第6.1.5条** 当承重焊接钢筋骨架和模板一起安装时,应符合下列规定: (1)梁的侧模、底模必须固定在承重焊接钢筋骨架的节点上。 (2)安装钢筋模板组合体时,吊索应按模板设计的吊点位置绑扎。	《建筑施工模板安全技术规范》(JGJ 162—2008)	施工条件定量风险评价	6	3			18	较大风险	技术措施;管理措施
（38）支架立柱成一定角度倾斜未采取措施固定支点,支撑底脚无防滑措施	**第6.1.6条** 当支架立柱成一定角度倾斜,或其支架立柱的顶表面倾斜时,应采取可靠措施确保支点稳定,支撑底脚必须有防滑移的可靠措施。	《建筑施工模板安全技术规范》(JGJ 162—2008)	施工条件定量风险评价	6	3			18	较大风险	技术措施;管理措施
（39）当模板安装高度超过3.0 m时未搭设脚手架	**第6.1.13条** 当模板安装高度超过3.0 m时,必须搭设脚手架,除操作人员外,脚手架下不得站其他人。	《建筑施工模板安全技术规范》(JGJ 162—2008)	施工条件定量风险评价	6	3			18	较大风险	技术措施;管理措施
（40）拆除洞口模板后未进行洞口防护	**第7.1.15条** 拆除有洞口模板时,应采取防止操作人员坠落的措施。洞口模板拆除后,应按现行行业标准《建筑施工高处作业安全技术规范》JGJ 80的有关规定及时进行防护。	《建筑施工模板安全技术规范》(JGJ 162—2008)	施工条件定量风险评价	6	3			18	较大风险	技术措施;管理措施

风险因素	管理要求	管理依据	判定方式	可能性	严重程度	人员自身危险性	耦合概率	风险值	风险等级	管控措施
(41) 高处安装和拆除模板时周围未搭设脚手架或设安全网及防护栏杆	**第8.0.6条** 在高处安装和拆除模板时,周围应设安全网或搭脚手架,并应加设防护栏杆。在临街面及交通要道地区,尚应设警示牌,派专人看管。	《建筑施工模板安全技术规范》(JGJ 162—2008)	施工条件定量风险评价	6	3			18	较大风险	技术措施;管理措施
(42) 支模过程中途停歇时,未将已就位模板或支架连接稳固	**第8.0.14条** 支模过程中如遇中途停歇,应将已就位模板或支架连接稳固,不得浮搁或悬空。拆模中途停歇时,应将已松扣或拆松的模板、支架等拆下运走,防止构件坠落或作业人员扶空坠落伤人。	《建筑施工模板安全技术规范》(JGJ 162—2008)	施工条件定量风险评价	6	3			18	较大风险	技术措施;管理措施
(43) 拆模中途停歇时未将已松扣或已拆松的模板、支架等及时运走			施工条件定量风险评价	6	3			18	较大风险	技术措施;管理措施
(44) 大风季节施工时模板没有抗风的临时加固措施	**第8.0.18条** 在大风地区或大风季节施工时,模板应有抗风的临时加固措施。	《建筑施工模板安全技术规范》(JGJ 162—2008)	施工条件定量风险评价	6	3			18	较大风险	技术措施;管理措施

8.3 装配式结构安装

风险因素	管理要求	管理依据	判定方式	可能性	严重程度	人员自身危险性	耦合概率	风险值	风险等级	管控措施
(1) 装配式混凝土结构施工未制订专项方案	**第10.2.1条** 装配式混凝土结构施工应制订专项方案。专项施工方案宜包括工程概况、编制依据、进度计划、施工场地布置、预制构件运输与存放、安装与连接施工、绿色施工、安全管理、质量管理、信息化管理、应急预案等内容。	《装配式混凝土建筑技术标准》(GB/T 51231—2016)	基础管理固有风险定量评价	3	7			21	较大风险	技术措施;管理措施
(2) 装配式混凝土建筑施工前,未对设计文件进行图纸会审	**第3.0.3条** 装配式混凝土建筑施工前,应组织设计、生产、施工、监理等单位对设计文件进行图纸会审,确定施工工艺措施。施工单位应准确理解设计图纸的要求,掌握有关技术要求及细部构造,根据工程特点和相关规定,进行施工复核及核算、编制专项施工方案。	《装配式混凝土建筑施工规程》(T/CCIAT 0001—2017)	基础管理固有风险定量评价	1	15			15	较大风险	技术措施;管理措施
(3) PC 构件未进行施工复核			施工条件定量风险评价	6	3			18	较大风险	技术措施;管理措施
(4) 未对各级管理人员进行 PC 构件堆场加固专项施工方案交底	**第3.0.4条** 施工单位应根据装配式建筑工程的管理和施工技术特点,按计划定期对	《装配式混凝土建筑施工规程》(T/CCIAT 0001—2017)	基础管理固有风险定量评价	3	7			21	较大风险	技术措施;管理措施

风险因素	管理要求	管理依据	判定方式	可能性	严重程度	人员自身危险性	耦合概率	风险值	风险等级	管控措施
（5）未对PC构件堆场加固施工作业人员进行安全技术交底	管理人员及作业人员进行专项培训及技术交底。	《装配式混凝土建筑施工规程》（T/CCIAT 0001—2017）	基础管理固有风险定量评价	6	3			18	较大风险	技术措施；管理措施
（6）未对作业人员进行安全技术措施交底			基础管理固有风险定量评价	6	3			18	较大风险	技术措施；管理措施
（7）未对PC构件进行验收			基础管理固有风险定量评价	6	3			18	较大风险	技术措施；管理措施
（8）未对PC构件吊装吊索具进行验收	第11.1.4条 装配式混凝土结构工程施工用的原材料、部品、构配件均应按检验批进行进场验收。	《装配式混凝土建筑技术标准》（GB/T 51231—2016）	基础管理固有风险定量评价	6	3			18	较大风险	技术措施；管理措施
（9）未对PC构件支架进行验收			基础管理固有风险定量评价	6	3			18	较大风险	技术措施；管理措施
（10）未签发吊装令进行PC构件吊装	第四条 （3）吊装令制度。预制构件安装起吊前，施工、监理单位应对吊装的安全生产措施、条件等进行全面检查，在取得《吊装令》后，方可实施安装。	《装配整体式混凝土结构工程施工安全管理规定》	基础管理固有风险定量评价	6	3			18	较大风险	技术措施；管理措施

风险因素	管理要求	管理依据	判定方式	可能性	严重程度	人员自身危险性	耦合概率	风险值	风险等级	管控措施
(11) 未对PC构件表面预贴饰面砖、石材等饰面进行拉拔试验	第11.2.4条 预制构件表面预贴饰面砖、石材等饰面与混凝土的黏结性能应符合设计和国家现行有关标准的规定。检查数量:按批检查。检验方法:检查拉拔强度检验报告。	《装配式混凝土建筑技术标准》(GB/T 51231—2016)	基础管理固有风险定量评价	6	3			18	较大风险	技术措施;管理措施
(12) 装配式构件未经设计核定	第12.2.4条 安装施工前,应复核构件装配位置、节点连接构造及临时支撑方案等。	《装配式混凝土结构技术规程》(JGJ 1—2014)	基础管理固有风险定量评价	6	3			18	较大风险	技术措施;管理措施
(13) 装配式结构塔吊、施工升降机扶墙预埋件未经设计核定	第10.2.5条 安装施工前,应核对已施工完成结构、基础的外观质量和尺寸偏差,确认混凝土强度和预留预埋符合设计要求,并应核对预制构件的混凝土强度及预制构件和配件的型号、规格、数量等符合设计要求。	《装配式混凝土建筑技术标准》(GB/T 51231—2016)	基础管理固有风险定量评价	6	3			18	较大风险	技术措施;管理措施
(14) 多层及高层钢结构施工,未搭设安全登高设施	第16.2.2条 多层及高层钢结构施工应采用人货两用电梯登高,对电梯尚未到达的楼层应搭设合理的安全登高设施。	《钢结构工程施工规范》(GB 50755—2012)	基础管理固有风险定量评价	6	3			18	较大风险	技术措施;管理措施

风险因素	管理要求	管理依据	判定方式	可能性	严重程度	人员自身危险性	耦合概率	风险值	风险等级	管控措施
(15)PC构件在存放场地随意放置	**第10.2.3条** 施工现场应根据施工平面规划设置运输通道和存放场地,并应符合下列规定: (1)现场运输道路和存放场地应坚实平整,并应有排水措施; (2)施工现场内道路应按照构件运输车辆的要求合理设置转弯半径及道路坡度; (3)预制构件运送到施工现场后,应按规格、品种、使用部位、吊装顺序分别设置存放场地。存放场地应设置在吊装设备的有效起重范围内,且应在堆垛之间设置通道; (4)构件的存放架应具有足够的抗倾覆性能; (5)构件运输和存放对已完成结构、基坑有影响时,应经计算复核。	《装配式混凝土建筑技术标准》(GB/T 51231—2016)	施工条件定量风险评价	3	1			3	低风险	技术措施;管理措施
(16)PC构件安装作业区未设置警戒标志	**第10.8.4条** 安装作业开始前,应对安装作业区进行围护并做出明显的标识,拉警戒线,根据危险源级别安排旁站,严禁与安装作业无关的人员进入。	《装配式混凝土建筑技术标准》(GB/T 51231—2016)	基础管理固有风险定量评价	3	1			3	低风险	管理措施
(17)PC构件安装后未进行临时固定	**第10.3.7条** (6)安装就位后应设置可调斜撑临时固定,测量预制墙板的水平位置、垂直度、高度等,通过墙底垫片、临时斜支撑进行调整。	《装配式混凝土建筑技术标准》(GB/T 51231—2016)	施工条件定量风险评价	3	1			3	低风险	技术措施;管理措施

风险因素	管理要求	管理依据	判定方式	可能性	严重程度	人员自身危险性	耦合概率	风险值	风险等级	管控措施
（18）PC 构件安装未检查复核吊装设备及吊具	**第 10.2.6 条** 安装施工前，应复核吊装设备的吊装能力。应按现行行业标准《建筑机械使用安全技术规程》JGJ 33 的有关规定，检查复核吊装设备及吊具处于安全操作状态，并核实现场环境、天气、道路状况等满足吊装施工要求。防护系统应按照施工方案进行搭设、验收，并应符合下列规定： （1）工具式外防护架应试组装并全面检查，附着在构件上的防护系统应复核其与吊装系统的协调； （2）防护架应经计算确定； （3）高处作业人员应正确使用安全防护用品，宜采用工具式操作架进行安装作业。	《装配式混凝土建筑技术标准》（GB/T 51231—2016）	施工条件定量风险评价	6	3			18	较大风险	技术措施；管理措施
（19）PC 构件上吊点、附着点出现裂纹	**第九条** 预制混凝土构件生产单位应履行下列主要职责： （1）提供预制构件吊点、施工设施设备附着点的专项隐蔽验收记录。 （2）确保预制构件的吊点、施工设施设备附着点、临时支撑点的成品保护，不得损坏。 （3）在预制构件吊点、施工设施设备附着点、临时支撑部位做好相应标识。	《装配整体式混凝土结构工程施工安全管理规定》	施工条件定量风险评价	6	3			18	较大风险	技术措施；管理措施

风险因素	管理要求	管理依据	判定方式	可能性	严重程度	人员自身危险性	耦合概率	风险值	风险等级	管控措施
（20）预制构件的连接采取焊接或螺栓连接时质量不达标	**第12.3.5条〔条文说明〕** 当预制构件的连接采取焊接或螺栓连接时应做好质量检查和防护措施。	《装配式混凝土结构技术规程》（JGJ 1—2014）	施工条件定量风险评价	6	3			18	较大风险	技术措施；管理措施
（21）预制构件出厂时的混凝土强度不合格	**第9.6.4条** （5）除设计有要求外，预制构件出厂时的混凝土强度不宜低于设计混凝土强度等级值的75％。	《装配式混凝土建筑技术标准》（GB/T 51231—2016）	施工条件定量风险评价	6	3			18	较大风险	技术措施；管理措施
（22）预制构件吊运不符合规定要求	**第9.8.1条** 预制构件吊运应符合下列规定： (1)应根据预制构件的形状、尺寸、重量和作业半径等要求选择吊具和起重设备，所采用的吊具和起重设备及其操作，应符合国家现行有关标准及产品应用技术手册的规定； (2)吊点数量、位置应经计算确定，应保证吊具连接可靠，应采取保证起重设备的主钩位置、吊具及构件重心在竖直方向上重合的措施； (3)吊索水平夹角不宜小于60°，不应小于45°； (4)应采用慢起、稳升、缓放的操作方式，吊运过程应保持稳定，不得偏斜、摇摆和扭转，严禁吊装构件长时间悬停在空中； (5)吊装大型构件、薄壁构件或形状复杂的构件时，应使用分配梁或分配桁架类吊具，并应采取避免构件变形和损伤的临时加固措施。	《装配式混凝土建筑技术标准》（GB/T 51231—2016）	施工条件定量风险评价	6	3			18	较大风险	技术措施；管理措施

风险因素	管理要求	管理依据	判定方式	可能性	严重程度	人员自身危险性	耦合概率	风险值	风险等级	管控措施
(23)预制构件未按编号顺序进行吊装	第10.3.1条 预制构件吊装除应符合本标准9.8.1条的有关规定外,尚应符合下列规定: (1)应根据当天的作业内容进行班前技术安全交底; (2)预制构件应按吊装顺序预先编号,吊装时严格按编号顺序起吊; (3)预制构件在吊装过程中,宜设置缆风绳控制构件转动。	《装配式混凝土建筑技术标准》(GB/T 51231—2016)	施工条件定量风险评价	6	3			18	较大风险	技术措施;管理措施
(24)预制构件在吊装过程中未设置缆风绳			施工条件定量风险评价	6	3			18	较大风险	技术措施;管理措施
(25)施工前未对从事预制构件吊装作业及相关人员进行安全培训与交底、识别风险	第10.8.3条 施工单位应对从事预制构件吊装作业及相关人员进行安全培训与交底,识别预制构件进场、卸车、存放、吊装、就位各环节的作业风险,并制定防控措施。	《装配式混凝土建筑技术标准》(GB/T 51231—2016)	基础管理固有风险定量评价	10	3			30	较大风险	管理措施
(26)装配式施工专业吊具、吊索、定型工具式支撑、支架等未进行定期检查	第10.8.5条 施工作业使用的专用吊具、吊索、定型工具式支撑、支架等,应进行安全验算,使用中进行定期、不定期检查,确保其安全状态。	《装配式混凝土建筑技术标准》(GB/T 51231—2016)	基础管理固有风险定量评价	10	3			30	较大风险	管理措施

风险因素	管理要求	管理依据	判定方式	可能性	严重程度	人员自身危险性	耦合概率	风险值	风险等级	管控措施
(27) 预制构件起吊后未进行停稳检查	第10.8.6条 吊装作业安全应符合下列规定： (1) 预制构件起吊后,应先将预制构件提升300 mm左右后,停稳构件,检查钢丝绳、吊具和预制构件状态,确认吊具安全且构件平稳后,方可缓慢提升构件;		基础管理固有风险定量评价	10	3			30	较大风险	管理措施
(28) 吊运预制构件时,构件下方站人	(2) 吊机吊装区域内,非作业人员严禁进入;吊运预制构件时,构件下方严禁站人,应待预制构件降落至距地面1 m以内方准作业人员靠近,就位固定后方可脱钩;	《装配式混凝土建筑技术标准》(GB/T 51231—2016)	施工过程定量风险评价	6	3	6	2	216	较大风险	管理措施;应急处置
(29) 高空吊装作业直接用手扶预制构件	(3) 高空应通过揽风绳改变预制构件方向,严禁高空直接用手扶预制构件; (4) 遇到雨、雪、雾天气,或者风力大于5级时,不得进行吊装作业。		施工过程定量风险评价	6	3	6	3	324	重大风险	管理措施;应急处置
(30) 预制构件安装、施工过程中产生的胶黏剂、稀释剂等易燃易爆废弃物未按规定进行回收处理	第10.8.12条 预制构件安装过程中废弃物等应进行分类回收。施工中产生的胶黏剂、稀释剂等易燃易爆废弃物应及时收集送至指定储存器内并按规定回收,严禁丢弃未经处理的废弃物。	《装配式混凝土建筑技术标准》(GB/T 51231—2016)	施工条件定量风险评价	6	3			18	较大风险	技术措施;管理措施

8.4　预应力工程

风险因素	管理要求	管理依据	判定方式	可能性	严重程度	人员自身危险性	耦合概率	风险值	风险等级	管控措施
(1) 仪器仪表过期仍在使用	第9.1.4条　生产单位的检测、试验、张拉、计量等设备及仪器仪表均应检定合格,并应在有效期内使用。不具备试验能力的检验项目,应委托第三方检测机构进行试验。	《装配式混凝土建筑技术标准》(GB/T 51231—2016)	施工条件定量风险评价	3	1			3	低风险	技术措施;管理措施
(2) 不具备试验能力的检验项目,未委托第三方检测机构进行试验			施工条件定量风险评价	3	7			21	重大风险	技术措施;管理措施
(3) 油泵操作人员未配备目镜	第9.1.9条　施工人员应加强劳动保护,配备安全帽、工作服、胶皮手套、护目镜、口罩等劳保用品。	《混凝土结构后锚固技术规程》(JGJ 145—2013)	施工条件定量风险评价	3	1			3	低风险	技术措施;管理措施
(4) 预应力锚杆张拉施工不符合规定	第6.10.7条　预应力锚杆张拉施工应符合下列规定: (1) 预应力锚杆张拉作业前应检查高压油泵与千斤顶之间的连接件,连接件必须完好、紧固。张拉设备应可靠,作业前必须在张拉端设置有效的防护措施; (2) 锚杆钢筋或钢绞线应连接牢固,严禁在张拉时发生脱扣现象;	《建筑深基坑工程施工安全技术规范》(JGJ 311—2013)	施工条件定量风险评价	6	3			18	较大风险	技术措施;管理措施
(5) 预应力锚杆作业前未在张拉端设置有效的防护措施			施工条件定量风险评价	6	3			18	较大风险	技术措施;管理措施

风险因素	管理要求	管理依据	判定方式	可能性	严重程度	人员自身危险性	耦合概率	风险值	风险等级	管控措施
(6)预应力锚杆张拉过程中,孔口前方站人且下方人员进行其他操作	(3)张拉过程中,孔口前方严禁站人,操作人员应站在千斤顶侧面操作; (4)张拉施工时,其下方严禁进行其他操作;严禁采用敲击方法调整施力装置,不得在锚杆端部悬挂重物或碰撞锚具。	《建筑深基坑工程施工安全技术规范》(JGJ 311—2013)	施工过程定量风险评价	6	3	3	2	108	较大风险	技术措施;管理措施
(7)土层锚杆出现锚头松弛、脱落现象	**第6.10.9条**　锚杆锁定应控制相邻锚杆张拉锁定引起的预应力损失,当锚杆出现锚头松弛、脱落、锚具失效等情况时,应及时进行修复并对其进行再次张拉锁定。	《建筑深基坑工程施工安全技术规范》(JGJ 311—2013)	施工条件定量风险评价	6	3			18	较大风险	技术措施;管理措施
(8)锚杆长度、间距及角度不符合要求	**第4.7.8条**　锚杆的布置应符合下列规定: (1)锚杆的水平间距不宜小于1.5 m;对多层锚杆,其竖向间距不宜小于2.0 m;当锚杆的间距小于1.5 m时,应根据群锚效应对锚杆抗拔承载力进行折减或改变相邻锚杆的倾角; (2)锚杆锚固段的上覆土层厚度不宜小于4.0 m; (3)锚杆倾角宜取15°~25°,不应大于45°,不应小于10°;锚杆的锚固段宜设置在强度较高的土层内; (4)当锚杆上方存在天然地基的建筑物或地下构筑物时,宜避开易塌孔、变形的土层。	《建筑基坑支护技术规程》(JGJ 120—2012)	施工条件定量风险评价	6	3			18	较大风险	技术措施;管理措施

续表

风险因素	管理要求	管理依据	判定方式	可能性	严重程度	人员自身危险性	耦合概率	风险值	风险等级	管控措施
(9) 基坑边有透水层时未设置泄水孔	第5.3.8条 当土钉墙后存在滞水时,应在含水层部位的墙面设置泄水孔或采取其他疏水措施。	《建筑基坑支护技术规程》(JGJ 120—2012)	施工条件定量风险评价	6	3			18	较大风险	技术措施;管理措施
(10) 预应力筋发生断裂或滑脱时做法不符合规定	第6.4.10条 预应力筋张拉中应避免预应力筋断裂或滑脱。当发生断裂或滑脱时,应符合下列规定: (1)对后张法预应力结构构件,断裂或滑脱的数量严禁超过同一截面预应力筋总根数的3%,且每束钢丝或每根钢绞线不得超过一丝;对多跨双向连续板,其同一截面应按每跨计算; (2)对先张法预应力构件,在浇筑混凝土前发生断裂或滑脱的预应力筋必须更换。	《混凝土结构工程施工规范》(GB 50666—2011)	施工条件定量风险评价	6	3			18	较大风险	技术措施;管理措施
(11) 应力筋的张拉顺序不符合方案或规定要求	第6.4.6条 预应力筋的张拉顺序应符合设计要求,并应符合下列规定: (1)应根据结构受力特点、施工方便及操作安全等因素确定张拉顺序; (2)预应力筋宜按均匀、对称的原则张拉; (3)现浇预应力混凝土楼盖,宜先张拉楼板、次梁的预应力筋,后张拉主梁的预应力筋; (4)对预制屋架等平卧叠浇构件,应从上而下逐榀张拉。	《混凝土结构工程施工规范》(GB 50666—2011)	施工条件定量风险评价	6	3			18	较大风险	技术措施;管理措施

8.5　混凝土浇筑

风险因素	管理要求	管理依据	判定方式	可能性	严重程度	人员自身危险性	耦合概率	风险值	风险等级	管控措施
（1）混凝土输送管老化、磨损严重	**第8.2.3条**　混凝土输送泵管与支架的设置应符合下列规定： （1）混凝土输送泵管应根据输送泵的型号、拌和物性能、总输出量、单位输出量、输送距离以及粗骨料粒径等进行选择； （2）混凝土粗骨料最大粒径不大于25 mm时，可采用内径不小于125 mm的输送泵管；混凝土粗骨料最大粒径不大于40 mm时，可采用内径不小于150 mm的输送泵管； （3）输送泵管安装连接应严密，输送泵管道转向宜平缓； （4）输送泵管应采用支架固定，支架应与结构牢固连接，输送泵管转向处支架应加密；支架应通过计算确定，设置位置的结构应进行验算，必要时应采取加固措施；	《混凝土结构工程施工规范》（GB 50666—2011）	施工条件定量风险评价	3	1			3	低风险	管理措施
（2）混凝土泵送管连接部位松动	（5）向上输送混凝土时，地面水平输送泵管的直管和弯管总的折算长度不宜小于竖向输送高度的20%，且不宜小于15 m； （6）输送泵管倾斜或垂直向下输送混凝土，且高差大于20 m时，应在倾斜或竖向管下端设置直管或弯管，直管或弯管总的折算长度不宜小于高差的1.5倍； （7）输送高度大于100 m时，混凝土输送泵出料口处的输送泵管位置应设置截止阀； （8）混凝土输送泵管及其支架应经常进行检查和维护。		施工条件定量风险评价	3	3			9	一般风险	管理措施

风险因素	管理要求	管理依据	判定方式	可能性	严重程度	人员自身危险性	耦合概率	风险值	风险等级	管控措施
(3) 混凝土强度未达到设计强度前过早拆模	**第3.3.1条** 混凝土结构工程各工序的施工,应在前一道工序质量检查合格后进行。	《混凝土结构工程施工规范》(GB 50666—2011)	直接判定						重大风险	技术措施;管理措施
(4) 混凝土浇筑布料机布料杆未设置防倾倒措施	**第9.7.4条** 应有防倾倒措施,且应有效可靠。	《施工现场机械设备检查技术规范》(JGJ 160—2016)	施工条件定量风险评价	6	3			18	较大风险	技术措施;管理措施
(5) 混凝土未进行分层浇筑	**第8.3.3条** 混凝土应分层浇筑,分层进行浇筑厚度应符合本规范第8.4.6条的规定,上层混凝土应在下层混凝土初凝之前浇筑完毕。 表8.4.6 混凝土分层振捣的最大厚度 	振捣方法	混凝土分层振捣最大厚度
---	---
振动棒	振动棒作用部分长度的1.25倍
平板振动器	200 mm
附着振动器	根据设置方式,通过试验确定		《混凝土结构工程施工规范》(GB 50666—2011)	施工条件定量风险评价	6	3			18	较大风险	技术措施;管理措施
(6) 振捣器在初凝的混凝土、楼板脚手架、道路和干硬的地面上进行试振	**第9.6.1条** 振捣器不得在初凝的混凝土、楼板脚手架、道路和干硬的地面上进行试振,当检修或作业间断时,应切断电源。	《施工现场机械设备检查技术规范》(JGJ 160—2016)	施工条件定量风险评价	6	3			18	较大风险	技术措施;管理措施

续表

风险因素	管理要求	管理依据	判定方式	可能性	严重程度	人员自身危险性	耦合概率	风险值	风险等级	管控措施
(7) 使用海水直接进行混凝土搅拌和养护	**第7.2.10条**　未经处理的海水严禁用于钢筋混凝土结构和预应力混凝土结构中混凝土的拌制和养护。	《混凝土结构工程施工规范》(GB 50666—2011)	施工条件定量风险评价	6	3			18	较大风险	技术措施；管理措施
(8) 搅拌运输车运输混凝土时，施工现场车辆出入口处未设置交通安全指挥人员	**第7.5.2条**　采用搅拌运输车运输混凝土时，施工现场车辆出入口处应设置交通安全指挥人员，施工现场道路应顺畅，有条件时宜设置循环车道；危险区域应设置警戒标志；夜间施工时，应有良好的照明。	《混凝土结构工程施工规范》(GB 50666—2011)	基础管理固有风险定量评价	3	3			9	一般风险	管理措施
(9) 夜间混凝土施工时照明不佳			施工条件定量风险评价	3	3			9	一般风险	技术措施；管理措施；应急处置
(10) 混凝土浇筑过程中加水	**第8.1.3条**　混凝土运输、输送、浇筑过程中严禁加水；混凝土运输、输送、浇筑过程中散落的混凝土严禁用于混凝土结构构件的浇筑。	《混凝土结构工程施工规范》(GB 50666—2011)	施工条件定量风险评价	3	3			9	一般风险	技术措施；管理措施；应急处置
(11) 混凝土浇筑过程中产生垃圾未采取有效措施	**第11.1.2条**　施工过程中，应采取建筑垃圾减量化措施。施工过程中产生的建筑垃圾，应进行分类、统计和处理。	《混凝土结构工程施工规范》(GB 50666—2011)	施工条件定量风险评价	3	1			3	低风险	技术措施；管理措施

8.6 机械施工

风险因素	管理要求	管理依据	判定方式	可能性	严重程度	人员自身危险性	耦合概率	风险值	风险等级	管控措施
(1) 机械运行时进行维修作业	第3.10.5条 电气设备和线路检修应符合下列规定： (2) 电气设备发生故障时,应采用验电器检验,确认断电后方可检修……	《建筑与市政施工现场安全卫生与职业健康通用规范》(GB 55034—2022)	施工过程定量风险评价	3	1	6	2	36	一般风险	技术措施；管理措施
(2) 翻斗车制动、转向装置不灵敏	第3.19.3条 施工机具的检查评定应符合下列规定： (8) 翻斗车 ① 翻斗车制动、转向装置应灵敏可靠； ② 司机应经专门培训,持证上岗,行车时车斗内不得载人。 (9) 潜水泵 ① 保护零线应单独设置,并应安装漏电保护装置； ② 负荷线应采用专用防水橡皮电缆,不得接头。 (10) 振捣器 ① 振捣器作业时应使用移动配电箱,电缆线长度不应超过30 m； ② 保护零线应单独设置,并应安装漏电保护装置； ③ 操作人员应按规定戴绝缘手套、穿绝缘鞋。	《建筑施工安全检查标准》(JGJ 59—2011)	施工条件定量风险评价	6	3			18	较大风险	技术措施；管理措施
(3) 潜水泵未做保护接零或未设置漏电保护器			施工条件定量风险评价	6	3			18	较大风险	技术措施；管理措施
(4) 潜水泵负荷线未使用专用防水橡皮电缆			施工条件定量风险评价	6	3			18	较大风险	技术措施；管理措施
(5) 潜水泵负荷线有接头			施工条件定量风险评价	3	1			3	低风险	技术措施；管理措施
(6) 振捣器电缆线长度超过30 m			施工条件定量风险评价	3	1			3	低风险	技术措施；管理措施

风险因素	管理要求	管理依据	判定方式	可能性	严重程度	人员自身危险性	耦合概率	风险值	风险等级	管控措施
(7)实行多班作业的机械,接班人员上岗前未进行检查	**第2.0.9条** 实行多班作业的机械,应执行交接班制度,填写交接班记录,接班人员上岗前应认真检查。	《建筑机械使用安全技术规程》(JGJ 33—2012)	施工条件定量风险评价	6	1			6	一般风险	技术措施;管理措施
(8)木屑等木工作业垃圾堆积	**第10.1.6条** 机械应保持清洁,工作台上不得放置杂物。	《建筑机械使用安全技术规程》(JGJ 33—2012)	施工条件定量风险评价	3	1			3	低风险	技术措施;管理措施
(9)木工机械无独立开关箱	**第3.14.3条** 施工用电保证项目的检查评定应符合下列规定: (4)配电箱与开关箱 ① 施工现场配电系统应采用三级配电、二级漏电保护系统,用电设备必须有各自专用的开关箱。	《建筑施工安全检查标准》(JGJ 59—2011)	施工条件定量风险评价	6	1			6	一般风险	技术措施;管理措施
(10)木工机械使用倒顺开关	**第12.5.4条** 应采用单向控制按钮开关,不得使用倒顺开关。	《施工现场机械设备检查技术规范》(JGJ 160—2016)	施工条件定量风险评价	6	1			6	一般风险	技术措施;管理措施;个体防护;应急处置
(11)木工戴线手套操作电锯	**第7.3.1条** 木工机械操作者必须严格遵守木工机械的安全操作规程,并按照木工机械使用说明书和相关安全操作规定使用木工机械。	《木工机械安全使用要求》(AQ 7005—2008)	施工过程定量风险评价	3	1	6	2	36	一般风险	管理措施;个体防护;应急处置

风险因素	管理要求	管理依据	判定方式	可能性	严重程度	人员自身危险性	耦合概率	风险值	风险等级	管控措施
(12)木工机械接线不规范、无保护接零、安全防护装置不齐全	**第12.1.2条** 安全防护装置应符合下列规定： (1)接零保护设置应正确,接地电阻应符合用电规定; (2)短路保护、过载保护、失压保护装置动作应灵敏有效;	《施工现场机械设备检查技术规范》(JGJ 160—2016)	施工条件定量风险评价	6	3			18	较大风险	管理措施;个体防护;应急处置
(13)木工机械传动部位无防护罩	(3)漏电保护器参数应匹配,安装应正确,动作应灵敏可靠; (4)外露传动部分防护罩壳应齐全完整,安装应牢靠; (5)防护压板、护罩等安全防护装置应齐全、可靠、有效,指示标志应醒目。		施工条件定量风险评价	3	3			9	一般风险	技术措施;管理措施;应急处置
(14)木工机械作业场所未配备消防器材	**第10.1.4条** 机械作业场所应配备齐全可靠的消防器材。在工作场所,不得吸烟和动火,并不得混放其他易燃易爆物品。	《建筑机械使用安全技术规程》(JGJ 33—2012)	施工条件定量风险评价	3	3			9	一般风险	技术措施;管理措施;应急处置
(15)木工机械运行中清理木屑	**第10.1.11条** 机械运行中,不得测量工件尺寸和清理木屑、刨花和杂物。	《建筑机械使用安全技术规程》(JGJ 33—2012)	施工过程定量风险评价	3	1	6	3	54	一般风险	管理措施;个体防护;应急处置

风险因素	管理要求	管理依据	判定方式	可能性	严重程度	人员自身危险性	耦合概率	风险值	风险等级	管控措施
（16）木工机械运行中噪声较大	第10.1.16条 机械噪声不应超过建筑施工场界噪声限值；当机械噪声超过限值时，应采取降噪措施。机械操作人员应按规定佩戴个人防护用品。	《建筑机械使用安全技术规程》（JGJ 33—2012）	施工条件定量风险评价	3	1			3	低风险	技术措施；管理措施；应急处置
（17）木工圆锯机防护罩缺失	第3.6.3条 机械上的各种安全防护装置、保险装置、报警装置应齐全有效，不得随意更换、调整或拆除。	《建筑与市政施工现场安全卫生与职业健康通用规范》（GB 55034—2022）	施工条件定量风险评价	3	3			9	一般风险	技术措施；管理措施；应急处置
（18）木工圆锯机锯片有裂纹	第10.3.3条 锯片不得有裂纹。锯片不得有连续2个及以上的缺齿。第10.3.4条 被锯木料的长度不应小于500 mm。作业时，锯片应露出木料10 mm～20 mm。	《建筑机械使用安全技术规程》（JGJ 33—2012）	施工条件定量风险评价	3	3			9	一般风险	技术措施；管理措施；应急处置
（19）曲臂车安全部件缺失	第8.4.3条 移动式升降作业平台的力矩限制器、荷载限制器、倾斜报警装置以及各种行程限位开关等安全保护装置应完好齐全，灵敏可靠，不得随意调整或拆除。	《施工现场机械设备检查技术规范》（JGJ 160—2016）	施工条件定量风险评价	6	3			18	较大风险	技术措施；管理措施；应急处置

风险因素	管理要求	管理依据	判定方式	可能性	严重程度	人员自身危险性	耦合概率	风险值	风险等级	管控措施
(20) 起重吊装机械未安装限位装置，或未定期检查	第16.5.2条 起重吊装机械应安装限位装置，并应定期检查。	《钢结构工程施工规范》(GB 50755—2012)	基础管理固有风险定量评价	6	3			18	较大风险	技术措施；管理措施
(21) 群塔作业未采取防止塔吊相互碰撞措施	第16.5.4条 群塔作业应采取防止塔吊相互碰撞措施。	《钢结构工程施工规范》(GB 50755—2012)	施工条件定量风险评价	6	3			18	较大风险	技术措施；管理措施
(22) 塔吊无良好的接地装置	第16.5.5条 塔吊应有良好的接地装置。	《钢结构工程施工规范》(GB 50755—2012)	施工条件定量风险评价	6	3			18	较大风险	技术措施；管理措施
(23) 高空作业使用的小型手持工具和小型零部件未采取防止坠落措施	第16.6.4条 高空作业使用的小型手持工具和小型零部件应采取防止坠落措施。	《钢结构工程施工规范》(GB 50755—2012)	施工条件定量风险评价	6	3			18	较大风险	技术措施；管理措施

8.7　材料运输

风险因素	管理要求	管理依据	判定方式	可能性	严重程度	人员自身危险性	耦合概率	风险值	风险等级	管控措施
(1) 洞口作业时未采取安全技术措施	**第3.2.3条**　在建工程的预留洞口、通道口、楼梯口、电梯井口等孔洞以及无围护设施或围护设施高度低于1.2 m的楼层周边、楼梯侧边、平台或阳台边、屋面周边和沟、坑、槽等边沿应采取安全防护措施,并严禁随意拆除。	《建筑与市政施工现场安全卫生与职业健康通用规范》(GB 55034—2022)	施工条件定量风险评价	6	3			18	较大风险	技术措施;管理措施
(2) 运输通道上斜坡道搭设不规范,太陡、强度不够	**第3.2.3条**　文明施工保证项目的检查评定应符合下列规定: (3) 施工场地 ① 施工现场的主要道路及材料加工区地面应进行硬化处理; ② 施工现场道路应畅通,路面应平整坚实; ③ 施工现场应有防止扬尘措施; ④ 施工现场应设置排水设施,且排水通畅无积水; ⑤ 施工现场应有防止泥浆、污水、废水污染环境的措施; ⑥ 施工现场应设置专门的吸烟处,严禁随意吸烟; ⑦ 温暖季节应有绿化布置。	《建筑施工安全检查标准》(JGJ 59—2011)	施工条件定量风险评价	6	3			18	较大风险	技术措施;管理措施

风险因素	管理要求	管理依据	判定方式	可能性	严重程度	人员自身危险性	耦合概率	风险值	风险等级	管控措施
(3) 运输通道临边无牢固防护栏杆	第3.2.3条 在建工程的预留洞口、通道口、楼梯口、电梯井口等孔洞以及无围护设施或围护设施高度低于1.2 m的楼层周边、楼梯侧边、平台或阳台边、屋面周边和沟、坑、槽等边沿应采取安全防护措施,并严禁随意拆除。	《建筑与市政施工现场安全卫生与职业健康通用规范》(GB 55034—2022)	施工条件定量风险评价	6	3			18	较大风险	技术措施;管理措施
(4) 运输车辆装载物品超高堆放	第6.1.4条 装载的物品应捆绑稳固牢靠,整车重心高度应控制在规定范围内,轮式机具和圆形物件装运时应采取防止滚动的措施。	《建筑机械使用安全技术规程》(JGJ 33—2012)	施工条件定量风险评价	3	3			9	一般风险	管理措施
(5) 机械运输车辆刹车系统失灵	第6.1.2条 (4) 制动系统各部件应连接可靠,管路畅通。	《建筑机械使用安全技术规程》(JGJ 33—2012)	施工条件定量风险评价	6	3			18	较大风险	技术措施;管理措施
(6) 泥桶垂直运输时吊运绳索破损	第4.2.1条 (5) 使用中发生的扭结应立即抖直。当有局部损伤时,应切去损伤部分。	《建筑施工起重吊装工程安全技术规范》(JGJ 276—2012)	施工条件定量风险评价	6	3			18	较大风险	技术措施;管理措施

8.8　临边洞口高处作业

风险因素	管理要求	管理依据	判定方式	可能性	严重程度	人员自身危险性	耦合概率	风险值	风险等级	管控措施
(1)"三宝"材质不符合要求	**第3.13.1条**　高处作业检查评定应符合现行国家标准《安全网》GB 5725、《安全帽》GB 2811、《安全带》GB 6095 和现行行业标准《建筑施工高处作业安全技术规范》JGJ 80 的规定。	《建筑施工安全检查标准》(JGJ 59—2011)	施工条件定量风险评价	6	3			18	较大风险	技术措施；管理措施
(2)未按要求配备或不能正确使用"三宝"			施工条件定量风险评价	6	3			18	较大风险	技术措施；管理措施
(3)临边作业防护栏杆设置不规范	**第4.3.1条**　临边作业的防护栏杆应由横杆、立杆及挡脚板组成,防护栏杆应符合下列规定: (1)防护栏杆应为两道横杆,上杆距地面高度应为1.2 m,下杆应在上杆和挡脚板中间设置; (2)当防护栏杆高度大于1.2 m时,应增设横杆,横杆间距不应大于600 mm; (3)防护栏杆立杆间距不应大于2 m; (4)挡脚板高度不应小于180 mm。	《建筑施工高处作业安全技术规范》(JGJ 80—2016)	施工条件定量风险评价	6	3			18	较大风险	技术措施；管理措施

风险因素	管理要求	管理依据	判定方式	可能性	严重程度	人员自身危险性	耦合概率	风险值	风险等级	管控措施
(4) 临边、洞口临空一侧未设置防护栏杆	**第3.2.3条** 在建工程的预留洞口、通道口、楼梯口、电梯井口等孔洞以及无围护设施或围护设施高度低于1.2 m的楼层周边、楼梯侧边、平台或阳台边、屋面周边和沟、坑、槽等边沿应采取安全防护措施,并严禁随意拆除。	《建筑与市政施工现场安全卫生与职业健康通用规范》(GB 55034—2022)	施工条件定量风险评价	6	3			18	较大风险	技术措施;管理措施
(5) 阳台边未设置防护栏杆			施工条件定量风险评价	6	3			18	较大风险	技术措施;管理措施
(6) 建筑物外围边沿处,未用密目式安全立网进行全封闭	**第4.1.3条** 建筑物外围边沿处,对没有设置外脚手架的工程,应设置防护栏杆;对有外脚手架的工程,应采用密目式安全立网全封闭。密目式安全立网应设置在脚手架外侧立杆上,并应与脚手杆紧密连接。	《建筑施工高处作业安全技术规范》(JGJ 80—2016)	施工条件定量风险评价	6	3			18	较大风险	技术措施;管理措施
(7) 无外防护架屋面临边防护栏杆并未张挂密目式安全立网			施工条件定量风险评价	6	3			18	较大风险	技术措施;管理措施
(8) 施工的楼梯口、楼梯平台和梯段边,未安装防护栏杆	**第4.1.2条** 施工的楼梯口、楼梯平台和梯段边,应安装防护栏杆;外设楼梯口、楼梯平台和梯段边还应采用密目式安全立网封闭。	《建筑施工高处作业安全技术规范》(JGJ 80—2016)	施工条件定量风险评价	6	3			18	较大风险	技术措施;管理措施

风险因素	管理要求	管理依据	判定方式	可能性	严重程度	人员自身危险性	耦合概率	风险值	风险等级	管控措施
(9) 电梯井口无防护门	第4.2.2条 电梯井口应设置防护门,其高度不应小于1.5 m,防护门底端距地面高度不应大于50 mm,并应设置挡脚板。	《建筑施工高处作业安全技术规范》(JGJ 80—2016)	施工条件定量风险评价	6	3			18	较大风险	技术措施;管理措施
(10) 防护门底端距地面高度大于50 mm,未设置挡脚板			施工条件定量风险评价	3	3			9	一般风险	技术措施;管理措施
(11) 电梯井内的施工层上部未按要求采取防护措施	第4.2.3条 在电梯施工前,电梯井道内应每隔2层且不大于10 m加设一道安全平网。电梯井内的施工层上部,应设置隔离防护设施。	《建筑施工高处作业安全技术规范》(JGJ 80—2016)	施工条件定量风险评价	6	3			18	较大风险	技术措施;管理措施
(12) 防护栏杆未张挂密目式安全立网或其他材料封闭	第4.3.5条 防护栏杆应张挂密目式安全立网或其他材料封闭。	《建筑施工高处作业安全技术规范》(JGJ 80—2016)	施工条件定量风险评价	6	3			18	较大风险	技术措施;管理措施
(13) 悬空作业立足点不牢固,未配置登高和防坠落的设施	第5.2.1条 悬空作业的立足处的设置应牢固,并应配置登高和防坠落装置和设施。	《建筑施工高处作业安全技术规范》(JGJ 80—2016)	施工条件定量风险评价	6	3			18	较大风险	技术措施;管理措施
(14) 施工现场人员进出的通道口未搭设防雨防砸防护棚	第7.1.4条 施工现场人员进出的通道口,应搭设安全防护棚。	《建筑施工高处作业安全技术规范》(JGJ 80—2016)	施工条件定量风险评价	3	3			9	一般风险	技术措施;管理措施

风险因素	管理要求	管理依据	判定方式	可能性	严重程度	人员自身危险性	耦合概率	风险值	风险等级	管控措施
(15) 处于起重设备的起重机臂回转范围之内的通道,顶部未搭设防雨防砸防护棚	**第7.1.3条** 处于起重机臂架回转范围内的通道,应搭设安全防护棚。	《建筑施工高处作业安全技术规范》(JGJ 80—2016)	施工条件定量风险评价	3	3			9	一般风险	技术措施;管理措施
(16) 电梯井内平网网体与井壁的空隙大于25 mm	**第8.2.4条** 用于电梯井、钢结构和框架结构及构筑物封闭防护的平网,应符合下列规定: (1)平网每个系结点上的边绳应与支撑架靠紧,边绳的断裂张力不得小于7 kN,系绳沿网边应均匀分布,间距不得大于750 mm;	《建筑施工高处作业安全技术规范》(JGJ 80—2016)	施工条件定量风险评价	3	3			9	一般风险	技术措施;管理措施
(17) 电梯井内平网网体与井壁固定不牢	(2)电梯井内平网网体与井壁的空隙不得大于25 mm,安全网拉结应牢固。	《建筑施工高处作业安全技术规范》(JGJ 80—2016)	施工条件定量风险评价	3	3			9	一般风险	技术措施;管理措施
(18) 边长或直径为20 cm~40 cm的洞口未采用刚性盖板固定防护	**第16.4.1条** 边长或直径为20 cm~40 cm的洞口应采用刚性盖板固定防护;边长或直径为40 cm~150 cm的洞口应架设钢管脚手架、满铺脚手板等;边长或直径在150 cm以上的洞口应张设密目安全网防护并加护栏。	《钢结构工程施工规范》(GB 50755—2012)	施工条件定量风险评价	6	3			18	较大风险	技术措施;管理措施
(19) 施工现场洞口、坑、沟、槽、高处临边等危险作业处,未按要求悬挂安全警示标志,夜间未设灯光警示	**第3.0.4条** 应根据要求将各类安全警示标志悬挂于施工现场各相应部位,夜间应设红灯警示。高处作业施工前,应检查高处作业的安全标志、工具、仪表、电气设施和设备,确认其完好后,方可进行施工。	《建筑施工高处作业安全技术规范》(JGJ 80—2016)	施工条件定量风险评价	6	3			18	较大风险	管理措施

风险因素	管理要求	管理依据	判定方式	可能性	严重程度	人员自身危险性	耦合概率	风险值	风险等级	管控措施
(20) 施工现场立体交叉作业时,下层作业位置处于坠楼半径之内,且下方未设置防护棚或警戒区	第7.1.1条 交叉作业时,下层作业位置应处于上层作业的坠落半径之外,高空作业坠落半径应按表7.1.1确定。安全防护棚和警戒隔离区范围的设置应视上层作业高度确定,并应大于坠落半径。 表7.1.1 坠落半径(m) 	序号	上层作业高度(h_b)	坠落半径
---	---	---
1	$2 \leqslant h_b \leqslant 5$	3
2	$5 < h_b \leqslant 15$	4
3	$15 < h_b \leqslant 30$	5
4	$h_b > 30$	6		《建筑施工高处作业安全技术规范》(JGJ 80—2016)	施工条件定量风险评价	6	3			18	较大风险	管理措施
(21) 当建筑物高度大于24 m时,未搭设双层防护棚,或搭设间距小于700 mm	第7.2.1条 (2) 当建筑物高度大于24 m并采用木质板搭设时,应搭设双层安全防护棚。两层防护的间距不应小于700 mm,安全防护棚的高度不应小于4 m。	《建筑施工高处作业安全技术规范》(JGJ 80—2016)	施工条件定量风险评价	6	3			18	较大风险	管理措施
(22) 防护棚上杂物未及时清理	第7.1.5条 不得在防护棚棚顶堆放物料。	《建筑施工高处作业安全技术规范》(JGJ 80—2016)	施工条件定量风险评价	3	1			3	一般风险	管理措施
(23) 高处作业前未对设备设施进行验收	第3.0.2条 高处作业施工前,应按类别对安全防护设施进行检查、验收,验收合格后方可进行作业,并应做验收记录。验收可分层或分阶段进行。	《建筑施工高处作业安全技术规范》(JGJ 80—2016)	基础管理固有风险定量评价	3	3			9	一般风险	管理措施

续表

风险因素	管理要求	管理依据	判定方式	可能性	严重程度	人员自身危险性	耦合概率	风险值	风险等级	管控措施
(24) 搭设临边脚手架、操作平台、安全挑网等未可靠固定在结构上	**第16.4.4条** 搭设临边脚手架、操作平台、安全挑网等应可靠固定在结构上。	《钢结构工程施工规范》(GB 50755—2012)	施工条件定量风险评价	6	3			18	较大风险	技术措施;管理措施
(25) 施工升降机、龙门架等垂直运输设备与建筑物的通道两侧间未设置防护栏杆及挡脚板	**第4.1.4条** 施工升降机、龙门架和井架物料提升机等在建筑物间设置的停层平台两侧边,应设置防护栏杆、挡脚板,并应采用密目式安全立网或工具式栏板封闭。	《建筑施工高处作业安全技术规范》(JGJ 80—2016)	施工条件定量风险评价	6	3			18	较大风险	技术措施;管理措施

8.9　砌筑作业

风险因素	管理要求	管理依据	判定方式	可能性	严重程度	人员自身危险性	耦合概率	风险值	风险等级	管控措施
(1) 6 级以上强风、浓雾、沙尘暴等恶劣气候,进行露天高处砌筑作业	**第3.0.8条** ……当遇有 6 级及以上强风、浓雾、沙尘暴等恶劣气候,不得进行露天攀登与悬空高处作业……	《建筑施工高处作业安全技术规范》(JGJ 80—2016)	施工条件定量风险评价	6	3			18	较大风险	技术措施;管理措施;个体防护;应急处置

续表

风险因素	管理要求	管理依据	判定方式	可能性	严重程度	人员自身危险性	耦合概率	风险值	风险等级	管控措施
(2) 施工现场建筑构件存放混乱	**第3.1.6条** 砌入墙体内的各种建筑构配件、埋设件、钢筋网片与拉结筋应预制及加工,并应按不同型号、规格分别存放。	《砌体结构工程施工规范》(GB 50924—2014)	施工条件定量风险评价	3	1			3	低风险	管理措施
(3) 施工现场拌制砂浆及混凝土时,搅拌机未设置有防风、隔声的封闭围护设施,未安装除尘装置	**第12.2.2条** 施工现场拌制砂浆及混凝土时,搅拌机应有防风、隔声的封闭围护设施,并宜安装除尘装置,其噪声限值应符合国家有关规定。	《砌体结构工程施工规范》(GB 50924—2014)	施工条件定量风险评价	3	1			3	低风险	技术措施;管理措施
(4) 在砂浆搅拌、运输、使用过程中,遗漏的砂浆堆放未处理	**第12.2.6条** 在砂浆搅拌、运输、使用过程中,遗漏的砂浆应回收处理。砂浆搅拌及清洗机械所产生的污水,应经过沉淀池沉淀后排放。	《砌体结构工程施工规范》(GB 50924—2014)	施工条件定量风险评价	3	1			3	低风险	技术措施;管理措施
(5) 现场摆放预拌砂浆罐的基础不牢固,砂浆罐的承载力不符合要求	**第6.1.5条** 施工现场的地基承载力应满足桩工机械安全作业的要求……	《施工现场机械设备检查技术规范》(JGJ 160—2016)	施工条件定量风险评价	6	3			18	较大风险	技术措施;管理措施
(6) 生石灰运输过程中未采取防水措施,且与易燃易爆物品共同存放、运输	**第12.1.15条** 生石灰运输过程中应采取防水措施,且不应与易燃易爆物品共同存放、运输。	《砌体结构工程施工规范》(GB 50924—2014)	施工条件定量风险评价	6	3			18	较大风险	管理措施

风险因素	管理要求	管理依据	判定方式	可能性	严重程度	人员自身危险性	耦合概率	风险值	风险等级	管控措施
(7) 淋灰池、水池无护墙或护栏	**第12.1.16条** 淋灰池、水池应有护墙或护栏。	《砌体结构工程施工规范》(GB 50924—2014)	施工条件定量风险评价	3	3			9	一般风险	技术措施;管理措施;个体防护;应急处置
(8) 楼层卸料和备料集中堆放,超过楼板的设计活荷载标准值	**第12.1.13条** 楼层卸料和备料不应集中堆放,不得超过楼板的设计活荷载标准值。	《砌体结构工程施工规范》(GB 50924—2014)	施工条件定量风险评价	6	3			18	较大风险	技术措施;管理措施
(9) 脚手架上普通砖、多孔砖、空心砖或砌块堆放过高	**第12.1.11条** 作业人员在脚手架上施工时,应符合下列规定: (1) 在脚手架上砍砖时,应向内将碎砖打在脚手板上,不得向架外砍砖; (2) 在脚手架上堆普通砖、多孔砖不得超过3层,空心砖或砌块不得超过2层; (3) 翻拆脚手架前,应将脚手板上的杂物清理干净。	《砌体结构工程施工规范》(GB 50924—2014)	施工条件定量风险评价	6	3			18	较大风险	技术措施;管理措施
(10) 作业人员在脚手架上砍砖时,向架外砍砖			施工过程定量风险评价	6	3	6	2	216	较大风险	技术措施;管理措施;个体防护;应急处置
(11) 翻拆脚手架前,未将脚手板上的杂物清理干净			施工条件定量风险评价	3	1			3	低风险	管理措施

风险因素	管理要求	管理依据	判定方式	可能性	严重程度	人员自身危险性	耦合概率	风险值	风险等级	管控措施
(12) 现场加工区材料切割、打凿加工人员,砂浆搅拌作业人员以及搬运人员,未按相关要求佩戴好劳动防护用品	**第12.1.18条** 现场加工区材料切割、打凿加工人员,砂浆搅拌作业人员以及搬运人员,应按相关要求佩戴好劳动防护用品。	《砌体结构工程施工规范》(GB 50924—2014)	施工条件定量风险评价	10	3			30	重大风险	管理措施
(13) 高处作业人员未按规定正确佩戴和使用高处作业安全防护用品、用具	**第3.0.5条** 高处作业人员应根据作业的实际情况配备相应的高处作业安全防护用品,并应按规定正确佩戴和使用相应的安全防护用品、用具。	《建筑施工高处作业安全技术规范》(JGJ 80—2016)	施工条件定量风险评价	10	3			30	重大风险	管理措施
(14) 在通道处使用梯子作业时,无专人监护或未设置围栏			基础管理固有风险定量评价	3	3			9	一般风险	技术措施;管理措施
(15) 攀登作业时两人同时在梯子上作业	**第5.1.3条** 同一梯子上不得两人同时作业。在通道处使用梯子作业时,应有专人监护或设置围栏。脚手架操作层上严禁架设梯子作业。	《建筑施工高处作业安全技术规范》(JGJ 80—2016)	施工过程定量风险评价	3	3	6	2	108	较大风险	管理措施
(16) 使用移动梯子登高作业时,无专人扶持(梯子固定牢固除外)或无防滑措施			基础管理固有风险定量评价	3	3			9	一般风险	管理措施

风险因素	管理要求	管理依据	判定方式	可能性	严重程度	人员自身危险性	耦合概率	风险值	风险等级	管控措施
(17) 单梯垫高使用或踏步缺失	**第5.1.5条**　使用单梯时梯面应与水平面成75°夹角,踏步不得缺失,梯格间距宜为300 mm,不得垫高使用。	《建筑施工高处作业安全技术规范》(JGJ 80—2016)	基础管理固有风险定量评价	3	3			9	一般风险	技术措施;管理措施
(18) 作业人员在未固定、无防护的构件及安装中的管道上作业或通行	**第3.2.4条**　严禁在未固定、无防护设施的构件及管道上进行作业或通行。	《建筑与市政施工现场安全卫生与职业健康通用规范》(GB 55034—2022)	施工过程定量风险评价	6	3	6	2	216	较大风险	管理措施
(19) 移动脚手架移动过程中平台上站人	**第6.2.4条**　移动式操作平台移动时,操作平台上不得站人。	《建筑施工高处作业安全技术规范》(JGJ 80—2016)	施工过程定量风险评价	6	3	6	2	216	较大风险	管理措施
(20) 曲臂车安全部件缺失	**第8.4.3条**　移动式升降作业平台的力矩限制器、荷载限制器、倾斜报警装置以及各种行程限位开关等安全保护装置应完好齐全,灵敏可靠,不得随意调整或拆除。	《施工现场机械设备检查技术规范》(JGJ 160—2016)	施工条件定量风险评价	6	3			18	较大风险	技术措施;管理措施
(21) 作业人员高空抛物	**第12.0.8条**　拆除作业应在白天进行,分段滑模装置应在起重吊索绷紧后割除支承杆或解除与体外支承杆的连接,并应在地面解体。拆除的部件、支承杆和剩余材料等应捆扎牢固、集中吊运,严禁凌空抛掷。	《液压滑动模板施工安全技术规程》(JGJ 65—2013)	施工过程定量风险评价	6	3	6	2	216	较大风险	管理措施;个体防护;应急处置

风险因素	管理要求	管理依据	判定方式	可能性	严重程度	人员自身危险性	耦合概率	风险值	风险等级	管控措施
(22) 在建筑高处进行砌筑作业时,作业人员站在墙顶操作和行走	第12.1.12条　在建筑高处进行砌筑作业时,应符合现行行业标准《建筑施工高处作业安全技术规范》JGJ 80 的相关规定。不得在卸料平台上、脚手架上、升降机、龙门架及井架物料提升机出入口位置进行块材的切割、打凿加工。不得站在墙顶操作和行走。工作完毕应将墙上和脚手架上多余的材料、工具清理干净。	《砌体结构工程施工规范》(GB 50924—2014)	施工过程定量风险评价	6	3	6	2	216	较大风险	管理措施;个体防护;应急处置
(23) 高处作业时扬洒物料、垃圾、粉尘以及废水	第12.2.7条　高处作业时不得扬洒物料、垃圾、粉尘以及废水。	《砌体结构工程施工规范》(GB 50924—2014)	施工过程定量风险评价	6	3	6	2	216	较大风险	管理措施;个体防护;应急处置
(24) 不具备焊接热处理的专业技术人员进行焊接热处理	第3.0.4条　钢结构焊接工程相关人员的资格应符合下列规定: (1) 焊接技术人员应接受过专门的焊接技术培训,且有一年以上焊接生产或施工实践经验; (2) 焊接技术负责人除应满足本条1款规定外,还应具有中级以上技术职称。承担焊接难度等级为 C 级和 D 级焊接工程的施工单位,其焊接技术负责人应具有高级技术职称; (3) 焊接检验人员应接受过专门的技术培训,有一定的焊接实践经验和技术水平,并	《钢结构焊接规范》(GB 50661—2011)	直接判定						重大风险	管理措施

风险因素	管理要求	管理依据	判定方式	可能性	严重程度	人员自身危险性	耦合概率	风险值	风险等级	管控措施
(24) 不具备焊接热处理的专业技术人员进行焊接热处理	具有检验人员上岗资格证; (4) 无损检测人员必须由专业机构考核合格,其资格证应在有效期内,并按考核合格项目及权限从事无损检测和审核工作。承担焊接难度等级为 C 级和 D 级焊接工程的无损检测审核人员应具备现行国家标准《无损检测人员资格鉴定与认证》GB/T 9445 中的 3 级资格要求; (5) 焊工应按所从事钢结构的钢材种类、焊接节点形式、焊接方法、焊接位置等要求进行技术资格考试,并取得相应的资格证书,其施焊范围不得超越资格证书的规定; (6) 焊接热处理人员应具备相应的专业技术。用电加热设备加热时,其操作人员应经过专业培训。	《钢结构焊接规范》(GB 50661—2011)	直接判定						重大风险	管理措施
(25) 作业人员将手臂探入正在转动的泵车料斗内	**第 9.4.6 条〔条文说明〕** 输送管道的管壁厚度应与泵送压力匹配,近泵处应选用优质管子。管道接头、密封圈及弯头等应完好无损。泵机转动时,严禁将手或铁锹伸入料斗或用手抓握分配阀。当需在料斗或分配阀上工作时,应先关闭电动机和清除蓄能器压力。泵送时,不得开启任何输送管道和液压管道;不得调整、修理正在运转的部件。	《施工现场机械设备检查技术规范》(JGJ 160—2016)	施工过程定量风险评价	3	3	6	2	108	较大风险	管理措施
(26) 作业人员违规清理正在运转的搅拌机滚筒			施工过程定量风险评价	3	3	6	2	108	较大风险	管理措施

风险因素	管理要求	管理依据	判定方式	可能性	严重程度	人员自身危险性	耦合概率	风险值	风险等级	管控措施
(27) 砌筑中砂浆未达到强度提前拆除模板	第6.2.19条 砖过梁底部的模板,应在灰缝砂浆强度不低于设计强度75%时,方可拆除。	《砌体结构工程施工规范》(GB 50924—2014)	基础管理固有风险定量评价	6	3			18	较大风险	技术措施;管理措施

8.10 钢结构工程

风险因素	管理要求	管理依据	判定方式	可能性	严重程度	人员自身危险性	耦合概率	风险值	风险等级	管控措施
(1) 钢结构工程施工单位不具备相应资质	第3.0.1条 钢结构工程施工单位应具备相应的钢结构工程施工资质,并应有安全、质量和环境管理体系。	《钢结构工程施工规范》(GB 50755—2012)	直接判定						重大风险	管理措施
(2) 结构吊装采用抬吊	第11.2.5条 钢结构吊装不宜采用抬吊……	《钢结构工程施工规范》(GB 50755—2012)	施工条件定量风险评价	6	3			18	较大风险	技术措施;管理措施;应急处置
(3) 钢柱上未固定登高扶梯进行吊装	第16.2.3条 钢柱吊装松钩时,施工人员宜通过钢挂梯登高,并应采用防坠器进行人身保护。钢挂梯应预先与钢柱可靠连接,并应随柱起吊。	《钢结构工程施工规范》(GB 50755—2012)	施工条件定量风险评价	6	3			18	较大风险	技术措施;管理措施;应急处置

风险因素	管理要求	管理依据	判定方式	可能性	严重程度	人员自身危险性	耦合概率	风险值	风险等级	管控措施
（4）柱脚安装时，锚栓未使用导入器或护套	**第11.4.1条** （1）柱脚安装时，锚栓宜使用导入器或护套。	《钢结构工程施工规范》（GB 50755—2012）	施工条件定量风险评价	6	3			18	较大风险	技术措施；管理措施；应急处置
（5）钢梁采用单点起吊	**第11.4.2条** （1）钢梁宜采用两点起吊……	《钢结构工程施工规范》（GB 50755—2012）	施工条件定量风险评价	6	3			18	较大风险	技术措施；管理措施；应急处置
（6）单层钢结构在安装过程中，未及时安装临时柱间支撑或稳定缆绳	**第11.5.2条** 单层钢结构在安装过程中，应及时安装临时柱间支撑或稳定缆绳，应在形成空间结构稳定体系后再扩展安装……	《钢结构工程施工规范》（GB 50755—2012）	施工条件定量风险评价	6	3			18	较大风险	技术措施；管理措施；个体防护；应急处置
（7）钢结构施工的平面安全通道宽度小于600 mm，且两侧未设置安全护栏或防护钢丝绳	**第16.3.2条** 钢结构施工的平面安全通道宽度不宜小于600 mm，且两侧应设置安全护栏或防护钢丝绳。	《钢结构工程施工规范》（GB 50755—2012）	施工条件定量风险评价	6	3			18	较大风险	技术措施；管理措施；个体防护；应急处置
（8）钢梁上未安装扶手杆或安全绳进行吊装	**第5.2.2条** （4）钢结构安装施工宜在施工层搭设水平通道，水平通道两侧应设置防护栏杆；当利用钢梁作为水平通道时，应在钢梁一侧设置连续的安全绳，安全绳宜采用钢丝绳。	《建筑施工高处作业安全技术规范》（JGJ 80—2016）	施工条件定量风险评价	6	3			18	较大风险	管理措施；个体防护；应急处置

风险因素	管理要求	管理依据	判定方式	可能性	严重程度	人员自身危险性	耦合概率	风险值	风险等级	管控措施
(9) 气体切割和高空焊接作业时，未清除作业区危险易燃物	**第7.0.4条** （1）焊接作业区和焊机周围6 m以内，严禁堆放装饰材料、油料、木材、氧气瓶、溶解乙炔气瓶、液化石油气瓶等易燃、易爆物品。	《钢筋焊接及验收规程》（JGJ 18—2012）	施工条件定量风险评价	6	3			18	较大风险	技术措施；管理措施
(10) 气体切割和高空焊接作业时，未采取防火措施	**第7.0.4条** （3）高空作业的下方和焊接火星所及范围内，必须彻底清除易燃、易爆物品。	《钢筋焊接及验收规程》（JGJ 18—2012）	施工条件定量风险评价	6	3			18	较大风险	技术措施；管理措施
(11) 钢结构工程施工单位不具备相应的钢结构工程施工资质	**第3.0.1条** 钢结构工程施工单位应具备相应的钢结构工程施工资质，并应有安全、质量和环境管理体系。	《钢结构工程施工规范》（GB 50755—2012）	直接判定						重大风险	管理措施；个体防护；应急处置
(12) 现场施工作业用火未经相关部门批准	**第16.7.2条** 现场施工作业用火应经相关部门批准。	《钢结构工程施工规范》（GB 50755—2012）	基础管理固有风险定量评价	1	3			3	低风险	技术措施；管理措施
(13) 安装前，未按构件明细表核对进场的构件并查验产品合格证	**第11.1.3条** 安装前，应按构件明细表核对进场的构件，查验产品合格证；工厂预拼装过的构件在现场组装时，应根据预拼装记录进行。	《钢结构工程施工规范》（GB 50755—2012）	施工条件定量风险评价	6	3			18	较大风险	技术措施；管理措施
(14) 钢结构施工期间，未对结构变形、结构内力、环境量等内容进行过程监测	**第15.1.3条** 钢结构施工期间，可对结构变形、结构内力、环境量等内容进行过程监测。钢结构工程具体的监测内容及监测部位可根据不同的工程要求和施工状况选取。	《钢结构工程施工规范》（GB 50755—2012）	基础管理固有风险定量评价	3	15			45	重大风险	技术措施；管理措施

风险因素	管理要求	管理依据	判定方式	可能性	严重程度	人员自身危险性	耦合概率	风险值	风险等级	管控措施
(15) 大跨度空间钢结构施工前未对钢索、锚具及零配件的出厂报告、产品质量保证书、检测报告进行验收	**第11.7.3条** （1）施工前应对钢索、锚具及零配件的出厂报告、产品质量保证书、检测报告，以及索体长度、直径、品种、规格、色泽、数量等进行验收，并应验收合格后再进行预应力施工。	《钢结构工程施工规范》（GB 50755—2012）	基础管理固有风险定量评价	6	3			18	较大风险	技术措施；管理措施
(16) 索（预应力）结构未进行索力和结构变形监测	**第11.7.3条** （5）索（预应力）结构宜进行索力和结构变形监测，并应形成监测报告。	《钢结构工程施工规范》（GB 50755—2012）	基础管理固有风险定量评价	3	15			45	重大风险	技术措施；管理措施
(17) 在钢梁或钢桁架上行走的作业人员未佩戴双钩安全带	**第16.3.3条** 在钢梁或钢桁架上行走的作业人员应佩戴双钩安全带。	《钢结构工程施工规范》（GB 50755—2012）	基础管理固有风险定量评价	6	3			18	较大风险	管理措施；个体防护；应急处置
(18) 钢结构焊接工程技术人员未接受过专门的焊接技术培训	**第6.2.1条** 焊接技术人员（焊接工程师）应具有相应的资格证书；大型重要的钢结构工程，焊接技术负责人应取得中级及以上技术职称并有五年以上焊接生产或施工实践经验。**第6.2.2条** 焊接质量检验人员应接受过焊接专业的技术培训，并应经岗位培训取得相应的质量检验资格证书。	《钢结构工程施工规范》（GB 50755—2012）	基础管理固有风险定量评价	10	3			30	较大风险	管理措施

续表

风险因素	管理要求	管理依据	判定方式	可能性	严重程度	人员自身危险性	耦合概率	风险值	风险等级	管控措施
(19)钢结构工程所用的材料不符合设计文件和国家现行有关标准的规定	**第5.1.2条** 钢结构工程所用的材料应符合设计文件和国家现行有关标准的规定,应具有质量合格证明文件,并应经进场检验合格后使用。	《钢结构工程施工规范》(GB 50755—2012)	施工条件定量风险评价	6	3			18	较大风险	管理措施
(20)多层及高层钢结构施工未采用人货两用电梯登高		《钢结构工程施工规范》(GB 50755—2012)	施工条件定量风险评价	6	3			18	较大风险	技术措施;管理措施
(21)多层及高层钢结构施工,对电梯尚未到达的楼层未搭设合理的安全登高设施	**第16.2.2条** 多层及高层钢结构施工应采用人货两用电梯登高,对电梯尚未到达的楼层应搭设合理的安全登高设施。		施工条件定量风险评价	3	3			9	一般风险	技术措施;管理措施
(22)钢柱吊装松钩时,施工人员未采用防坠器进行人身保护	**第16.2.3条** 钢柱吊装松钩时,施工人员宜通过钢挂梯登高,并应采用防坠器进行人身保护。钢挂梯应预先与钢柱可靠连接,并应随柱起吊。	《钢结构工程施工规范》(GB 50755—2012)	基础管理固有风险定量评价	10	3			30	较大风险	管理措施
(23)钢结构安装现场未设置专门的构件堆场,或未采取防止构件变形及表面污染的保护措施	**第11.1.2条** 钢结构安装现场应设置专门的构件堆场,并应采取防止构件变形及表面污染的保护措施。	《钢结构工程施工规范》(GB 50755—2012)	施工条件定量风险评价	3	1			3	低风险	技术措施;管理措施

风险因素	管理要求	管理依据	判定方式	可能性	严重程度	人员自身危险性	耦合概率	风险值	风险等级	管控措施
(24) 构件吊装前未清除表面上的油污、冰雪、泥沙和灰尘等杂物	第11.1.4条 构件吊装前应清除表面上的油污、冰雪、泥沙和灰尘等杂物,并应做好轴线和标高标记。	《钢结构工程施工规范》(GB 50755—2012)	施工条件定量风险评价	3	1			3	低风险	技术措施;管理措施
(25) 未根据结构特点按照合理顺序进行钢结构安装,且未形成稳固的空间刚度单元	第11.1.5条 钢结构安装应根据结构特点按照合理顺序进行,并应形成稳固的空间刚度单元,必要时应增加临时支承结构或临时措施。	《钢结构工程施工规范》(GB 50755—2012)	施工条件定量风险评价	6	3			18	较大风险	技术措施;管理措施
(26) 钢结构安装校正时未分析温度、日照和焊接变形等因素对结构变形的影响	第11.1.6条 钢结构安装校正时应分析温度、日照和焊接变形等因素对结构变形的影响。施工单位和监理单位宜在相同的天气条件和时间段进行测量验收。	《钢结构工程施工规范》(GB 50755—2012)	施工条件定量风险评价	6	3			18	较大风险	技术措施;管理措施
(27) 钢结构吊装未在构件上设置专门的吊装耳板或吊装孔	第11.1.7条 钢结构吊装宜在构件上设置专门的吊装耳板或吊装孔。设计文件无特殊要求时,吊装耳板和吊装孔可保留在构件上,需去除耳板时,可采用气割或碳弧气刨方式在离母材3 mm～5 mm位置切除,严禁采用锤击方式去除。	《钢结构工程施工规范》(GB 50755—2012)	施工条件定量风险评价	6	3			18	较大风险	技术措施;管理措施

风险因素	管理要求	管理依据	判定方式	可能性	严重程度	人员自身危险性	耦合概率	风险值	风险等级	管控措施
（28）钢结构安装过程中,制孔、组装、焊接和涂装等工序的施工均不符合规范要求	**第11.1.8条** 钢结构安装过程中,制孔、组装、焊接和涂装等工序的施工均应符合本规范第6、8、9、13章的有关规定。	《钢结构工程施工规范》（GB 50755—2012）	施工条件定量风险评价	6	3			18	较大风险	技术措施;管理措施
（29）未采用塔式起重机、履带吊、汽车吊等定型产品进行钢结构安装	**第11.2.1条** 钢结构安装宜采用塔式起重机、履带吊、汽车吊等定型产品。选用非定型产品作为起重设备时,应编制专项方案,并应经评审后再组织实施。	《钢结构工程施工规范》（GB 50755—2012）	施工条件定量风险评价	6	3			18	较大风险	技术措施;管理措施
（30）未根据起重设备性能、结构特点、现场环境、作业效率等因素配备起重设备	**第11.2.2条** 起重设备应根据起重设备性能、结构特点、现场环境、作业效率等因素综合确定。	《钢结构工程施工规范》（GB 50755—2012）	施工条件定量风险评价	6	3			18	较大风险	技术措施;管理措施;应急处置
（31）起重设备需要附着或支承在结构上时,未得到设计单位的同意,且未进行结构安全验算	**第11.2.3条** 起重设备需要附着或支承在结构上时,应得到设计单位的同意,并应进行结构安全验算。	《钢结构工程施工规范》（GB 50755—2012）	施工条件定量风险评价	6	3			18	较大风险	技术措施;管理措施

风险因素	管理要求	管理依据	判定方式	可能性	严重程度	人员自身危险性	耦合概率	风险值	风险等级	管控措施
(32) 钢结构吊装作业未在起重设备的额定起重量范围内进行	**第11.2.4条** 钢结构吊装作业必须在起重设备的额定起重量范围内进行。	《钢结构工程施工规范》(GB 50755—2012)	施工条件定量风险评价	6	7			42	重大风险	技术措施；管理措施；应急处置
(33) 结构吊装采用抬吊的方式进行	**第11.2.5条** 钢结构吊装不宜采用抬吊。当构件重量超过单台起重设备的额定起重量范围时,构件可采用抬吊的方式吊装。采用抬吊方式时,应符合下列规定：(1) 起重设备应进行合理的负荷分配,构件重量不得超过两台起重设备额定起重量总和的75%,单台起重设备的负荷量不得超过额定起重量的80%；(2) 吊装作业应进行安全验算并采取相应安全措施,应有经批准的抬吊作业专项方案；(3) 吊装操作时应保持两台起重设备升降和移动同步,两台起重设备的吊钩、滑车组均应基本保持垂直状态。	《钢结构工程施工规范》(GB 50755—2012)	施工条件定量风险评价	6	3			18	较大风险	技术措施；管理措施
(34) 吊装作业未进行安全验算并采取相应的安全措施			施工条件定量风险评价	6	3			18	较大风险	技术措施；管理措施
(35) 吊装操作时,两台起重设备升降和移动不同步			施工条件定量风险评价	6	3			18	较大风险	技术措施；管理措施
(36) 用于吊装的钢丝绳、吊装带、卸扣、吊钩等吊具未经检查	**第11.2.6条** 用于吊装的钢丝绳、吊装带、卸扣、吊钩等吊具应经检查合格,并应在其额定许用荷载范围内使用。	《钢结构工程施工规范》(GB 50755—2012)	基础管理固有风险定量评价	10	3			30	较大风险	管理措施

风险因素	管理要求	管理依据	判定方式	可能性	严重程度	人员自身危险性	耦合概率	风险值	风险等级	管控措施
(37)柱脚安装时,锚栓未使用导入器或护套	**第11.4.1条**　(1)柱脚安装时,锚栓宜使用导入器或护套。	《钢结构工程施工规范》(GB 50755—2012)	施工条件定量风险评价	6	3			18	较大风险	技术措施;管理措施
(38)首节钢柱安装后未及时进行垂直度、标高和轴线位置校正	**第11.4.1条**　(2)首节钢柱安装后应及时进行垂直度、标高和轴线位置校正,钢柱的垂直度可采用经纬仪或线锤测量;校正合格后钢柱应可靠固定,并应进行柱底二次灌浆,灌浆前应清除柱底板与基础面间杂物。	《钢结构工程施工规范》(GB 50755—2012)	施工条件定量风险评价	6	3			18	较大风险	技术措施;管理措施
(39)首节以上的钢柱定位轴线未从地面控制轴线直接引上	**第11.4.1条**　(3)首节以上的钢柱定位轴线应从地面控制轴线直接引上,不得从下层柱的轴线引上;钢柱校正垂直度时,应确定钢梁接头焊接的收缩量,并应预留焊缝收缩变形值。	《钢结构工程施工规范》(GB 50755—2012)	施工条件定量风险评价	6	3			18	较大风险	技术措施;管理措施
(40)单点起吊钢梁	**第11.4.2条**　(1)钢梁宜采用两点起吊;当单根钢梁长度大于21 m,采用两点吊装不能满足构件强度和变形要求时,宜设置3个~4个吊装点吊装或采用平衡梁吊装,吊点位置应通过计算确定。	《钢结构工程施工规范》(GB 50755—2012)	施工条件定量风险评价	6	3			18	较大风险	技术措施;管理措施
(41)钢梁未采用一机一吊或一机串吊的方式吊装,就位后未立即临时固定连接	**第11.4.2条**　(2)钢梁可采用一机一吊或一机串吊的方式吊装,就位后应立即临时固定连接。	《钢结构工程施工规范》(GB 50755—2012)	施工条件定量风险评价	6	3			18	较大风险	技术措施;管理措施

风险因素	管理要求	管理依据	判定方式	可能性	严重程度	人员自身危险性	耦合概率	风险值	风险等级	管控措施
（42）钢板剪力墙吊装时未采取防止平面外的变形措施	**第11.4.5条** （1）钢板剪力墙吊装时应采取防止平面外的变形措施。	《钢结构工程施工规范》（GB 50755—2012）	施工条件定量风险评价	6	3			18	较大风险	技术措施；管理措施
（43）钢板剪力墙的安装时间和顺序不符合设计文件要求	**第11.4.5条** （2）钢板剪力墙的安装时间和顺序应符合设计文件要求。	《钢结构工程施工规范》（GB 50755—2012）	施工条件定量风险评价	6	3			18	较大风险	技术措施；管理措施
（44）关节轴承节点未采用专门的工装进行吊装和安装	**第11.4.6条** （1）关节轴承节点应采用专门的工装进行吊装和安装。	《钢结构工程施工规范》（GB 50755—2012）	施工条件定量风险评价	6	3			18	较大风险	技术措施；管理措施
（45）连接销轴与孔装配时未密贴接触	**第11.4.6条** （3）连接销轴与孔装配时应密贴接触，宜采用锥形孔、轴，应采用专用工具顶紧安装。	《钢结构工程施工规范》（GB 50755—2012）	施工条件定量风险评价	6	3			18	较大风险	技术措施；管理措施
（46）现场焊接未按焊接工艺专项方案施焊和检验	**第11.4.7条** 钢铸件或铸钢节点安装应符合下列规定： （1）出厂时应标识清晰的安装基准标记； （2）现场焊接应严格按焊接工艺专项方案施焊和检验。	《钢结构工程施工规范》（GB 50755—2012）	施工条件定量风险评价	6	3			18	较大风险	技术措施；管理措施

风险因素	管理要求	管理依据	判定方式	可能性	严重程度	人员自身危险性	耦合概率	风险值	风险等级	管控措施
(47) 后安装构件未根据设计文件或吊装工况的要求进行安装	**第 11.4.9 条** 后安装构件应根据设计文件或吊装工况的要求进行安装,其加工长度宜根据现场实际测量确定;当后安装构件与已完成结构采用焊接连接时,应采取减少焊接变形和焊接残余应力措施。	《钢结构工程施工规范》(GB 50755—2012)	施工条件定量风险评价	6	3			18	较大风险	技术措施;管理措施
(48) 单层钢结构在安装过程中,未及时安装临时柱间支撑或稳定缆绳	**第 11.5.2 条** 单层钢结构在安装过程中,应及时安装临时柱间支撑或稳定缆绳,应在形成空间结构稳定体系后再扩展安装。单层钢结构安装过程中形成的临时空间结构稳定体系应能承受结构自重、风荷载、雪荷载、施工荷载以及吊装过程中冲击荷载的作用。	《钢结构工程施工规范》(GB 50755—2012)	施工条件定量风险评价	6	3			18	较大风险	技术措施;管理措施
(49) 压型金属板未采用专用吊具进行装卸和转运	**第 12.0.4 条** 压型金属板应采用专用吊具装卸和转运,严禁直接采用钢丝绳绑扎吊装。	《钢结构工程施工规范》(GB 50755—2012)	施工条件定量风险评价	6	3			18	较大风险	技术措施;管理措施
(50) 施工监测点布置未根据现场安装条件和施工交叉作业情况,采取可靠的保护措施	**第 15.2.2 条** 施工监测点布置应根据现场安装条件和施工交叉作业情况,采取可靠的保护措施。应力传感器应根据设计要求和工况需要布置于结构受力最不利部位或特征部位。变形传感器或测点宜布置于结构变形较大部位。温度传感器宜布置于结构特征断面,宜沿四面和高程均匀分布。	《钢结构工程施工规范》(GB 50755—2012)	施工条件定量风险评价	6	3			18	较大风险	技术措施;管理措施

风险因素	管理要求	管理依据	判定方式	可能性	严重程度	人员自身危险性	耦合概率	风险值	风险等级	管控措施
(51) 钢结构安装所需的平面安全通道未分层平面连续搭设	**第16.3.1条** 钢结构安装所需的平面安全通道应分层平面连续搭设。	《钢结构工程施工规范》(GB 50755—2012)	施工条件定量风险评价	6	3			18	较大风险	技术措施；管理措施
(52) 边长或直径为20 cm~40 cm的洞口未采用刚性盖板固定防护	**第16.4.1条** 边长或直径为20 cm~40 cm的洞口应采用刚性盖板固定防护；边长或直径为40 cm~150 cm的洞口应架设钢管脚手架、满铺脚手板等；边长或直径在150 cm以上的洞口应张设密目安全网防护并加护栏。	《钢结构工程施工规范》(GB 50755—2012)	施工条件定量风险评价	6	3			18	较大风险	技术措施；管理措施
(53) 建筑物楼层钢梁吊装完毕后,未及时分区铺设安全网	**第16.4.2条** 建筑物楼层钢梁吊装完毕后,应及时分区铺设安全网。	《钢结构工程施工规范》(GB 50755—2012)	施工条件定量风险评价	6	3			18	较大风险	技术措施；管理措施
(54) 楼层周边钢梁吊装完成后,未在每层临边设置防护栏	**第16.4.3条** 楼层周边钢梁吊装完成后,应在每层临边设置防护栏,且防护栏高度不应低于1.2 m。	《钢结构工程施工规范》(GB 50755—2012)	施工条件定量风险评价	6	3			18	较大风险	技术措施；管理措施
(55) 搭设临边脚手架、操作平台、安全挑网等未可靠固定在结构上	**第16.4.4条** 搭设临边脚手架、操作平台、安全挑网等应可靠固定在结构上。	《钢结构工程施工规范》(GB 50755—2012)	施工条件定量风险评价	6	3			18	较大风险	技术措施；管理措施

风险因素	管理要求	管理依据	判定方式	可能性	严重程度	人员自身危险性	耦合概率	风险值	风险等级	管控措施
(56) 起重吊装机械未安装限位装置,或未定期检查	**第16.5.2条** 起重吊装机械应安装限位装置,并应定期检查。	《钢结构工程施工规范》(GB 50755—2012)	基础管理固有风险定量评价	6	3			18	较大风险	技术措施;管理措施
(57) 群塔作业未采取防止塔吊相互碰撞措施	**第16.5.4条** 群塔作业应采取防止塔吊相互碰撞措施。	《钢结构工程施工规范》(GB 50755—2012)	施工条件定量风险评价	6	3			18	较大风险	技术措施;管理措施
(58) 塔吊无良好的接地装置	**第16.5.5条** 塔吊应有良好的接地装置。	《钢结构工程施工规范》(GB 50755—2012)	施工条件定量风险评价	6	3			18	较大风险	技术措施;管理措施
(59) 吊装物吊离地面 200 mm~300 mm 时,未进行全面检查	**第16.6.2条** 吊装物吊离地面 200 mm~300 mm 时,应进行全面检查,并应确认无误后再正式起吊。	《钢结构工程施工规范》(GB 50755—2012)	基础管理固有风险定量评价	10	3			30	较大风险	管理措施
(60) 高空作业使用的小型手持工具和小型零部件未采取防止坠落措施	**第16.6.4条** 高空作业使用的小型手持工具和小型零部件应采取防止坠落措施。	《钢结构工程施工规范》(GB 50755—2012)	施工条件定量风险评价	6	3			18	较大风险	技术措施;管理措施
(61) 吊至楼层或屋面上的构件未安装完时,未采取牢靠的临时固定措施	**第16.6.7条** 每天吊至楼层或屋面上的构件未安装完时,应采取牢靠的临时固定措施。	《钢结构工程施工规范》(GB 50755—2012)	施工条件定量风险评价	6	3			18	较大风险	技术措施;管理措施

风险因素	管理要求	管理依据	判定方式	可能性	严重程度	人员自身危险性	耦合概率	风险值	风险等级	管控措施
(62) 施工现场未设置安全消防设施及安全疏散设施	**第 16.7.3 条** 施工现场应设置安全消防设施及安全疏散设施,并应定期进行防火巡查。	《钢结构工程施工规范》(GB 50755—2012)	施工条件定量风险评价	6	3			18	较大风险	技术措施;管理措施
(63) 施工现场未定期进行防火巡查			基础管理固有风险定量评价	10	3			30	较大风险	管理措施
(64) 气体切割和高空焊接作业时,未清除作业区危险易燃物	**第 16.7.4 条** 气体切割和高空焊接作业时,应清除作业区危险易燃物,并应采取防火措施。	《钢结构工程施工规范》(GB 50755—2012)	施工条件定量风险评价	6	3			18	较大风险	技术措施;管理措施
(65) 气体切割和高空焊接作业时,未采取防火措施			施工条件定量风险评价	6	3			18	较大风险	技术措施;管理措施
(66) 现场油漆涂装和防火涂料施工时,未按产品说明书的要求进行产品存放和防火保护	**第 16.7.5 条** 现场油漆涂装和防火涂料施工时,应按产品说明书的要求进行产品存放和防火保护。	《钢结构工程施工规范》(GB 50755—2012)	施工条件定量风险评价	6	3			18	较大风险	技术措施;管理措施

续表

风险因素	管理要求	管理依据	判定方式	可能性	严重程度	人员自身危险性	耦合概率	风险值	风险等级	管控措施
(67)焊接电弧未采取防护措施	第16.8.3条　夜间施工灯光应向场内照射;焊接电弧应采取防护措施。	《钢结构工程施工规范》(GB 50755—2012)	施工条件定量风险评价	6	3			18	较大风险	技术措施;管理措施
(68)基础周围回填未夯实	第11.3.1条　(2)基础周围回填夯实应完毕。	《钢结构工程施工规范》(GB 50755—2012)	施工条件定量风险评价	6	3			18	较大风险	技术措施;管理措施
(69)当风速达到10 m/s时,未停止吊装作业	第16.6.3条　当风速达到10 m/s时,宜停止吊装作业;当风速达到15 m/s时,不得吊装作业。	《钢结构工程施工规范》(GB 50755—2012)	施工条件定量风险评价	6	3			18	较大风险	技术措施;管理措施
(70)未及时清除压型钢板表面的水、冰、霜或雪且未采取相应的防滑保护措施	第16.6.8条　压型钢板表面有水、冰、霜或雪时,应及时清除,并应采取相应的防滑保护措施。	《钢结构工程施工规范》(GB 50755—2012)	施工条件定量风险评价	6	1			6	一般风险	技术措施;管理措施
(71)夜间施工灯未向场内照射	第16.8.3条　夜间施工灯光应向场内照射;焊接电弧应采取防护措施。	《钢结构工程施工规范》(GB 50755—2012)	施工条件定量风险评价	6	1			6	一般风险	技术措施;管理措施

风险因素	管理要求	管理依据	判定方式	可能性	严重程度	人员自身危险性	耦合概率	风险值	风险等级	管控措施
（72）垫板未设置在靠近地脚螺栓（锚栓）的柱脚底板加劲板或柱肢下	**第11.3.3条** 钢柱脚采用钢垫板作支承时，应符合下列规定： （1）钢垫板面积应根据混凝土抗压强度、柱脚底板承受的荷载和地脚螺栓（锚栓）的紧固拉力计算确定； （2）垫板应设置在靠近地脚螺栓（锚栓）的柱脚底板加劲板或柱肢下，每根地脚螺栓（锚栓）侧应设1组～2组垫板，每组垫板不得多于5块； （3）垫板与基础面和柱底面的接触应平整、紧密；当采用成对斜垫板时，其叠合长度不应小于垫板长度的2/3； （4）柱底二次浇灌混凝土前垫板间应焊接固定。	《钢结构工程施工规范》（GB 50755—2012）	施工条件定量风险评价	6	3			18	较大风险	技术措施；管理措施
（73）垫板与基础面和柱底面的接触不平整、不紧密			施工条件定量风险评价	6	3			18	较大风险	技术措施；管理措施
（74）柱底二次浇灌混凝土前垫板间未焊接固定			施工条件定量风险评价	6	3			18	较大风险	技术措施；管理措施
（75）钢结构吊装作业未设置警戒区	**第16.6.1条** 吊装区域应设置安全警戒线，非工作人员严禁入内。	《钢结构工程施工规范》（GB 50755—2012）	施工条件定量风险评价	6	3			18	较大风险	技术措施；管理措施
（76）钢结构施工前未建立消防安全制度	**第16.7.1条** 钢结构施工前，应有相应的消防安全管理制度。	《钢结构工程施工规范》（GB 50755—2012）	基础管理固有风险定量评价	10	3			30	较大风险	管理措施

续表

风险因素	管理要求	管理依据	判定方式	可能性	严重程度	人员自身危险性	耦合概率	风险值	风险等级	管控措施
（77）钢结构检测频次不符合要求，漏检、误测或数据异常时未及时处理	**第15.2.5条** 监测数据应及时采集和整理，并应按频次要求采集，对漏测、误测或异常数据应及时补测或复测、确认或更正。	《钢结构工程施工规范》（GB 50755—2012）	基础管理固有风险定量评价	10	3			30	较大风险	管理措施
（78）压型金属板预留孔洞采用火焰切割	**第12.0.10条** 压型金属板需预留设备孔洞时，应在混凝土浇筑完毕后使用等离子切割或空心钻开孔，不得采用火焰切割。	《钢结构工程施工规范》（GB 50755—2012）	施工条件定量风险评价	6	1			6	一般风险	技术措施；管理措施
（79）钢结构高空焊接作业未搭设操作平台	**第6.3.4条** 现场高空焊接作业应搭设稳固的操作平台和防护棚。	《钢结构工程施工规范》（GB 50755—2012）	施工条件定量风险评价	6	3			18	较大风险	技术措施；管理措施；应急处置

9 安 装 工 程

安装工程是指各种设备、装置的安装工程,通常包括电气、通风、给排水以及设备安装等工作内容,工业设备及管道、电缆、照明线路等往往也涵盖在安装工程的范围内。简单来说,安装工程一般是介于土建工程和装潢工程之间的工作。随着新材料、新设备、新工艺的发展,设备性能提高,对安装的技术也就提出了更高的要求。机械设备安装工程是建筑工程中的重要工程之一,其安装工作贯穿整个施工过程,好的管理方案和管理体系能保证工程质量、工程进度以及施工安全,有利于减少后期设备的维修,延长设备的使用寿命,降低成本,节能减排。

本手册安装工程部分主要内容包含操作平台、通风设施安装、电梯安装、加工机械等,易引发事故类型有高处坠落、机械伤害等。

9.1 操 作 平 台

风险因素	管理要求	管理依据	判定方式	可能性	严重程度	人员自身危险性	耦合概率	风险值	风险等级	管控措施
(1) 操作平台未编制专项方案	第6.1.1条 操作平台应通过设计计算,并应编制专项方案,架体构造与材质应满足国家现行相关标准的规定。	《建筑施工高处作业安全技术规范》(JGJ 80—2016)	基础管理固有风险定量评价	3	7	·		21	较大风险	技术措施;管理措施
(2) 架体构造与材质不满足国家现行相关标准的规定			施工条件定量风险评价	6	3			18	较大风险	技术措施;管理措施

续表

风险因素	管理要求	管理依据	判定方式	可能性	严重程度	人员自身危险性	耦合概率	风险值	风险等级	管控措施
(3) 操作平台的临边上未设置防护栏杆	第6.1.3条　操作平台的临边应设置防护栏杆,单独设置的操作平台应设置供人上下、踏步间距不大于400 mm的扶梯。	《建筑施工高处作业安全技术规范》(JGJ 80—2016)	施工条件定量风险评价	6	3			18	较大风险	技术措施;管理措施
(4) 单独设置的操作平台未设置人员上下扶梯			施工条件定量风险评价	6	3			18	较大风险	技术措施;管理措施
(5) 操作平台的架体结构未采用钢管、型钢及其他等效性能材料组装	第6.1.2条　操作平台的架体结构应采用钢管、型钢及其他等效性能材料组装,并应符合现行国家标准《钢结构设计规范》GB 50017及国家现行有关脚手架标准的规定。平台面铺设的钢、木或竹胶合板等材质的脚手板,应符合材质和承载力要求,并应平整满铺及可靠固定。	《建筑施工高处作业安全技术规范》(JGJ 80—2016)	施工条件定量风险评价	6	3			18	较大风险	技术措施;管理措施
(6) 平台面铺设的钢、木或竹胶合板等材质的脚手板,不符合材质和承载力要求			施工条件定量风险评价	6	3			18	较大风险	技术措施;管理措施
(7) 操作平台脚手板未可靠固定			施工条件定量风险评价	6	3			18	较大风险	技术措施;管理措施

风险因素	管理要求	管理依据	判定方式	可能性	严重程度	人员自身危险性	耦合概率	风险值	风险等级	管控措施
(8)移动式操作平台脚手板铺设不严密	**第3.13.3条** (9)移动式操作平台 ① 操作平台应按规定进行设计计算; ② 移动式操作平台轮子与平台连接应牢固、可靠,立柱底端距地面高度不得大于80 mm; ③ 操作平台应按设计和规范要求进行组装,铺板应严密; ④ 操作平台四周应按规范要求设置防护栏杆,并应设置登高扶梯; ⑤ 操作平台的材质应符合规范要求。	《建筑施工安全检查标准》(JGJ 59—2011)	施工条件定量风险评价	6	3			18	较大风险	技术措施;管理措施

9.1.1 移动式操作平台

风险因素	管理要求	管理依据	判定方式	可能性	严重程度	人员自身危险性	耦合概率	风险值	风险等级	管控措施
(1)移动式操作平台搭设高宽比大于2∶1	**第6.2.1条** 移动式操作平台面积不宜大于10 m², 高度不宜大于5 m,高宽比不应大于2∶1,施工荷载不应大于1.5 kN/m²。	《建筑施工高处作业安全技术规范》(JGJ 80—2016)	施工条件定量风险评价	6	3			18	较大风险	技术措施;管理措施

风险因素	管理要求	管理依据	判定方式	可能性	严重程度	人员自身危险性	耦合概率	风险值	风险等级	管控措施
（2）移动式操作平台架体明显弯曲变形	第6.2.3条 ……移动式操作平台架体应保持垂直,不得弯曲变形……	《建筑施工高处作业安全技术规范》(JGJ 80—2016)	直接判定						重大风险	技术措施;管理措施
（3）移动式操作平台立柱距地面高度超过80 mm			施工条件定量风险评价	6	3			18	较大风险	技术措施;管理措施
（4）移动式操作平台立柱与滚动轮连接不牢固	第6.2.2条 移动式操作平台的轮子与平台架体连接应牢固,立柱底端离地面不得大于80 mm,行走轮和导向轮应配有制动器或刹车闸等制动措施。	《建筑施工高处作业安全技术规范》(JGJ 80—2016)	施工条件定量风险评价	6	3			18	较大风险	技术措施;管理措施
（5）移动式操作平台滚动轮无制动器或刹车闸			施工条件定量风险评价	6	3			18	较大风险	技术措施;管理措施
（6）移动式操作平台使用时制动器未在制动状态	第6.2.3条 ……制动器除在移动情况外,均应保持制动状态。	《建筑施工高处作业安全技术规范》(JGJ 80—2016)	施工条件定量风险评价	6	3			18	较大风险	技术措施;管理措施
（7）移动式操作平台在移动时,操作平台上站人	第6.2.4条 移动式操作平台移动时,操作平台上不得站人。	《建筑施工高处作业安全技术规范》(JGJ 80—2016)	施工过程定量风险评价	6	3	6	2	216	较大风险	技术措施;管理措施

风险因素	管理要求	管理依据	判定方式	可能性	严重程度	人员自身危险性	耦合概率	风险值	风险等级	管控措施
(8)移动式操作平台脚手板铺设不严密	**第3.13.3条** （9）移动式操作平台 ① 操作平台应按规定进行设计计算； ② 移动式操作平台轮子与平台连接应牢固、可靠，立柱底端距地面高度不得大于80 mm； ③ 操作平台应按设计和规范要求进行组装，铺板应严密； ④ 操作平台四周应按规范要求设置防护栏杆，并应设置登高扶梯； ⑤ 操作平台的材质应符合规范要求。	《建筑施工安全检查标准》(JGJ 59—2011)	施工条件定量风险评价	6	3			18	较大风险	技术措施；管理措施

9.1.2 落地式操作平台

风险因素	管理要求	管理依据	判定方式	可能性	严重程度	人员自身危险性	耦合概率	风险值	风险等级	管控措施
(1)落地式操作平台高度超过15 m,高宽比大于3：1	**第6.3.1条** 落地式操作平台架体构造应符合下列规定： (1) 操作平台高度不应大于15 m,高宽比不应大于3：1； (2) 施工平台的施工荷载不应大于2.0 kN/m² ；当接料平台的施工荷载大于2.0 kN/m²时,应进行专项设计；	《建筑施工高处作业安全技术规范》(JGJ 80—2016)	施工条件定量风险评价	6	3			18	较大风险	技术措施；管理措施
(2)落地式操作平台与施工脚手架连接			施工条件定量风险评价	6	3			18	较大风险	技术措施；管理措施

风险因素	管理要求	管理依据	判定方式	可能性	严重程度	人员自身危险性	耦合概率	风险值	风险等级	管控措施
(3) 落地式操作平台未与主体结构进行可靠连接	(3) 操作平台应与建筑物进行刚性连接或加设防倾措施,不得与脚手架连接;	《建筑施工高处作业安全技术规范》(JGJ 80—2016)	施工条件定量风险评价	6	3			18	较大风险	技术措施;管理措施
(4) 落地式操作平台与主体结构连墙件间距大于 4 m	(4) 用脚手架搭设操作平台时,其立杆间距和步距等结构要求应符合国家现行相关脚手架规范的规定;应在立杆下部设置底座或垫板、纵向与横向扫地杆,并应在外立面设置剪刀撑或斜撑;		施工条件定量风险评价	6	3			18	较大风险	技术措施;管理措施
(5) 落地式操作平台未搭设水平剪刀撑	(5) 操作平台应从底层第一步水平杆起逐层设置连墙件,且连墙件间隔不应大于 4 m,并应设置水平剪刀撑。连墙件应为可承受拉力和压力的构件,并应与建筑结构可靠连接。		施工条件定量风险评价	6	3			18	较大风险	技术措施;管理措施
(6) 落地式操作平台未搭设竖向剪刀撑			施工条件定量风险评价	6	3			18	较大风险	技术措施;管理措施
(7) 落地式操作平台一次搭设高度不符合规范要求	**第 6.3.4 条** 落地式操作平台一次搭设高度不应超过相邻连墙件以上两步。	《建筑施工高处作业安全技术规范》(JGJ 80—2016)	施工条件定量风险评价	6	3			18	较大风险	技术措施;管理措施
(8) 落地式操作平台的拆除顺序不符合规范要求	**第 6.3.5 条** 落地式操作平台拆除应由上而下逐层进行,严禁上下同时作业,连墙件应随施工进度逐层拆除。	《建筑施工高处作业安全技术规范》(JGJ 80—2016)	施工条件定量风险评价	6	3			18	较大风险	技术措施;管理措施

风险因素	管理要求	管理依据	判定方式	可能性	严重程度	人员自身危险性	耦合概率	风险值	风险等级	管控措施
(9)落地式操作平台不符合有关脚手架规范的规定,检查与验收	**第6.3.6条** 落地式操作平台检查验收应符合下列规定: (1)操作平台的钢管和扣件应有产品合格证; (2)搭设前应对基础进行检查验收,搭设中应随施工进度按结构层对操作平台进行检查验收; (3)遇6级以上大风、雷雨、大雪等恶劣天气及停用超过1个月,恢复使用前,应进行检查。	《建筑施工高处作业安全技术规范》(JGJ 80—2016)	基础管理固有风险定量评价	10	3			30	较大风险	技术措施;管理措施

9.1.3 悬挑式操作平台

风险因素	管理要求	管理依据	判定方式	可能性	严重程度	人员自身危险性	耦合概率	风险值	风险等级	管控措施
(1)悬挑式操作平台的悬挑长度大于5 m,悬挑梁未锚固固定	**第6.4.2条** 悬挑式操作平台的悬挑长度不宜大于5 m,均布荷载不应大于5.5 kN/m²,集中荷载不应大于15 kN,悬挑梁应锚固固定。	《建筑施工高处作业安全技术规范》(JGJ 80—2016)	施工条件定量风险评价	6	3			18	较大风险	技术措施;管理措施
(2)采用斜拉方式的悬挑式操作平台未在平台两边各设置前后两道斜拉钢丝绳	**第6.4.3条** 采用斜拉方式的悬挑式操作平台,平台两侧的连接吊环应与前后两道斜拉钢丝绳连接,每一道钢丝绳应能承载该侧所有荷载。	《建筑施工高处作业安全技术规范》(JGJ 80—2016)	施工条件定量风险评价	6	3			18	较大风险	技术措施;管理措施

续表

风险因素	管理要求	管理依据	判定方式	可能性	严重程度	人员自身危险性	耦合概率	风险值	风险等级	管控措施
(3)支承方式的悬挑式操作平台,未在钢平台的下方设置斜撑	第6.4.4条 采用支承方式的悬挑式操作平台,应在钢平台下方设置不少于两道斜撑,斜撑的一端应支承在钢平台主结构钢梁下,另一端支承在建筑物主体结构。	《建筑施工高处作业安全技术规范》(JGJ 80—2016)	施工条件定量风险评价	6	3			18	较大风险	技术措施;管理措施
(4)悬臂梁式的操作平台,未采用型钢制作悬挑梁或悬挑桁架	第6.4.5条 采用悬臂梁式的操作平台,应采用型钢制作悬挑梁或悬挑桁架,不得使用钢管,其节点应采用螺栓或焊接的刚性节点。当平台板上的主梁采用与主体结构预埋件焊接时,预埋件、焊缝均应经设计计算,建筑主体结构应同时满足强度要求。	《建筑施工高处作业安全技术规范》(JGJ 80—2016)	施工条件定量风险评价	6	3			18	较大风险	技术措施;管理措施
(5)悬挑式操作平台安装吊运时未使用起重吊环	第6.4.6条 悬挑式操作平台应设置4个吊环,吊运时应使用卡环,不得使吊钩直接钩挂吊环。吊环应按通用吊环或起重吊环设计,并应满足强度要求。	《建筑施工高处作业安全技术规范》(JGJ 80—2016)	施工条件定量风险评价	6	3			18	较大风险	技术措施;管理措施
(6)当悬挑操作平台安装时,钢丝绳未用专用的卡环连接	第6.4.7条 悬挑式操作平台安装时,钢丝绳应采用专用的钢丝绳夹连接,钢丝绳夹数量应与钢丝绳直径相匹配,且不得少于4个。建筑物锐角、利口周围系钢丝绳处应加衬软垫物。	《建筑施工高处作业安全技术规范》(JGJ 80—2016)	施工条件定量风险评价	6	3			18	较大风险	技术措施;管理措施

风险因素	管理要求	管理依据	判定方式	可能性	严重程度	人员自身危险性	耦合概率	风险值	风险等级	管控措施
(7) 悬挑式操作平台的外侧内外部高差不符合要求	**第 6.4.8 条** 悬挑式操作平台的外侧应略高于内侧;外侧应安装防护栏杆并应设置防护挡板全封闭。	《建筑施工高处作业安全技术规范》(JGJ 80—2016)	施工条件定量风险评价	6	3			18	较大风险	技术措施;管理措施
(8) 外侧未安装防护栏杆且未设置防护挡板全封闭			施工条件定量风险评价	6	3			18	较大风险	技术措施;管理措施
(9) 悬挑式操作平台吊运、安装时上方站人	**第 6.4.9 条** 人员不得在悬挑式操作平台吊运、安装时上下。	《建筑施工高处作业安全技术规范》(JGJ 80—2016)	施工过程定量风险评价	6	3	3	2	108	较大风险	管理措施

9.2　通风设施安装

风险因素	管理要求	管理依据	判定方式	可能性	严重程度	人员自身危险性	耦合概率	风险值	风险等级	管控措施
(1) 在整个吊装过程中,无专人看守地锚	**第 4.1.7 条** (1) 在整个吊装过程中,应派专人看守地锚。每进行一段工作或大雨后,	《建筑施工起重吊装工程安全技术规范》(JGJ 276—2012)	基础管理固有风险定量评价	3	3			9	一般风险	技术措施;管理措施

风险因素	管理要求	管理依据	判定方式	可能性	严重程度	人员自身危险性	耦合概率	风险值	风险等级	管控措施
(2) 吊装通风管所用的起重机械设备、吊索具破损	应对拔杆、缆风绳、索具、地锚和卷扬机等进行详细检查,发现有摆动、损坏等情况时,应立即处理解决。	《建筑施工起重吊装工程安全技术规范》(JGJ 276—2012)	施工条件定量风险评价	6	3			18	较大风险	技术措施;管理措施
(3) 对拔杆、缆风绳、索具、地锚和卷扬机等未进行详细检查			基础管理固有风险定量评价	10	3			30	较大风险	技术措施;管理措施
(4) 桥架穿过需要封闭的防火、防爆的墙体或楼板时,未设置钢制防护套管,未采用非防火材料封堵	第6.2.2条 当风管穿过需要封闭的防火、防爆的墙体或楼板时,必须设置厚度不小于1.6 mm的钢制防护套管;风管与防护套管之间应采用不燃柔性材料封堵严密。	《通风与空调工程施工质量验收规范》(GB 50243—2016)	施工条件定量风险评价	6	3			18	较大风险	技术措施;管理措施
(5) 不停机就对剪切机械等设备进行调整和刀具校正,或机械设备带病作业	第7.1.18条 作业过程中,应经常检查设备的运转情况,当发生异响、吊索具破损、紧固螺栓松动、漏气、漏油、停电以及其他不正常情况时,应立即停机检查,排除故障。	《建筑机械使用安全技术规程》(JGJ 33—2012)	施工条件定量风险评价	6	3			18	较大风险	技术措施;管理措施
(6) 风机、空调机等设备吊装时,起重机吨位选择不当	第4.1.3条 起重机的选择应满足起重量、起重高度、工作半径的要求,同时起重臂的最小杆长应满足跨越障碍物进行起吊时的操作要求。	《建筑施工起重吊装工程安全技术规范》(JGJ 276—2012)	施工条件定量风险评价	6	3			18	较大风险	技术措施;管理措施

风险因素	管理要求	管理依据	判定方式	可能性	严重程度	人员自身危险性	耦合概率	风险值	风险等级	管控措施
(7) 风机、空调机等设备吊装时,未设置警戒区	第3.18.4条 起重吊装一般项目的检查评定应符合下列规定: (4) 警戒监护 ① 应按规定设置作业警戒区; ② 警戒区应设专人监护。	《建筑施工安全检查标准》(JGJ 59—2011)	施工条件定量风险评价	6	3			18	较大风险	技术措施;管理措施
(8) 警戒区无专人监护			基础管理固有风险定量评价	3	3			9	一般风险	管理措施
(9) 在空气流通不畅的环境中作业,未采取临时通风措施	第3.4.7条 在空气流通不畅的环境中作业时,应采取临时通风措施。	《通风与空调工程施工规范》(GB 50738—2011)	直接判定						重大风险	技术措施;管理措施;个体防护;应急处置

9.3 电梯安装

风险因素	管理要求	管理依据	判定方式	可能性	严重程度	人员自身危险性	耦合概率	风险值	风险等级	管控措施
(1) 井道未设置电气照明装置	第5.2.1.4.1条 井道应设置永久安装的电气照明装置,即使所有的门关闭时,轿厢位于井道内整个行程的任何位置也能达到下列要求的照度:	《电梯制造与安装安全规范 第1部分:乘客电梯和载货电梯》(GB/T 7588.1—2020)	施工条件定量风险评价	6	1			6	一般风险	技术措施;管理措施

风险因素	管理要求	管理依据	判定方式	可能性	严重程度	人员自身危险性	耦合概率	风险值	风险等级	管控措施
(1) 井道未设置电气照明装置	a) 轿顶垂直投影范围内轿顶以上1.0 m处的照度至少为50 lx； b) 底坑地面人员可以站立、工作和(或)工作区域之间移动的任何地方,地面以上1.0 m处的照度至少为50 lx； c) 在a)和b)规定的区域之外,照度至少为20 lx,但轿厢或部件形成的阴影除外。 为了达到该要求,井道内应设置足够数量的灯,必要时在轿顶可设置附加的灯,作为井道照明系统的组成部分。 ……	《电梯制造与安装安全规范 第1部分：乘客电梯和载货电梯》(GB/T 7588.1—2020)	施工条件定量风险评价	6	1			6	一般风险	技术措施；管理措施
(2) 电梯井临时防护门设置不规范	**第4.2.2条** 电梯井口应设置防护门,其高度不应小于1.5 m,防护门底端距地面高度不应大于50 mm,并应设置挡脚板。	《建筑施工高处作业安全技术规范》(JGJ 80—2016)	施工条件定量风险评价	6	3			18	较大风险	技术措施；管理措施
(3) 机械上的各种安全防护和保险装置不齐全	**第3.6.3条** 机械上的各种安全防护装置、保险装置、报警装置应齐全有效,不得随意更换、调整或拆除。	《建筑与市政施工现场安全卫生与职业健康通用规范》(GB 55034—2022)	施工条件定量风险评价	6	3			18	较大风险	技术措施；管理措施
(4) 机械上的报警装置失效			施工条件定量风险评价	6	3			18	较大风险	技术措施；管理措施

风险因素	管理要求	管理依据	判定方式	可能性	严重程度	人员自身危险性	耦合概率	风险值	风险等级	管控措施
(5) 轿厢顶定制作业平台无防护栏杆或不符合规定	**第4.3.1条** 临边作业的防护栏杆应由横杆、立杆及挡脚板组成,防护栏杆应符合下列规定: (1) 防护栏杆应为两道横杆,上杆距地面高度应为1.2 m,下杆应在上杆和挡脚板中间设置; (2) 当防护栏杆高度大于1.2 m时,应增设横杆,横杆间距不应大于600 mm; (3) 防护栏杆立杆间距不应大于2 m; (4) 挡脚板高度不应小于180 mm。	《建筑施工高处作业安全技术规范》(JGJ 80—2016)	施工条件定量风险评价	6	3			18	较大风险	技术措施;管理措施
(6) 电梯动力与控制线路未分离敷设或未采取屏蔽措施	**第5.1.5.1条** 电梯动力线路与控制线路宜分离敷设或采取屏蔽措施……	《电梯安装验收规范》(GB/T 10060—2011)	施工条件定量风险评价	6	3			18	较大风险	技术措施;管理措施
(7) 在机械设备区间和滑轮间内的电气设备,未采用防护罩防止直接接触	**第5.1.5.3条** 在机器设备区间和滑轮间内的电气设备,应采用防护罩壳以防止直接接触,所用罩壳的防护等级不应低于GB 4208所规定的IP2X。	《电梯安装验收规范》(GB/T 10060—2011)	施工条件定量风险评价	6	3			18	较大风险	技术措施;管理措施
(8) 限速器及其张紧轮无防止钢丝绳因松弛而脱离绳槽的装置	**第5.2.8.5条** 限速器及其张紧轮应有防止钢丝绳因松弛而脱离绳槽的装置。……	《电梯安装验收规范》(GB/T 10060—2011)	施工条件定量风险评价	6	3			18	较大风险	技术措施;管理措施

风险因素	管理要求	管理依据	判定方式	可能性	严重程度	人员自身危险性	耦合概率	风险值	风险等级	管控措施
(9) 在轿厢和对重行程底部的极限位置未设置缓冲器	第5.2.9.1条 在轿厢和对重行程底部的极限位置应设置缓冲器。强制驱动式电梯还应在轿顶上设置能在行程上部极限位置起作用的缓冲器。	《电梯安装验收规范》(GB/T 10060—2011)	施工条件定量风险评价	6	3			18	较大风险	技术措施;管理措施
(10) 轿厢内未装设乘客易于识别和触及的紧急报警装置	第5.8.2条 轿厢内应装设乘客易于识别和触及的紧急报警装置,在启动此装置之后,被困乘客应不必再做其他操作即可与紧急召唤响应处进行通话。	《电梯安装验收规范》(GB/T 10060—2011)	施工条件定量风险评价	6	3			18	较大风险	技术措施;管理措施
(11) 层站指示装置不清晰	第5.6.1.1条 层站指示装置及操作装置的安装位置应符合设计规定,指示信号应清晰明确,操作装置动作应准确无误。	《电梯安装验收规范》(GB/T 10060—2011)	施工条件定量风险评价	3	3			9	一般风险	技术措施;管理措施
(12) 电梯安装过程中井道未采取防护措施	第3.13.3条 (5) 洞口防护 ① 在建工程的预留洞口、楼梯口、电梯井口等孔洞应采取防护措施。	《建筑施工安全检查标准》(JGJ 59—2011)	施工条件定量风险评价	6	3			18	较大风险	技术措施;管理措施
(13) 电梯限速器安装底座不牢固	第5.1.7.6条 限速器出厂时的动作速度整定封记应完好。限速器安装位置应正确,底座牢固,运转平稳。	《电梯安装验收规范》(GB/T 10060—2011)	施工条件定量风险评价	6	3			18	较大风险	技术措施;管理措施

风险因素	管理要求	管理依据	判定方式	可能性	严重程度	人员自身危险性	耦合概率	风险值	风险等级	管控措施
(14) 电梯检修门、井道门向井道内侧开启	第5.2.2.3条　检修门、井道安全门和检修活板门均不应向井道内开启。	《电梯安装验收规范》(GB/T 10060—2011)	施工条件定量风险评价	3	3			9	一般风险	管理措施
(15) 电梯检修门、井道门锁设置不符合要求	第5.2.2.4条　检修门、井道安全门和检修活板门均应装设用钥匙开启的锁。当其被开启后,不用钥匙亦能将其关闭和锁住。检修门与井道安全门即使在锁住情况下,也应能不用钥匙从井道内部将门打开。	《电梯安装验收规范》(GB/T 10060—2011)	施工条件定量风险评价	3	3			9	一般风险	技术措施;管理措施
(16) 电梯导轨方式与支架采用焊接或螺栓连接	第5.2.5.8条　导轨应用压板固定在导轨支架上,不应采用焊接或螺栓方式与支架连接。	《电梯安装验收规范》(GB/T 10060—2011)	施工条件定量风险评价	6	3			18	较大风险	技术措施;管理措施
(17) 电梯坑底的检修门或井道安全门设置不符合要求	第5.2.10.6条　如果底坑深度大于2.5 m且建筑物的布置允许,应设置进出底坑的门,该门应符合5.2.1.2对检修门或井道安全门的要求。当只能通过底层层门进入底坑时,应在底坑内设置一个从层门处容易接近的进入底坑用永久性装置,此装置不应凸入电梯运行的空间。	《电梯安装验收规范》(GB/T 10060—2011)	施工条件定量风险评价	6	3			18	较大风险	技术措施;管理措施

9.4　加　工　机　械

风险因素	管理要求	管理依据	判定方式	可能性	严重程度	人员自身危险性	耦合概率	风险值	风险等级	管控措施
（1）机械上的安全保险装置不齐全	**第3.6.3条**　机械上的各种安全防护装置、保险装置、报警装置应齐全有效,不得随意更换、调整或拆除。	《建筑与市政施工现场安全卫生与职业健康通用规范》（GB 55034—2022）	施工条件定量风险评价	3	3			9	一般风险	技术措施;管理措施
（2）机械设备发现隐患未及时排除	**第3.0.1条**　检查人员应定期对机械设备进行检查,发现隐患应及时排除,严禁机械设备带病运转。	《施工现场机械设备检查技术规范》（JGJ 160—2016）	基础管理固有风险定量评价	10	7			70	重大风险	技术措施;管理措施;个体防护;应急处置
（3）加工机械设备安全装置不齐全	**第3.0.5条**　机械设备各安全装置齐全有效。	《施工现场机械设备检查技术规范》（JGJ 160—2016）	施工条件定量风险评价	6	1			6	一般风险	技术措施;管理措施
（4）加工机械设备采用倒顺开关	**第5.15.1条**　（4）不得使用倒顺开关。	《施工现场机械设备检查技术规范》（JGJ 160—2016）	施工条件定量风险评价	6	3			18	较大风险	技术措施;管理措施
（5）露天作业机械设备未设置有防雨、防晒、防物体打击功能的作业棚	**第3.0.8条**　露天固定使用的中小型机械应设置作业棚,作业棚应具有防雨、防晒、防物体打击功能。	《施工现场机械设备检查技术规范》（JGJ 160—2016）	施工条件定量风险评价	6	3			18	较大风险	技术措施;管理措施
（6）从事焊割作业,未清理作业周围的可燃物体或未采取可靠的隔离措施	**第7.0.4条**　焊接作业区防火安全应符合下列规定:（3）高空作业的下方和焊接火星所及范围内,必须彻底清除易燃、易爆物品。	《钢筋焊接及验收规程》（JGJ 18—2012）	施工条件定量风险评价	6	3			18	较大风险	技术措施;管理措施

10 装饰装修工程

装饰装修工程的作用是保护建筑物各种构件免受自然的风、雨、潮气的侵蚀,改善隔热、隔声、防潮功能,提高建筑物的耐久性,延长建筑物的使用寿命。同时,为人们创造良好的生产、生活及工作环境。装饰装修工程的施工特点是项目繁多、工程量大、工期长、用工量大、造价高,机械化施工程度低,生产效率差,工程投入资金大,施工质量对建筑物使用功能和整体建筑效果影响大,施工管理复杂。

本手册装饰装修工程部分主要内容包含幕墙安装、外墙饰面工程、门窗安装、高处作业吊篮、座板式单人吊具悬吊作业,易引发事故类型有高处坠落、触电、物体打击等。

10.1 幕墙安装

风险因素	管理要求	管理依据	判定方式	可能性	严重程度	人员自身危险性	耦合概率	风险值	风险等级	管控措施
(1)硅酮结构密封胶和硅酮建筑密封胶过期使用	第3.1.5条 硅酮结构密封胶和硅酮建筑密封胶必须在有效期内使用。 第10.1.2条［条文说明］ 玻璃幕墙的构件及附件的材料品种、规格、色泽和性能,应在玻璃幕墙设计文件中明确规定,安装施工时应按设计要求执行。对进场构件、附件、玻璃,密封材料和胶垫等,按质量要求进行	《玻璃幕墙工程技术规范》（JGJ 102—2003）	施工条件定量风险评价	6	1			6	一般风险	管理措施

续表

风险因素	管理要求	管理依据	判定方式	可能性	严重程度	人员自身危险性	耦合概率	风险值	风险等级	管控措施
（2）对会造成严重污染的分项工程未安排在幕墙安装前施工且未采取可靠的保护措施	检查和验收，不得使用不合格和过期的材料。对幕墙施工环境和分项工程施工顺序要认真研究，对会造成严重污染的分项工程应安排在幕墙安装前施工，否则应采取可靠的保护措施。	《玻璃幕墙工程技术规范》（JGJ 102—2003）	施工条件定量风险评价	6	3			18	较大风险	技术措施；管理措施
（3）硅酮结构密封胶未做与接触材料相容性和剥离黏结性试验	第3.6.2条［条文说明］　硅酮结构密封胶使用前，应进行与玻璃、金属框架、间隔条、密封垫、定位块和其他密封胶的相容性试验，相容性试验合格后才能使用。如果使用了与结构胶不相容的材料，将会导致结构胶的黏结强度和其他黏结性能的下降或丧失，留下很大的安全隐患。………	《玻璃幕墙工程技术规范》（JGJ 102—2003）	施工条件定量风险评价	6	3			18	较大风险	技术措施；管理措施
（4）未对硅酮结构密封胶邵氏硬度、拉伸黏结性能进行复验	第3.6.2条［条文说明］　……为了保证结构胶的性能符合标准要求，防止假冒伪劣产品进入工地，本条还规定对结构胶的部分性能进行复验。复验在材料进场后就应进行，复验必须由有相应资质的检测机构进行，复验合格的产品方可使用。	《玻璃幕墙工程技术规范》（JGJ 102—2003）	施工条件定量风险评价	6	3			18	较大风险	技术措施；管理措施
（5）玻璃幕墙构件连接处的受力螺栓、铆钉少于2个	第5.5.2条［条文说明］　……为防止偶然因素的影响而使连接破坏，每个连接部位的受力螺栓、铆钉等，至少需要布置2个。	《玻璃幕墙工程技术规范》（JGJ 102—2003）	施工条件定量风险评价	6	3			18	较大风险	技术措施；管理措施

风险因素	管理要求	管理依据	判定方式	可能性	严重程度	人员自身危险性	耦合概率	风险值	风险等级	管控措施
(6) 后加锚栓未进行承载力现场试验或极限拉拔试验			施工条件定量风险评价	6	3			18	较大风险	技术措施；管理措施
(7) 玻璃幕墙构架与主体结构产品无出厂合格证	**第5.5.7条** 玻璃幕墙构架与主体结构采用后加锚栓连接时,应符合下列规定: (1) 产品应有出厂合格证; (2) 碳素钢锚栓应经过防腐处理; (3) 应进行承载力现场试验,必要时应进行极限拉拔试验; (4) 每个连接节点不应少于2个锚栓; (5) 锚栓直径应通过承载力计算确定,并不应小于10 mm; (6) 不宜在与化学锚栓接触的连接件上进行焊接操作; (7) 锚栓承载力设计值不应大于其极限承载力的50%。	《玻璃幕墙工程技术规范》（JGJ 102—2003）	施工条件定量风险评价	6	3			18	较大风险	技术措施；管理措施
(8) 碳素钢锚栓未经过防腐处理			施工条件定量风险评价	3	3			9	一般风险	技术措施；管理措施
(9) 玻璃幕墙构架与主体结构每个连接节点少于2个锚栓			直接判定						重大风险	技术措施；管理措施
(10) 锚栓承载力设计值大于其极限承载力的50%			施工条件定量风险评价	6	3			18	较大风险	技术措施；管理措施
(11) 在与化学锚栓接触的连接件上进行焊接操作			施工条件定量风险评价	3	3			9	一般风险	技术措施；管理措施

风险因素	管理要求	管理依据	判定方式	可能性	严重程度	人员自身危险性	耦合概率	风险值	风险等级	管控措施
(12)幕墙防雷装置未与主体结构的防雷装置进行可靠连接	第4.4.13条［条文说明］ 玻璃幕墙是附属于主体建筑的围护结构,幕墙的金属框架一般不单独作防雷接地,而是利用主体结构的防雷体系,与建筑本身的防雷设计相结合,因此要求应与主体结构的防雷体系可靠连接,并保持导电通畅。……	《玻璃幕墙工程技术规范》(JGJ 102—2003)	施工条件定量风险评价	3	3			9	一般风险	技术措施;管理措施
(13)吊装机具使用前,未进行全面质量、安全检验	第10.4.1条 单元吊装机具准备应符合下列要求:(1)应根据单元板块选择适当的吊装机具,并与主体结构安装牢固;(2)吊装机具使用前,应进行全面质量、安全检验;(3)吊具设计应使其在吊装中与单元板块之间不产生水平方向分力;(4)吊具运行速度应可控制,并有安全保护措施;(5)吊装机具应采取防止单元板块摆动的措施。	《玻璃幕墙工程技术规范》(JGJ 102—2003)	直接判定						重大风险	技术措施;管理措施
(14)吊装机具选用不当			施工条件定量风险评价	3	3			9	一般风险	技术措施;管理措施
(15)吊具运行速度不可控制且无安全保护措施			直接判定						重大风险	技术措施;管理措施;个体防护;应急处置
(16)吊装机具未采取防止单元板块摆动的措施			施工条件定量风险评价	3	3			9	一般风险	技术措施;管理措施
(17)吊具设计与单元板块之间产生水平方向分力			施工条件定量风险评价	3	3			9	一般风险	技术措施;管理措施

风险因素	管理要求	管理依据	判定方式	可能性	严重程度	人员自身危险性	耦合概率	风险值	风险等级	管控措施
(18) 在场内堆放单元板块时直接叠层堆放	第10.4.3条　在场内堆放单元板块时,应符合下列要求: (1) 宜设置专用堆放场地,并应有安全保护措施; (2) 宜存放在周转架上; (3) 应依照安装顺序先出后进的原则按编号排列放置; (4) 不应直接叠层堆放; (5) 不宜频繁装卸。		施工条件定量风险评价	3	3			9	一般风险	技术措施;管理措施
(19) 单元板块未设置专用堆放场地且未采取安全保护措施		《玻璃幕墙工程技术规范》(JGJ 102—2003)	施工条件定量风险评价	3	3			9	一般风险	技术措施;管理措施
(20) 单元板块没有依照安装顺序先出后进的原则按编号排列放置			施工条件定量风险评价	3	3			9	一般风险	技术措施;管理措施
(21) 玻璃幕墙材料采用可燃性材料或易燃性材料	第3.1.3条　玻璃幕墙材料宜采用不燃性材料或难燃性材料;防火密封构造应采用防火密封材料。	《玻璃幕墙工程技术规范》(JGJ 102—2003)	施工条件定量风险评价	6	3			18	较大风险	技术措施;管理措施
(22) 防火密封构造未采用防火密封材料			施工条件定量风险评价	6	3			18	较大风险	技术措施;管理措施

续表

风险因素	管理要求	管理依据	判定方式	可能性	严重程度	人员自身危险性	耦合概率	风险值	风险等级	管控措施
(23) 防火墙、防火隔断与幕墙之间的空隙未进行防火封堵设计	**第4.4.7条** 玻璃幕墙与其周边防火分隔构件间的缝隙、与楼板或隔墙外沿间的缝隙、与实体墙面洞口边缘间的缝隙等,应进行防火封堵设计。	《玻璃幕墙工程技术规范》(JGJ 102—2003)	施工条件定量风险评价	6	3			18	较大风险	技术措施;管理措施
(24) 紧固后的构件未进行防锈处理	**第10.3.3条** (6)采用现场焊接或高强螺栓紧固的构件,应在紧固后及时进行防锈处理。	《玻璃幕墙工程技术规范》(JGJ 102—2003)	施工条件定量风险评价	3	3			9	一般风险	技术措施;管理措施
(25) 幕墙安装与主体结构交叉施工时未在施工层下方设置防护网	**第10.7.4条** 当高层建筑的玻璃幕墙安装与主体结构施工交叉作业时,在主体结构的施工层下方应设置防护网;在距离地面约3m高度处,应设置挑出宽度不小于6m的水平防护网。	《玻璃幕墙工程技术规范》(JGJ 102—2003)	施工条件定量风险评价	6	3			18	较大风险	技术措施;管理措施
(26) 在距离地面约3m高度处,未设置挑出宽度不小于6m的水平防护网			施工条件定量风险评价	6	3			18	较大风险	技术措施;管理措施
(27) 现场焊接作业时未采取可靠防火措施	**第10.7.6条** 现场焊接作业时,应采取防火措施。	《玻璃幕墙工程技术规范》(JGJ 102—2003)	施工条件定量风险评价	6	3			18	较大风险	技术措施;管理措施

风险因素	管理要求	管理依据	判定方式	可能性	严重程度	人员自身危险性	耦合概率	风险值	风险等级	管控措施
(28) 玻璃幕墙立柱安装就位、调整后未及时紧固	**第10.3.1条** (3) 立柱安装就位、调整后应及时紧固。	《玻璃幕墙工程技术规范》(JGJ 102—2003)	施工条件定量风险评价	3	3			9	一般风险	技术措施;管理措施
(29) 玻璃幕墙横梁完成一层高度时,未及时进行检查、校正和固定	**第10.3.2条** 玻璃幕墙横梁安装应符合下列要求:(1) 横梁应安装牢固,设计中横梁和立柱间留有空隙时,空隙宽度应符合设计要求;(3) 当安装完成一层高度时,应及时进行检查、校正和固定。	《玻璃幕墙工程技术规范》(JGJ 102—2003)	施工条件定量风险评价	6	3			18	较大风险	技术措施;管理措施
(30) 使用手持式电动工具时,未按规定穿、戴绝缘防护用品	**第9.6.6条** 使用手持式电动工具时,必须按规定穿、戴绝缘防护用品。	《施工现场临时用电安全技术规范》(JGJ 46—2005)	基础管理固有风险定量评价	10	3			30	较大风险	技术措施;管理措施
(31) 硅酮结构密封胶作为硅酮建筑密封胶使用	**第9.1.7条** 硅酮结构密封胶不宜作为硅酮建筑密封胶使用。	《玻璃幕墙工程技术规范》(JGJ 102—2003)	施工条件定量风险评价	3	3			9	一般风险	技术措施;管理措施
(32) 进口硅酮结构密封胶无商检报告	**第3.6.2条** 硅酮结构密封胶使用前,应经国家认可的检测机构进行与其相接触材料的相容性和剥离黏结性试验,并应对邵氏硬度、标准状态拉伸黏结性能进行复验。检验不合格的产品不得使用。进口硅酮结构密封胶应具有商检报告。	《玻璃幕墙工程技术规范》(JGJ 102—2003)	施工条件定量风险评价	6	1			6	一般风险	技术措施;管理措施

风险因素	管理要求	管理依据	判定方式	可能性	严重程度	人员自身危险性	耦合概率	风险值	风险等级	管控措施
(33) 金属、石材幕墙与主体结构连接的预埋件，未在主体结构施工时按要求补设埋件	第7.2.4条　金属、石材幕墙与主体结构连接的预埋件，应在主体结构施工时按设计要求埋设。预埋件应牢固，位置准确，预埋件的位置误差应按设计要求进行复查。当设计无明确要求时，预埋件的标高偏差不应大于 10 mm，预埋件位置差不应大于 20 mm。	《金属与石材幕墙工程技术规范》(JGJ 133—2001)	施工条件定量风险评价	6	1			6	一般风险	技术措施；管理措施
(34) 预埋件不牢固，位置不准确，预埋件的位置误差未按设计要求进行复查			施工条件定量风险评价	6	3			18	较大风险	技术措施；管理措施
(35) 起吊和就位不符合要求	第10.4.4条　起吊和就位应符合下列要求： (1) 吊点和挂点应符合设计要求，吊点不应少于 2 个。必要时可增设吊点加固措施并试吊； (2) 起吊单元板块时，应使各吊点均匀受力，起吊过程应保持单元板块平稳； (3) 吊装升降和平移应使单元板块不摆动、不撞击其他物体； (4) 吊装过程采取措施保证装饰面不受磨损和挤压； (5) 单元板块就位时，应先将其挂到主体结构的挂点上，板块未固定前，吊具不得拆除。	《玻璃幕墙工程技术规范》(JGJ 102—2003)	施工条件定量风险评价	6	3			18	较大风险	技术措施；管理措施

风险因素	管理要求	管理依据	判定方式	可能性	严重程度	人员自身危险性	耦合概率	风险值	风险等级	管控措施
(36)工程的上下部交叉作业时,结构施工层下方未采取可靠的安全防护措施	第7.5.4条 工程的上下部交叉作业时,结构施工层下方应采取可靠的安全防护措施。	《金属与石材幕墙工程技术规范》(JGJ 133—2001)	施工条件定量风险评价	6	3			18	较大风险	技术措施;管理措施
(37)玻璃幕墙对使用中容易受到撞击的部位,未设置明显的警示标志	第4.4.4条 人员流动密度大、青少年或幼儿活动的公共场所以及使用中容易受到撞击的部位,其玻璃幕墙应采用安全玻璃;对使用中容易受到撞击的部位,尚应设置明显的警示标志。	《玻璃幕墙工程技术规范》(JGJ 102—2003)	施工条件定量风险评价	6	3			18	较大风险	技术措施;管理措施
(38)同一幕墙玻璃单元跨越了建筑物两个防火分区	第4.4.12条 同一幕墙玻璃单元,不宜跨越建筑物的两个防火分区。	《玻璃幕墙工程技术规范》(JGJ 102—2003)	施工条件定量风险评价	6	3			18	较大风险	技术措施;管理措施
(39)玻璃幕墙施工前未对施工机具进行严格检查	第10.7.2条 安装施工机具在使用前,应进行严格检查。电动工具应进行绝缘电压试验;手持玻璃吸盘及玻璃吸盘机应进行吸附重量和吸附持续时间试验。	《玻璃幕墙工程技术规范》(JGJ 102—2003)	基础管理固有风险定量评价	10	3			30	较大风险	管理措施
(40)玻璃幕墙施工采用外脚手架时未与主体结构有可靠连接	第10.7.3条 采用外脚手架施工时,脚手架应经过设计,并应与主体结构可靠连接。采用落地式钢管脚手架时,应双排布置。	《玻璃幕墙工程技术规范》(JGJ 102—2003)	施工条件定量风险评价	6	3			18	较大风险	技术措施;管理措施

10.2 外墙饰面工程

风险因素	管理要求	管理依据	判定方式	可能性	严重程度	人员自身危险性	耦合概率	风险值	风险等级	管控措施
(1) 门窗作业时,未采取防坠落措施	**第5.2.9条** 外墙作业时应符合下列规定: (1) 门窗作业时,应有防坠落措施,操作人员在无安全防护措施时,不得站立在樘子、阳台栏板上作业; (2) 高处作业不得使用座板式单人吊具,不得使用自制吊篮。	《建筑施工高处作业安全技术规范》(JGJ 80—2016)	施工条件定量风险评价	6	3			18	较大风险	技术措施;管理措施
(2) 操作人员在无安全防护措施时,站立在樘子、阳台栏板上作业			施工条件定量风险评价	6	3			18	较大风险	技术措施;管理措施
(3) 高处作业使用座板式单人吊具,使用自制吊篮			施工条件定量风险评价	6	3			18	较大风险	技术措施;管理措施
(4) 喷涂用空压机压力表校验有效期过期	**第3.0.1条** 检查人员应定期对机械设备进行检查,发现隐患应及时排除,严禁机械设备带病运转。	《施工现场机械设备检查技术规范》(JGJ 160—2016)	施工条件定量风险评价	3	3			9	一般风险	技术措施;管理措施
(5) 喷涂用空压机压力表破损			施工条件定量风险评价	3	1			3	低风险	技术措施;管理措施

风险因素	管理要求	管理依据	判定方式	可能性	严重程度	人员自身危险性	耦合概率	风险值	风险等级	管控措施
(6)喷涂用空压机安全阀堵塞			施工条件定量风险评价	3	1			3	低风险	技术措施;管理措施
(7)喷涂用空压机气带接头未用标准卡具	**第3.0.1条** 检查人员应定期对机械设备进行检查,发现隐患应及时排除,严禁机械设备带病运转。	《施工现场机械设备检查技术规范》(JGJ 160—2016)	施工条件定量风险评价	3	1			3	低风险	技术措施;管理措施
(8)喷涂用空压机气带破损漏气			施工条件定量风险评价	3	1			3	低风险	技术措施;管理措施
(9)喷涂用空压机设备未接外壳保护零线	**第3.14.3条** 施工用电保证项目的检查评定应符合下列规定: (2)接地与接零保护系统 ① 施工现场专用的电源中性点直接接地的低压配电系统应采用TN-S接零保护系统; ② 施工现场配电系统不得同时采用两种保护系统; ③ 保护零线应由工作接地线、总配电箱电源侧零线或总漏电保护器电源零线处引出,电气设备的金属外壳必须与保护零线连接; ④ 保护零线应单独敷设,线路上严禁装设开关或熔断器,严禁通过工作电流; ⑤ 保护零线应采用绝缘导线,规格和颜色标记应符合规范要求;	《建筑施工安全检查标准》(JGJ 59—2011)	施工条件定量风险评价	6	3			18	较大风险	技术措施;管理措施

风险因素	管理要求	管理依据	判定方式	可能性	严重程度	人员自身危险性	耦合概率	风险值	风险等级	管控措施
(9) 喷涂用空压机设备未接外壳保护零线	⑥ 保护零线应在总配电箱处、配电系统的中间处和末端处作重复接地； ⑦ 接地装置的接地线应采用 2 根及以上导体，在不同点与接地体做电气连接。接地体应采用角钢、钢管或光面圆钢； ⑧ 工作接地电阻不得大于 4 Ω，重复接地电阻不得大于 10 Ω； ⑨ 施工现场起重机、物料提升机、施工升降机、脚手架应按规范要求采取防雷措施，防雷装置的冲击接地电阻值不得大于 30 Ω； ⑩ 做防雷接地机械上的电气设备，保护零线必须同时作重复接地。	《建筑施工安全检查标准》（JGJ 59—2011）	施工条件定量风险评价	6	3			18	较大风险	技术措施；管理措施
(10) 未切断电源维修电气装置	第3.10.5条　电气设备和线路检修应符合下列规定： (1) 电气设备检修、线路维修时，严禁带电作业。应切断并隔离相关配电回路及设备的电源，并应检验、确认电源被切除，对应配电间的门、配电箱或切断电源的开关上锁，并应在锁具或其箱门、墙壁等醒目位置设置警示标识牌。 (2) 电气设备发生故障时，应采用验电器检验，确认断电后方可检修，并在控制开关明显部位悬挂"禁止合闸、有人工作"停电标识牌。停送电必须由专人负责。 (3) 线路和设备作业严禁预约停送电。	《建筑与市政施工现场安全卫生与职业健康通用规范》（GB 55034—2022）	施工条件定量风险评价	6	3			18	较大风险	技术措施；管理措施
(11) 带电或采用预约停送电时间的方式进行检修			施工条件定量风险评价	6	3			18	较大风险	技术措施；管理措施

风险因素	管理要求	管理依据	判定方式	可能性	严重程度	人员自身危险性	耦合概率	风险值	风险等级	管控措施
(12) 对施工作业现场可能坠落物料，未及时拆除或采取固定措施			施工条件定量风险评价	6	3			18	较大风险	技术措施；管理措施
(13) 高处作业所用的物料堆放不平稳	第3.0.6条 对施工作业现场可能坠落物料，应及时拆除或采取固定措施。高处作业所用的物料应堆放平稳，不得妨碍通行和装卸。工具应随手放入工具袋；作业中的走道、通道板和登高用具，应随时清理干净；拆卸下的物料及余料和废料应及时清理运走，不得随意放置或向下丢弃。传递物料时不得抛掷。	《建筑施工高处作业安全技术规范》(JGJ 80—2016)	施工条件定量风险评价	3	3			9	一般风险	技术措施；管理措施
(14) 作业中走道、通道板和登高用具上摆放杂物			施工条件定量风险评价	3	1			3	低风险	技术措施；管理措施
(15) 拆卸下的物料及余料和废料未及时清理运走，随意放置或向下丢弃			施工过程定量风险评价	3	3	6	2	108	较大风险	管理措施；个体防护；应急处置
(16) 传递物料时随意抛掷			施工过程定量风险评价	3	3	6	2	108	较大风险	管理措施；个体防护；应急处置
(17) 施工现场没有配备灭火器、砂箱或其他灭火工具	第4.3.5条 施工现场必须配备灭火器、砂箱或其他灭火工具。	《住宅装饰装修工程施工规范》(GB 50327—2001)	施工条件定量风险评价	6	1			6	一般风险	管理措施；个体防护；应急处置

10.3 门窗安装

风险因素	管理要求	管理依据	判定方式	可能性	严重程度	人员自身危险性	耦合概率	风险值	风险等级	管控措施
(1) 无防护措施情况下,人员站在窗台上进行窗框安装作业	第5.2.9条 外墙作业时应符合下列规定: (1) 门窗作业时,应有防坠落措施,操作人员在无安全防护措施时,不得站立在樘子、阳台栏板上作业; (2) 高处作业不得使用座板式单人吊具,不得使用自制吊篮。	《建筑施工高处作业安全技术规范》(JGJ 80—2016)	基础管理固有风险定量评价	6	3			18	较大风险	技术措施;管理措施
(3) 安装施工机具在使用前,未进行安全检查	第9.9.2条 安装施工机具在使用前,应进行安全检查。电动工具应进行绝缘电压试验。手持玻璃吸盘及玻璃吸盘机应进行吸附重量和吸附持续时间试验。	《采光顶与金属屋面技术规程》(JGJ 255—2012)	基础管理固有风险定量评价	10	3			30	较大风险	管理措施
(4) 建筑外门窗的安装不牢固	第10.1.7条 建筑外门窗的安装必须牢固,在砖砌体上安装门窗严禁用射钉固定。	《住宅装饰装修工程施工规范》(GB 50327—2001)	施工条件定量风险评价	6	1			6	一般风险	技术措施;管理措施
(5) 在砖砌体上安装门窗用射钉固定			施工条件定量风险评价	6	1			6	一般风险	技术措施;管理措施

风险因素	管理要求	管理依据	判定方式	可能性	严重程度	人员自身危险性	耦合概率	风险值	风险等级	管控措施
(6) 铝合金、塑料门窗运输时未竖立排放并固定牢靠	**第 10.1.3 条** (3) 铝合金、塑料门窗运输时应竖立排放并固定牢靠。樘与樘间应用软质材料隔开,防止相互磨损及压坏玻璃和五金件。	《住宅装饰装修工程施工规范》(GB 50327—2001)	施工条件定量风险评价	6	1			6	一般风险	技术措施;管理措施
(7) 樘与樘间未用软质材料隔开			施工条件定量风险评价	6	1			6	一般风险	技术措施;管理措施
(8) 铝合金门窗安装现场使用的电动工具未选用Ⅱ类手持式电动工具	**第 7.7.3 条** 现场使用的电动工具应选用Ⅱ类手持式电动工具。现场用电应符合现行行业标准《施工现场临时用电安全技术规范》JGJ 46 的规定。	《铝合金门窗工程技术规范》(JGJ 214—2010)	施工条件定量风险评价	6	1			6	一般风险	技术措施;管理措施;个体防护;应急处置
(9) 门窗存放不符合要求	**第 10.1.3 条** 门窗的存放运输应符合下列规定: (1) 木门窗应采取措施防止受潮、碰伤、污染与暴晒; (2) 塑料门窗贮存的环境温度应小于 50 ℃;与热源的距离不应小于 1 m。当在环境温度为 0 ℃的环境中存放时,安装前应在室温下放置 24 h。	《住宅装饰装修工程施工规范》(GB 50327—2001)	施工条件定量风险评价	3	1			3	低风险	管理措施

风险因素	管理要求	管理依据	判定方式	可能性	严重程度	人员自身危险性	耦合概率	风险值	风险等级	管控措施
(10) 推拉门窗扇没有防脱落措施	**第10.1.6条** 推拉门窗扇必须有防脱落措施,扇与框的搭接量应符合设计要求。	《住宅装饰装修工程施工规范》(GB 50327—2001)	施工条件定量风险评价	6	1			6	一般风险	技术措施;管理措施;个体防护;应急处置
(11) 在砖砌体上安装门窗使用射钉固定	**第10.1.7条** 建筑外门窗的安装必须牢固,在砖砌体上安装门窗严禁用射钉固定。	《住宅装饰装修工程施工规范》(GB 50327—2001)	施工条件定量风险评价	6	1			6	一般风险	技术措施;管理措施;个体防护;应急处置
(12) 门窗框安装不符合要求	**第10.3.1条** (2)门窗框安装前应校正方正,加钉必要拉条避免变形。安装门窗框时,每边固定点不得少于两处,其间距不得大于1.2 m。	《住宅装饰装修工程施工规范》(GB 50327—2001)	施工条件定量风险评价	6	1			6	一般风险	技术措施;管理措施;个体防护;应急处置
(13) 铝合金门窗框安装完成后,洞口作为物料运输及人员进出的通道	**第7.6.1条** 铝合金门窗框安装完成后,其洞口不得作为物料运输及人员进出的通道,且铝合金门窗框严禁搭压、坠挂重物。对于易发生踩踏和刮碰的部位,应加设木板或围挡等有效的保护措施。	《铝合金门窗工程技术规范》(JGJ 214—2010)	施工条件定量风险评价	6	1			6	一般风险	技术措施;管理措施;个体防护;应急处置
(14) 铝合金门窗框安装完成后,洞口没有相应保护措施			施工条件定量风险评价	6	3			18	较大风险	技术措施;管理措施;个体防护;应急处置

风险因素	管理要求	管理依据	判定方式	可能性	严重程度	人员自身危险性	耦合概率	风险值	风险等级	管控措施
(15) 铝合金门窗框洞口施工时未佩戴安全带	**第7.7.1条** 在洞口或有坠落危险处施工时,应佩戴安全带。	《铝合金门窗工程技术规范》(JGJ 214—2010)	施工条件定量风险评价	6	3			18	较大风险	技术措施;管理措施;个体防护;应急处置
(16) 铝合金门窗框施工高处作业时,施工作业面下部未设置水平网	**第7.7.2条** 高处作业时应符合现行行业标准《建筑施工高处作业安全技术规范》JCJ 80的规定,施工作业面下部应设置水平安全网。	《铝合金门窗工程技术规范》(JGJ 214—2010)	施工条件定量风险评价	6	3			18	较大风险	技术措施;管理措施;个体防护;应急处置
(17) 门窗玻璃搬运与安装不符合要求	**第7.7.4条** 玻璃搬运与安装应符合下列安全操作规定: (1) 搬运与安装前应确认玻璃无裂纹或暗裂; (2) 搬运与安装时应戴手套,且玻璃应保持竖向; (3) 风力五级以上或楼内风力较大部位,难以控制玻璃时,不应进行玻璃搬运与安装; (4) 采用吸盘搬运和安装玻璃时,应仔细检查,确认吸盘安全可靠,吸附牢固后方可使用。	《铝合金门窗工程技术规范》(JGJ 214—2010)	施工条件定量风险评价	6	3			18	较大风险	技术措施;管理措施;个体防护;应急处置

10.4 高处作业吊篮

风险因素	管理要求	管理依据	判定方式	可能性	严重程度	人员自身危险性	耦合概率	风险值	风险等级	管控措施
(1) 5级及5级以上大风天气,从事吊篮高空作业	**第5.5.19条** 当吊篮施工遇有雨雪、大雾、风沙及5级以上大风等恶劣天气时,应停止作业,并应将吊篮平台停放至地面,应对钢丝绳、电缆进行绑扎固定。	《建筑施工工具式脚手架安全技术规范》(JGJ 202—2010)	施工条件定量风险评价	6	3			18	较大风险	技术措施;管理措施
(2) 吊篮内作业人员超过规定的限载人数	**第3.10.3条** 高处作业吊篮保证项目的检查评定应符合下列规定: (6) 升降作业 ① 必须由经过培训合格的人员操作吊篮升降; ② 吊篮内的作业人员不应超过2人; ③ 吊篮内作业人员应将安全带用安全锁扣正确挂置在独立设置的专用安全绳上; ④ 作业人员应从地面进出吊篮。	《建筑施工安全检查标准》(JGJ 59—2011)	基础管理固有风险定量评价	6	3			18	较大风险	管理措施
(3) 作业人员在吊篮上施工时2人共用一根安全绳			基础管理固有风险定量评价	6	3			18	较大风险	管理措施
(4) 作业人员在空中攀缘窗户进出吊篮			施工过程定量风险评价	6	3	6	3	324	重大风险	管理措施

风险因素	管理要求	管理依据	判定方式	可能性	严重程度	人员自身危险性	耦合概率	风险值	风险等级	管控措施
(5) 未经过技术培训和考试合格人员利用吊篮从事高处作业	第6.2.3条 对吊篮操作人员基本要求如下： (a) 吊篮作业人员应经过专业安全技术培训，经国家相关主管部门认定的培训机构考核合格后并持有特种作业资格证书方可上岗操作； (f) 操作人员不应穿拖鞋或塑料底等易滑鞋进行作业； (g) 操作人员上机操作前，应认真学习和掌握使用说明书，应按日常检验项目检验合格后，方可上机操作，使用中严格执行安全操作规程。 (h) 使用双动力吊篮时操作人员不允许单独一人进行作业。	《高处作业吊篮安装、拆卸、使用技术规程》(JB/T 11699—2013)	基础管理固有风险定量评价	6	3			18	较大风险	管理措施
(6) 吊篮作业人员未按要求穿戴劳防用品			施工条件定量风险评价	6	3			18	较大风险	管理措施
(7) 吊篮操作人员上机前未按要求进行日常检查			基础管理固有风险定量评价	10	3			30	较大风险	管理措施
(8) 使用双动力吊篮时单独一人作业			施工过程定量风险评价	6	3	6	3	324	重大风险	管理措施
(9) 吊篮平台底板无防滑措施	第8.2.2条 (3)底板应完好，并应有防滑措施；应有排水孔，且不应堵塞；悬吊平台四周应装有高度不低于150 mm的挡板，且挡板与底板的间隙不应大于5 mm。	《施工现场机械设备检查技术规范》(JGJ 160—2016)	施工条件定量风险评价	3	1			3	低风险	技术措施；管理措施；个体防护
(10) 吊篮未安装上限位装置	第5.5.3条 吊篮应安装上限位装置，宜安装下限位装置。	《建筑施工工具式脚手架安全技术规范》(JGJ 202—2010)	施工条件定量风险评价	6	3			18	较大风险	技术措施；管理措施

风险因素	管理要求	管理依据	判定方式	可能性	严重程度	人员自身危险性	耦合概率	风险值	风险等级	管控措施
(11) 吊篮安全锁超过有效期,未进行检测保持灵敏有效	第3.10.3条 高处作业吊篮保证项目的检查评定应符合下列规定: (2) 安全装置 ① 吊篮应安装防坠安全锁,并应灵敏有效; ② 防坠安全锁不应超过标定期限; ③ 吊篮应设置为作业人员挂设安全带专用的安全绳和安全锁扣,安全绳应固定在建筑物可靠位置上,不得与吊篮上的任何部位连接; ④ 吊篮应安装上限位装置,并应保证限位装置灵敏可靠。	《建筑施工安全检查标准》 (JGJ 59—2011)	基础管理固有风险定量评价	6	3			18	较大风险	管理措施
(12) 吊篮未设置为作业人员挂设安全带专用的安全绳和安全锁扣			基础管理固有风险定量评价	6	3			18	较大风险	管理措施
(13) 外露传动部分防护罩壳不齐全完整	第12.1.2条 (4) 外露传动部分防护罩壳应齐全完整,安装应牢靠。	《施工现场机械设备检查技术规范》 (JGJ 160—2016)	施工条件定量风险评价	3	3			9	一般风险	技术措施;管理措施
(14) 悬吊平台出现焊缝、裂纹和严重锈蚀	第8.2.2条 (1) 悬吊平台应有足够的强度和刚度,不应出现焊缝、裂纹和严重锈蚀,螺钉、铆钉不应松动,结构不应破损;使用长度应符合使用说明书规定。	《施工现场机械设备检查技术规范》 (JGJ 160—2016)	施工条件定量风险评价	6	3			18	较大风险	技术措施;管理措施
(15) 吊篮使用长度不符合使用说明书规定			施工条件定量风险评价	6	3			18	较大风险	技术措施;管理措施

风险因素	管理要求	管理依据	判定方式	可能性	严重程度	人员自身危险性	耦合概率	风险值	风险等级	管控措施
(16) 悬吊平台的钢丝绳未经过镀锌或类似防腐措施	第8.10.1条 悬吊平台的钢丝绳应经过镀锌或其他类似的防腐措施,其性能应符合GB/T 8918的规定。	《高处作业吊篮》(GB/T 19155—2017)	施工条件定量风险评价	6	3			18	较大风险	技术措施;管理措施
(17) 电气系统供电未采用三相五线制	第10.2.2条 电气系统供电应采用三相五线制,接零、接地线应始终分开,接地线应采用黄绿相间线。在接地处应有明显的接地标志。	《高处作业吊篮》(GB/T 19155—2017)	基础管理固有风险定量评价	6	3			18	较大风险	技术措施;管理措施
(18) 在接地处无明显的接地标志			施工条件定量风险评价	3	1			3	低风险	技术措施;管理措施
(19) 吊篮安装前未对安全装置进行检查,安全锁不在有效标定期内	第5.1.5条 吊篮安装前,安装单位应对安全装置进行检查,确保其齐全、有效、可靠;安全锁在有效标定期内。	《高处作业吊篮安装、拆卸、使用技术规程》(JB/T 11699—2013)	基础管理固有风险定量评价	10	3			30	较大风险	技术措施;管理措施
(20) 下班后将吊篮留在半空中	第5.5.21条 下班后不得将吊篮停留在半空中,应将吊篮放至地面。人员离开吊篮、进行吊篮维修或每日收工后应将主电源切断,并应将电气柜中各开关置于断开位置并加锁。	《建筑施工工具式脚手架安全技术规范》(JGJ 202—2010)	施工条件定量风险评价	6	3			18	较大风险	技术措施;管理措施
(21) 每日收工后未将主电源切断,未将电气柜中各开关置于断开位置并加锁			施工条件定量风险评价	6	3			18	较大风险	技术措施;管理措施

续表

风险因素	管理要求	管理依据	判定方式	可能性	严重程度	人员自身危险性	耦合概率	风险值	风险等级	管控措施
（22）吊篮悬吊平台未设置急停按钮	第8.2.4条 （5）应设置紧急状态下能切断主电源控制回路的急停按钮。	《施工现场机械设备检查技术规范》（JGJ 160—2016）	施工条件定量风险评价	6	3			18	较大风险	技术措施；管理措施
（23）吊篮钢丝绳出现断股或鸟笼形松散	第3.10.3条 （4）钢丝绳 ① 钢丝绳不应有断丝、断股、松股、锈蚀、硬弯及油污和附着物。	《建筑施工安全检查标准》（JGJ 59—2011）	基础管理固有风险定量评价	6	3			18	较大风险	技术措施；管理措施
（24）吊篮钢丝绳折弯，沾有砂浆杂物等	第6.3.2条 （e）钢丝绳不得折弯，不得沾有砂浆杂物等。	《高处作业吊篮安装、拆卸、使用技术规程》（JB/T 11699—2013）	施工条件定量风险评价	3	3			9	一般风险	技术措施；管理措施
（25）吊篮的任何部位与输电线路安全距离小于10 m	第5.1.3条 ……有架空输电线场所，吊篮的任何部位与输电线的安全距离应不小于10 m……	《高处作业吊篮安装、拆卸、使用技术规程》（JB/T 11699—2013）	基础管理固有风险定量评价	6	3			18	较大风险	技术措施；管理措施
（26）吊篮未配置独立于悬吊平台的安全绳	第5.5.1条 高处作业吊篮应设置作业人员专用的挂设安全带的安全绳及安全锁扣。安全绳应固定在建筑物可靠位置上不得与吊篮上任何部位有连接……	《建筑施工工具式脚手架安全技术规范》（JGJ 202—2010）	施工条件定量风险评价	6	3			18	较大风险	技术措施；管理措施

风险因素	管理要求	管理依据	判定方式	可能性	严重程度	人员自身危险性	耦合概率	风险值	风险等级	管控措施
(27) 在吊篮内放置氧气瓶、乙炔瓶等易燃易爆品	第6.2.5条 (g) 利用吊篮进行电焊作业时,严禁用吊篮作电焊接线回路,吊篮内严禁放置氧气瓶、乙炔瓶等易燃易爆物品;吊篮内严禁放置电焊机。	《高处作业吊篮安装、拆卸、使用技术规程》(JB/T 11699—2013)	施工条件定量风险评价	6	3			18	较大风险	技术措施;管理措施
(28) 在平台上进行电焊作业时,用吊篮作电焊接线回路			施工条件定量风险评价	6	3			18	较大风险	技术措施;管理措施
(29) 吊篮内放置电焊机			施工条件定量风险评价	3	3			9	一般风险	技术措施;管理措施
(30) 吊篮未按说明书要求进行检查	第6.3.1条 (a) 吊篮使用人员在每天开工前和每次换班前参见使用说明书及表C.1的要求进行检查。对检查的结果进行记录,发现问题应向使用单位负责人及时报告。	《高处作业吊篮安装、拆卸、使用技术规程》(JB/T 11699—2013)	基础管理固有风险定量评价	10	3			30	较大风险	技术措施;管理措施
(31) 吊篮未按说明书要求定期进行维护保养	第6.1.2条 使用单位应按使用说明书的要求对吊篮进行日常保养,确保设备状态完好。	《高处作业吊篮安装、拆卸、使用技术规程》(JB/T 11699—2013)	施工条件定量风险评价	6	3			18	较大风险	技术措施;管理措施
(32) 吊篮安装、作业区域未采取有效隔离警示	第5.2.3条 吊篮的安装作业范围应设置警戒线或明显的警示标志,非作业人员不得进入警戒范围。	《高处作业吊篮安装、拆卸、使用技术规程》(JB/T 11699—2013)	施工条件定量风险评价	6	3			18	较大风险	技术措施;管理措施

续表

风险因素	管理要求	管理依据	判定方式	可能性	严重程度	人员自身危险性	耦合概率	风险值	风险等级	管控措施
(33) 吊篮悬挂机构前支架支撑在女儿墙上、女儿墙外或建筑物挑檐边缘	**第 5.4.7 条** 悬挂机构前支架严禁支撑在女儿墙上、女儿墙外或建筑物挑檐边缘。	《建筑施工工具式脚手架安全技术规范》(JGJ 202—2010)	施工条件定量风险评价	6	3			18	较大风险	技术措施；管理措施
(34) 吊篮悬挂机构前支架未与支撑面保持垂直	**第 5.4.13 条** 悬挂机构前支架应与支撑面保持垂直,脚轮不得受力。	《建筑施工工具式脚手架安全技术规范》(JGJ 202—2010)	施工条件定量风险评价	6	3			18	较大风险	技术措施；管理措施
(35) 吊篮配重件无防止随意移动的措施	**第 5.4.10 条** 配重件应稳定可靠地安放在配重架上,并应有防止随意移动的措施。严禁使用破损的配重件或其他替代物。配重件的重量应符合设计规定。	《建筑施工工具式脚手架安全技术规范》(JGJ 202—2010)	施工条件定量风险评价	6	3			18	较大风险	技术措施；管理措施
(36) 吊篮配重件重量小于设计要求			施工条件定量风险评价	6	3			18	较大风险	技术措施；管理措施
(37) 吊篮配重件破损或用其他物品代替			直接判定						重大风险	技术措施；管理措施
(38) 吊篮悬挑横梁搭设错误	**第 5.4.9 条** 悬挑横梁应前高后低,前后水平高差不应大于横梁长度的 2%。	《建筑施工工具式脚手架安全技术规范》(JGJ 202—2010)	施工条件定量风险评价	6	3			18	较大风险	技术措施；管理措施

风险因素	管理要求	管理依据	判定方式	可能性	严重程度	人员自身危险性	耦合概率	风险值	风险等级	管控措施
(39) 将吊篮作为垂直运输设备运送物料	第6.2.5条　(b) 不准将吊篮作为垂直运输设备使用。	《高处作业吊篮安装、拆卸、使用技术规程》(JB/T 11699—2013)	施工条件定量风险评价	6	3			18	较大风险	技术措施；管理措施
(40) 吊篮内进行电焊作业时,未对吊篮设备、钢丝绳、电缆采取保护措施	第5.5.17条　在吊篮内进行电焊作业时,应对吊篮设备、钢丝绳、电缆采取保护措施。不得将电焊机放置在吊篮内;电焊缆线不得与吊篮任何部位接触;电焊钳不得搭挂在吊篮上。	《建筑施工工具式脚手架安全技术规范》(JGJ 202—2010)	施工条件定量风险评价	6	3			18	较大风险	技术措施；管理措施
(41) 在空中进行施工吊篮检修	第10.7.5条　采用吊篮施工时,应符合下列要求:(3) 不应在空中进行吊篮检修。	《玻璃幕墙工程技术规范》(JGJ 102—2003)	施工条件定量风险评价	6	3			18	较大风险	技术措施；管理措施
(42) 吊篮超载作业	第6.2.5条　吊篮作业阶段的安全操作要求如下:(c) 严禁超载作业;	《高处作业吊篮安装、拆卸、使用技术规程》(JB/T 11699—2013)	施工条件定量风险评价	6	3			18	较大风险	技术措施；管理措施
(43) 吊篮荷载分布不均匀,悬吊平台发生倾斜	(d) 尽量使载荷均匀分布在悬吊平台上,避免偏载;(f) 禁止在悬吊平台内用梯子或其他装置取得较高的工作高度。禁用密目网或其他附加装置围挡悬吊平台;		施工条件定量风险评价	6	3			18	较大风险	技术措施；管理措施
(44) 悬吊平台上使用梯子作为登高工具			施工条件定量风险评价	6	3			18	较大风险	技术措施；管理措施

风险因素	管理要求	管理依据	判定方式	可能性	严重程度	人员自身危险性	耦合概率	风险值	风险等级	管控措施
（45）作业人员在悬吊平台上剧烈晃动			施工过程定量风险评价	6	3	6	2	216	较大风险	技术措施；管理措施
（46）吊篮使用过程中固定安全锁手柄	（i）严禁在悬吊平台内猛烈晃动或做"荡秋千"等危险动作； （l）严禁固定安全锁开启手柄，人为使安全锁失效； （n）悬吊平台向上运动时，严禁使用上行程限位开关停车。	《高处作业吊篮安装、拆卸、使用技术规程》（JB/T 11699—2013）	施工条件定量风险评价	6	3			18	较大风险	技术措施；管理措施
（47）吊篮施工使用上限位当停车开关			施工条件定量风险评价	6	3			18	较大风险	技术措施；管理措施
（48）吊篮移位后未通过检查验收私自使用	**第6.2.7条** （d）安装或移位后的吊篮，应经过相关人员检查验收并履行签字手续后，方可投入使用。	《高处作业吊篮安装、拆卸、使用技术规程》（JB/T 11699—2013）	施工条件定量风险评价	6	3			18	较大风险	技术措施；管理措施
（49）吊篮拆除现场未设置警戒区或安全护栏	**第7.7条** 在拆卸现场应设置警示标志或安全护栏。	《高处作业吊篮安装、拆卸、使用技术规程》（JB/T 11699—2013）	施工条件定量风险评价	6	3			18	较大风险	技术措施；管理措施

风险因素	管理要求	管理依据	判定方式	可能性	严重程度	人员自身危险性	耦合概率	风险值	风险等级	管控措施
(50) 吊篮超过国家安全技术标准或厂家规定使用年限的，无完整有效技术档案的仍在使用	第5.1.8条　有下列情况之一的吊篮不得安装使用： (a) 属国家明令淘汰或禁止使用的； (b) 超过国家相关法规和安全技术标准或制造厂家规定使用年限的； (c) 经检验达不到安全技术标准规定的； (d) 无完整安全技术档案的； (e) 无齐全有效的安全保护装置的。	《高处作业吊篮安装、拆卸、使用技术规程》(JB/T 11699—2013)	施工条件定量风险评价	6	3			18	较大风险	技术措施；管理措施

10.5　座板式单人吊具悬吊作业

风险因素	管理要求	管理依据	判定方式	可能性	严重程度	人员自身危险性	耦合概率	风险值	风险等级	管控措施
(1) 利用屋面砖混砌筑结构件作为挂点装置	第4.1.5条　严禁利用屋面砖混砌筑结构、烟囱、通气孔、避雷线等结构作为挂点位置。	《座板式单人吊具悬吊作业安全技术规范》(GB 23525—2009)	施工条件定量风险评价	6	3			18	较大风险	技术措施；管理措施
(2) 利用屋面通气孔作为挂点装置			施工条件定量风险评价	6	3			18	较大风险	技术措施；管理措施

风险因素	管理要求	管理依据	判定方式	可能性	严重程度	人员自身危险性	耦合概率	风险值	风险等级	管控措施
（3）利用屋面避雷线作为挂点装置	第4.1.5条 严禁利用屋面砖混砌筑结构、烟囱、通气孔、避雷线等结构作为挂点位置。	《座板式单人吊具悬吊作业安全技术规范》（GB 23525—2009）	施工条件定量风险评价	6	3			18	较大风险	技术措施；管理措施
（4）无女儿墙的屋面采用配重物型式作为挂点装置	第4.1.6条 无女儿墙的屋面不准采用配重物型式作为挂点装置。	《座板式单人吊具悬吊作业安全技术规范》（GB 23525—2009）	施工条件定量风险评价	6	3			18	较大风险	技术措施；管理措施
（5）一个挂点装置悬挂多个单人吊具	第4.1.7条 每个挂点装置只供一人使用。	《座板式单人吊具悬吊作业安全技术规范》（GB 23525—2009）	基础管理固有风险定量评价	6	3			18	较大风险	管理措施
（6）工作绳与柔性导轨（安全绳）采用同一个挂点装置	第4.1.8条 工作绳与柔性导轨不准使用同一个挂点装置。	《座板式单人吊具悬吊作业安全技术规范》（GB 23525—2009）	基础管理固有风险定量评价	6	3			18	较大风险	管理措施
（7）工作绳与柔性导轨（安全绳）存在接头	第5.2.3条 工作绳、柔性导轨、安全短绳不应有接头。	《座板式单人吊具悬吊作业安全技术规范》（GB 23525—2009）	基础管理固有风险定量评价	6	3			18	较大风险	管理措施

风险因素	管理要求	管理依据	判定方式	可能性	严重程度	人员自身危险性	耦合概率	风险值	风险等级	管控措施
(8)工作绳与柔性导轨(安全绳)使用丙纶纤维材料制作绳索	**第5.2.4条** 工作绳、柔性导轨和安全短绳不应使用丙纶纤维材料制作。	《座板式单人吊具悬吊作业安全技术规范》(GB 23525—2009)	施工条件定量风险评价	6	3			18	较大风险	技术措施；管理措施
(9)工作绳与柔性导轨(安全绳)和安全短绳环梗插接方式错误	**第5.2.5条** 工作绳、柔性导轨和安全短绳应采用插接或压接的环眼。插接时每股绳应插接4道花,尾端整理成锥形。	《座板式单人吊具悬吊作业安全技术规范》(GB 23525—2009)	施工条件定量风险评价	6	3			18	较大风险	技术措施；管理措施
(10)工作绳与柔性导轨(安全绳)超过有效使用期	**第5.2.9条** 工作绳、柔性导轨的使用者应按产品上标明的有效使用期及使用条件使用,超过试用期应报废。	《座板式单人吊具悬吊作业安全技术规范》(GB 23525—2009)	施工条件定量风险评价	6	3			18	较大风险	技术措施；管理措施
(11)工作绳与柔性导轨(安全绳)出现割裂、断股、严重擦伤	**第5.2.10条** 工作绳、柔性导轨出现下列情况之一时,应立即报废: ——被切割、断股、严重擦伤、绳股松散或局部破损; ——表面纤维严重磨损、局部绳径变细,或任一绳股磨损达原绳股三分之一; ——内部绳股间出现破断,有残存碎纤维或纤维颗粒; ——发霉变质,酸碱烧伤,热熔化或烧焦。 ……	《座板式单人吊具悬吊作业安全技术规范》(GB 23525—2009)	施工条件定量风险评价	6	3			18	较大风险	技术措施；管理措施
(12)工作绳与柔性导轨(安全绳)出现发霉变质			施工条件定量风险评价	6	3			18	较大风险	技术措施；管理措施

风险因素	管理要求	管理依据	判定方式	可能性	严重程度	人员自身危险性	耦合概率	风险值	风险等级	管控措施
（13）屋面固定架配重不完整、不牢固	**第5.7.4条** 配重应有固定锁紧装置。	《座板式单人吊具悬吊作业安全技术规范》（GB 23525—2009）	施工条件定量风险评价	6	3			18	较大风险	技术措施；管理措施
（14）工作绳与柔性导轨（安全绳）固定绳结为活扣	**第4.1.4条** 利用屋面钢筋混凝土结构作为挂点装置时，固定栓固点应为封闭型结构，防止工作绳、柔性导轨从栓固点脱出。	《座板式单人吊具悬吊作业安全技术规范》（GB 23525—2009）	施工条件定量风险评价	6	3			18	较大风险	技术措施；管理措施
（15）工作绳与柔性导轨与建筑物凸缘或转角处未安放衬垫	**第7.2.4条** 工作绳、柔性导轨应注意预防磨损，在建筑物的凸缘或转角处应垫有防止绳索损伤的衬垫，或采用马架。	《座板式单人吊具悬吊作业安全技术规范》（GB 23525—2009）	施工条件定量风险评价	3	3			9	一般风险	技术措施；管理措施
（16）悬吊作业时屋面无专人监护	**第7.2.1条** 悬吊作业时屋面应有经过专业培训的安全员监护。	《座板式单人吊具悬吊作业安全技术规范》（GB 23525—2009）	基础管理固有风险定量评价	3	3			9	一般风险	管理措施
（17）悬吊作业区域下方未设警戒区域	**第7.2.2条** 悬吊作业区域下方应设警戒区，其宽度应符合 GB 3608—2008 附录 A 中可能坠落范围半径 R 的要求，在醒目处设警示标志并有专人监控。悬吊作业时，警戒区内不得有人、车辆和堆积物。	《座板式单人吊具悬吊作业安全技术规范》（GB 23525—2009）	施工条件定量风险评价	6	3			18	较大风险	管理措施

风险因素	管理要求	管理依据	判定方式	可能性	严重程度	人员自身危险性	耦合概率	风险值	风险等级	管控措施
(18)悬吊作业使用工具无连接绳	**第7.2.6条** 工具应带连接绳,避免作业时失手脱落。悬吊作业时严禁作业人员间传递工具或物品。	《座板式单人吊具悬吊作业安全技术规范》(GB 23525—2009)	施工条件定量风险评价	6	3			18	较大风险	管理措施
(19)停工期间工作绳与柔性导轨(安全绳)下端未固定	**第7.2.14条** 停工期间应将工作绳、柔性导轨下端固定好,防止行人或大风等因素造成人员伤害及财产损失。	《座板式单人吊具悬吊作业安全技术规范》(GB 23525—2009)	施工条件定量风险评价	6	3			18	较大风险	管理措施
(20)座板式单人吊具的总载重量超过165 kg	**第4.1.1条** 座板式单人吊具的总载重量不应大于165 kg。	《座板式单人吊具悬吊作业安全技术规范》(GB 23525—2009)	施工条件定量风险评价	6	3			18	较大风险	技术措施;管理措施
(21)挂点装置静负荷承载能力小于总载重量的2倍	**第4.1.2条** 挂点装置静负荷承载能力不应小于总载重量的2倍。	《座板式单人吊具悬吊作业安全技术规范》(GB 23525—2009)	施工条件定量风险评价	6	3			18	较大风险	技术措施;管理措施
(22)在无建筑资料核实静负荷承载能力时,未经过专业培训的,有5年以上高空作业经验的项目负责人检查签字确认	**第4.1.3条** 屋面钢筋混凝土结构的静负荷承载能力大于总载重量的2倍时,允许将屋面钢筋混凝土结构作为挂点装置的固定栓固点。在栓固前应按建筑资料核实静负荷承载能力,无建筑资料的应由经过专业培训的,有5年以上高空作业经验的项目负责人检查通过后签字确认。	《座板式单人吊具悬吊作业安全技术规范》(GB 23525—2009)	施工条件定量风险评价	6	3			18	较大风险	技术措施;管理措施

续表

风险因素	管理要求	管理依据	判定方式	可能性	严重程度	人员自身危险性	耦合概率	风险值	风险等级	管控措施
(23)悬吊下降系统工作载重量大于100 kg	**第4.2.1条**　悬吊下降系统工作载重量不应大于100 kg。	《座板式单人吊具悬吊作业安全技术规范》(GB 23525—2009)	施工条件定量风险评价	6	3			18	较大风险	技术措施；管理措施
(24)悬挂下降系统的所有部件未与作业人员紧密相连	**第4.2.2条**　当作业人员发生坠落悬吊时，悬吊下降系统的所有部件应保证与作业人员分离。	《座板式单人吊具悬吊作业安全技术规范》(GB 23525—2009)	施工条件定量风险评价	6	3			18	较大风险	技术措施；管理措施
(25)现场2名作业人员配置一套坠落保护系统	**第4.3.1条**　每个作业人员应单独配置坠落保护系统。	《座板式单人吊具悬吊作业安全技术规范》(GB 23525—2009)	施工条件定量风险评价	6	3			18	较大风险	技术措施；管理措施
(26)柔性导轨、安全短绳经过一次坠落冲击后重复使用	**第4.3.3条**　柔性导轨、安全短绳经过一次坠落冲击后应报废，严禁重复使用。	《座板式单人吊具悬吊作业安全技术规范》(GB 23525—2009)	施工条件定量风险评价	6	3			18	较大风险	技术措施；管理措施
(27)悬吊作业前未制订应急预案	**第7.2.3条**　悬吊作业前应制订发生事故的应急和救援预案。	《座板式单人吊具悬吊作业安全技术规范》(GB 23525—2009)	基础管理固有风险定量评价	1	3			3	低风险	管理措施
(28)悬吊作业完成后悬吊下降系统、坠落防护系统未收起整理	**第7.2.15条**　每天作业结束后应将悬吊下降系统、坠落防护系统收起，整理好。	《座板式单人吊具悬吊作业安全技术规范》(GB 23525—2009)	施工条件定量风险评价	6	3			18	较大风险	技术措施；管理措施

风险因素	管理要求	管理依据	判定方式	可能性	严重程度	人员自身危险性	耦合概率	风险值	风险等级	管控措施
(29) 悬吊作业温度大于 35 ℃	**第 8.3.1 条** 作业环境气温不大于 35 ℃。	《座板式单人吊具悬吊作业安全技术规范》(GB 23525—2009)	施工条件定量风险评价	6	1			6	一般风险	管理措施;个体防护;应急处置
(30) 悬吊作业风力大于 4 级	**第 8.3.2 条** 悬吊作业地点风力大于 4 级时,严禁悬吊作业。	《座板式单人吊具悬吊作业安全技术规范》(GB 23525—2009)	施工条件定量风险评价	6	3			18	较大风险	管理措施;应急处置
(31) 在大雾、大雪、凝冻、电、暴雨等恶劣气候未停止悬吊作业	**第 8.3.3 条** 大雾、大雪、凝冻、雷电、暴雨等恶劣气候,严禁悬吊作业。	《座板式单人吊具悬吊作业安全技术规范》(GB 23525—2009)	施工条件定量风险评价	6	3			18	较大风险	管理措施;应急处置

附　　录

附录一　基于事故成因的房屋建筑施工风险耦合评价方法

1　研究材料和数据来源

本项目所研究事故案例仅涉及房屋建筑工程范围,共收集到2015—2020年全国(不含港澳台)部分应急管理部门和住建部门发布的事故调查报告984份,其中一般事故的调查报告907份、较大事故的调查报告72份、重大事故的调查报告5份。通过分析事故调查报告中事故发生基本情况、事故发生经过、事故发生直接原因、事故发生间接原因、事故性质、事故有关单位和事故责任人管理缺陷及事故防范措施等具体信息,构建房屋建筑施工事故风险耦合网络,得出基础管理因素发生概率,并为事故特征统计提供有力的数据支撑。经统计发现常见的事故类型有高处坠落、坍塌、物体打击、起重伤害这四类,占房屋建筑施工事故总数的近88%。

2　风险耦合理论

基于物理学中微观粒子的无规律运动与房屋建筑施工事故发生的混沌状态有着相同的作用机理,可借鉴物理学中的触发器原理分析风险耦合导致事故的形成机理,即主要根据耦合触发器检验风险因素或因子间的耦合程度是否刺激触发器产生新脉冲,来判定事故是否发生。将房屋建筑施工项目看作一个"人、机、料、法、环"等要素相互作用、相互影响的一个开放的系统,房屋建筑施工事故则是由不同的风险因素耦合后,按照风险耦合理论,诱发房屋建筑施工原有系统中的隐性问题,突破风险阈值,破坏系统稳定的运行状态,便会导致险兆事件或事故的发生。特别指出,风险因素耦合产生的效应会影响其作用对象的发生概率,此概率可分为两部分:① 各因素自身条件概率的叠加增量;② 由耦合效应带来的风险溢出结果产生的额外变化量。另外,即便对于同样的风险因素,其耦合效应强弱也会随不同作业特性而不同。因此根据耦合效应的强弱程度将耦合状态分为弱耦合、中耦合、强耦合和极强耦合,耦合因素数量越多,风险因素之间相对发生耦合的概率越高,产生的耦合风险性越大,诱发事故的可能性越大。房屋建筑施工事故风险耦合成因机理如附图1所示。

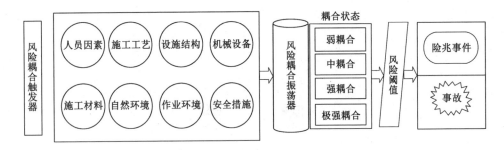

附图 1　房屋建筑施工事故风险耦合成因机理

（1）弱耦合

弱耦合是指房屋建筑施工作业条件（设施结构、施工工艺、施工材料、机械设备、作业环境、自然环境、安全措施）中存在一个风险因素，以及在管理疏漏情况下，风险因素产生的因果关系中其他风险因素发生的极端结果和人员自身危险性中或低的耦合，耦合概率低，引发事故发生的可能性小。

（2）中耦合

中耦合是指房屋建筑施工作业条件（设施结构、施工工艺、施工材料、机械设备、作业环境、自然环境、安全措施）中存在一个风险因素，以及在管理疏漏情况下，风险因素可能产生的因果关系中其他风险因素发生的极端结果和人员自身危险性高的耦合；或存在两个或两个以上风险因素，以及在管理疏漏情况下，风险因素可能产生的因果关系中其他风险因素发生的极端结果和人员自身危险性中的耦合，耦合概率中等，引发事故发生的可能性较大。

（3）强耦合

强耦合是指房屋建筑施工作业条件（设施结构、施工工艺、施工材料、机械设备、作业环境、自然环境、安全措施）中存在两个或两个以上风险因素，以及在管理疏漏情况下，风险因素可能产生的因果关系中其他风险因素发生的极端结果和人员自身危险性中的耦合，耦合概率高，引发事故发生的可能性大。

（4）极强耦合

极强耦合是指房屋建筑施工作业条件（设施结构、施工工艺、施工材料、机械设备、作业环境、自然环境、安全措施）中存在两个或两个以上风险因素，以及在管理疏漏情况下，风险因素可能产生的因果关系中其他风险因素发生的极端结果和人员自身危险性高的耦合，耦合概率极高，引发事故发生的可能性极大。

　　根据事故类型的不同,融合每一事故类型构成事故风险链,形成某类事故的子网络,再将所有子网络进行融合,运用 Gephi 软件绘制由 118 个节点(风险因素)、478 条具有强关联性的房屋建筑施工事故风险耦合网络,如附图 2 所示。

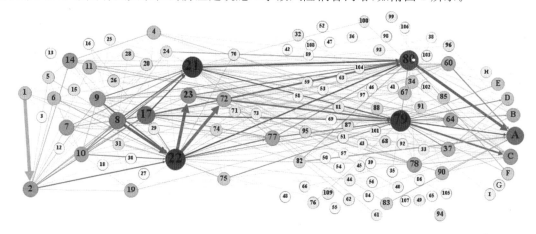

附图 2　房屋建筑施工事故风险耦合网络

3　风险评价方法概述

　　通过分析大量典型房屋建筑施工事故案例,综合考虑事故发生要素和风险类别,考虑人员自身危险性、设施结构、施工工艺、施工材料、机械设备、作业环境、自然环境、安全措施等多因素或内部风险因素耦合作用,提出基于事故成因的房屋建筑施工风险耦合评价方法。本风险评价方法针对开工前预判风险因素和施工过程中发生的隐患的风险评价,分为固有风险评价和动态风险评价两种。

3.1　固有风险评价

　　针对施工前预判风险因素进行评价,分为基础管理固有风险定量评价和施工条件定量风险评价。

　　(1)基础管理固有风险定量评价可用基础管理因素引发事故概率与基础管理因素异常状态可能引发事故后果严重程度的乘积来表示。

　　(2)施工条件定量风险评价可用施工条件风险可能性系数和施工条件异常状态可能引发事故后果严重程度的乘积来表示。

3.2　动态风险评价

　　针对施工过程中检查隐患风险评价,分为基础管理动态风险定量风险评价和施工过程定量风险评价。

　　(1)基础管理动态风险定量风险评价可用基础管理隐患在事故发生中出现的概率、基础管理隐患在现场检查中出现比例系数与基础管理隐患可能引发事故危害程度的乘积来表示。

（2）施工过程定量风险评价可用人员自身危险性系数、施工条件风险可能性系数、耦合概率和施工条件异常状态可能引发事故后果严重程度的乘积所来表示。

风险评价流程如附图3所示。附图3中针对有无作用因素分为固有风险评价和动态风险评价，其中，作用因素是指安全措施和人员自身危险性。涉及《房屋市政工程生产安全重大事故隐患判定标准（2022版）》中相关内容和其他几类特别情况时直接判定。安全风险评价采用定性风险评价，评价结果结合项目自身可接受风险等实际状况，确定每一项风险因素相应的安全风险等级，评价方式借鉴风险矩阵法进行风险等级判定。

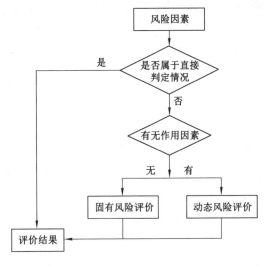

附图3　风险评价流程

4　风险等级判定准则

风险接受准则与风险等级的划分相对应，不同风险等级风险接受准则各不相同，结合施工现场安全管理实际，制定的风险等级判定准则应符合附表1的规定。房屋建筑施工安全风险等级从高到低划分为4级：重大风险（Ⅰ级风险）、较大风险（Ⅱ级风险）、一般风险（Ⅲ级风险）、低风险（Ⅳ级风险）。

附表 1　风险等级描述及接受准则

风险等级	风险描述	接受准则
重大风险（Ⅰ级风险）	不可容许的危险，可能发生群死群伤事故或造成重大经济损失施工作业	完全不可接受
较大风险（Ⅱ级风险）	高度危险，可能发生死亡事故或造成较大经济损失施工作业	不可接受
一般风险（Ⅲ级风险）	中度危险，可能发生重伤事故或造成一定经济损失的施工作业	控制范围内接受
低风险（Ⅳ级风险）	轻度危险和可容许危险，不可能发生或最大可能发生轻伤事故的施工作业	可接受

为了有效管控风险，防止风险评价时某些重大风险发生轻判、漏判，将涉及以下情况直接判定为重大风险：

（1）涉及《房屋市政工程生产安全重大事故隐患判定标准（2022 版）》中相关内容。

（2）违反建筑施工工序，私自压缩工期且未采取保证安全施工具体措施的行为。

（3）曾发生过死亡、重大财产损失或重伤、3 次及 3 次以上轻伤、3 次及 3 次以上一般财产损失事故，且发生事故的条件依然存在的。

（4）存在引发中毒、爆炸风险的施工作业行为。

5　风险评价方法应用

5.1　固有风险评价

固有风险评价是针对施工前预判风险因素进行评价，指房屋建筑每个分项工程施工可能存在人的不安全行为、物的不安全状态、环境不利因素和管理缺陷等潜在风险，在不考虑已采取措施前提下，依据造成各类事故的可能性和后果严重程度，确定风险大小和等级。

5.1.1　基础管理固有风险定量评价

基础管理因素（management，M）不直接释放能量，是造成事故发生的间接原因。如安全教育培训不会直接导致事故，是事故发生的内在影响因素。基础管理因素引发事故的概率、在失效状态下的危害性影响着其风险值大小。基于此，基础管理固有风险定量评价可用基础管理因素引发事故概率与基础管理因素异常状态可能引发事故后果严重程度的乘积进行表示，计算公式如下：

$$R_{m1} = P \cdot I \tag{1}$$

式中　R_{m1}——基础管理固有风险值；

P——基础管理因素引发事故概率；

I——基础管理因素异常状态可能引发事故后果严重程度。

基础管理固有风险定量风险评价等级判定 R_{m1} 见附表 2。

附表 2　基础管理固有风险定量风险评价等级判定

风险等级	取值范围	危险色度
低风险	<6	
一般风险	6～10	
较大风险	>10～30	
重大风险	>30	

（1）基础管理因素引发事故概率评价标准

基础管理因素引发事故概率（probability，P）是指基础管理因素在事故原因中出现的概率。依据基础管理因素对事故发生的内在影响从不可能到频繁发生，将基础管理因素概率分为概率低（<10%）、概率中等（10%～<20%）、概率高（20%～<30%）、概率极高（≥30%）四个等级。基础管理因素引发事故概率越高，产生的风险性越大。经统计事故基础管理因素发生频次，基础管理因素引发事故概率评价标准，见附表 3。

附表 3　基础管理因素引发事故概率评价标准

发生概率	风险因素	赋值
概率低 （<10%）	施工组织；安全档案管理；安全保险；安全投入；选址；压缩工期；签订合同；签订安全协议；安全生产许可证；规划、建设手续办理；施工方法；设计；勘察；部门复查；施工材料；作业许可证；应急管理；工伤事故管理；文明施工管理；门禁管理；封闭管理；临建设施管理；系统隐患排查（安全生产技术管理）；总包对分包；安全总交底；风险辨识；危大工程清单；危化品管理；办公、宿舍等大型临时设施搭设材料；吊索具；超危工程施工方案评审；超危工程施工条件验收	1
概率中等 （10%～<20%）	安全体系；消防管理；安全检测监测；施工组织设计编审、交底；安全操作规程；旁站监护；起重吊装设备；危大工程施工条件验收；专项施工方案编审、交底	3
概率高 （20%～<30%）	特种人员持证；协作单位资质；发包规范性；设备设施管理；安全技术交底；安全验收	6
概率极高 （≥30%）	安全生产管理制度；安全责任；安全检查；隐患整改；安全教育培训；个人防护用品配备、使用	10

（2）基础管理因素异常状态可能引发事故后果严重程度评价标准

基础管理因素异常状态可能引发事故后果严重程度(influence,I)是指异常基础管理因素可能引发事故造成人员伤亡或直接财产损失的大小。通过分析2015—2020年期间发生的各类事故原因,找出各类基础管理因素对不同级别事故发生产生的影响,结合危大工程施工关键基础管理因素,确定基础管理因素异常状态可能引发事故后果严重程度。规定需要救护的轻微伤害的可能结果,分值规定为1,以此为一个基准点;而将造成许多人死亡的可能结果,分值规定为15,作为另一个参考点。在1～15之间,插入相应的中间值:划分为轻伤事故、一般事故、较大事故和重特大事故四个评价等级。基础管理因素异常状态可能引发事故后果严重程度评价标准见附表4。

附表4　基础管理因素异常状态可能引发事故后果严重程度评价标准

危害程度	定性描述	赋值	基础管理因素
轻伤事故	有人员受到轻伤的事故	1	门禁管理;封闭管理;安全档案管理;临建设施管理;文明施工管理;工伤事故管理;其他
一般事故	造成3人以下死亡,或者10人以下重伤或者1 000万元以下直接经济损失的事故	3	安全生产管理制度;安全操作规程;应急管理;安全教育培训;施工组织设计编审、交底;安全技术交底;安全检查;作业许可审批;安全验收;消防管理;安全保险;特种作业人员持证;设备设施管理;个人防护用品配备、使用;系统隐患排查(安全生产技术管理);发包规范性;分包合同签订;旁站监护;总包对分包,安全总交底;风险辨识;危大工程清单;危化品管理;根据实际情况判定的其他管理因素
较大事故	造成3人以上10人以下死亡,或者10人以上50人以下重伤,或者1 000万元以上5 000万元以下直接经济损失的事故	7	安全体系;安全责任;安全投入;施工材料;安全协议;专项施工方案编审、交底;办公、宿舍大临搭设材料;起重吊装设备;吊索具;规划、建设手续;施工组织;隐患整改;危大工程施工条件验收;根据实际情况判定的其他管理因素
重特大事故	造成10人以上死亡,或者50人以上重伤,或者5 000万元以上直接经济损失的事故	15	压缩工期;施工方法;检测监测;超危专项施工方案评审;选址;设计;勘察;安全生产许可证;超危工程施工条件验收;根据实际情况判定的其他管理因素

注:本表中"以上"包含本数,"以下"不包含本数。

判定举例:

例1　施工单位未对作业人员进行安全教育培训。

经查表安全教育培训发生概率极高,经查附表3,P赋值为10,产生一般事故,经查附表4,I赋值为3,二者乘积为30。$R_{m1} = P(10) \times I(3) = 30$,经查找基础管理固有风险定量风险评价等级判定(附表2),属于较大风险。

5.1.2 施工条件定量风险评价

施工条件定量风险评价是指在施工过程中涉及的设施结构、施工工艺、施工材料、机械设备、作业环境、自然环境、安全措施和人员自身危险性可能导致事故发生可能性做出定性和定量的判定。由于作业条件在不同状态下差异较大,对造成事故发生可能性和后果的严重程度产生的影响较大。若作业条件状态越差,所引发事故发生的可能性越大;反之,所引发事故发生的可能性越小。因此,采用施工条件风险可能性和事故发生后果严重程度的乘积值进行判定,得到施工条件定量风险评价值计算公式如下:

$$R_1 = W \cdot S \tag{2}$$

式中　R_1——施工条件定量风险评价值;

　　　W——施工条件风险可能性;

　　　S——施工条件异常状态可能引发事故后果严重程度。

作业条件定量风险等级判定 R_1 见附表5。

附表5　施工条件定量风险等级判定

风险等级	取值范围(R_1)	危险色度
低风险	<6	
一般风险	6~9	
较大风险	>9~18	
重大风险	>18	

(1) 施工条件风险可能性的评价标准

施工条件风险可能性(working conditions,W)是指施工人员处于不同施工环境,采用不同施工方法、施工材料,使用或接触不同的机械设备等进行施工作业过程中可能造成事故发生的可能性。若施工条件状态越差,所引发事故发生的可能性越大;反之,所引发事故发生的可能性越小。施工条件风险可能性评价标准见附表6。

若同时多项指标存在不同风险等级,选取可能导致危险性最高等级的指标风险值。

附表6　施工条件风险可能性评价标准

设施结构	风险评判因素	风险可能性		
		小($W=1$)	中($W=3$)	大($W=6$)
临建设施、围护结构、支护结构、模板支架、施工脚手架、操作平台、钢结构、安全通道、建筑主体结构、建筑结构、幕墙结构、防护结构等设施结构	荷载分布	均匀	不均匀	严重不均匀
	混凝土强度	达标	不足	严重不足
	支护体系	完整	存在缺陷	不稳固
	结构连接部件	齐全、牢固	结构连接非关键部件缺失、关键部件存在缺陷、非关键部件连接不牢固	关键部件损伤、缺失、关键部件连接不牢固
	设施结构形状大小、厚度、长度、距离、数量、布局等	符合规定要求	不符合规定	严重不符合规定
	检试验	—	非关键部位未进行安全验算、施工复核、拉拔试验、校正、剥离黏结性试验、性能复验	关键部位未进行安全验算、施工复核、拉拔试验、校正、剥离黏结性试验、性能复验
施工方法	风险评判因素	风险可能性		
		小($W=1$)	中($W=3$)	大($W=6$)
施工工艺 施工方法 施工工序 施工方案 说明书 施工设备选型	施工工艺	成熟	不成熟	新工艺
	施工方法	先进、合理	考虑不全面	新方法
	施工工序	布置合理、技术难度低	布置不合理、技术难度偏高	严重违反施工工序施工;技术难度大,危险系数高
	施工方案	严格按照施工方案施工	非关键节点未按施工方案施工	关键节点未按施工方案施工
	说明书	严格按照说明书施工	非关键节点未按说明书施工	关键节点未按说明书施工
	施工设备选型	满足施工需求	安全系数较低	无法满足施工需要

机械设备	风险评判因素	风险可能性		
		小（$W=1$）	中（$W=3$）	大（$W=6$）
起重机械（物料提升机、施工升降机、塔吊、汽车吊、龙门吊、履带吊、非常规吊装机械等）、土方机械（挖掘机、压路机、铲车、装载机、翻斗车等）、运输机械（货车、拖车、叉车等）、桩工机械（静力压桩机、锤击桩机、震动压桩机、灌注桩机、搅拌桩机、钻孔桩机、喷锚机等）、混凝土机械（混凝土泵、搅拌机、振捣器、输送机等）、焊接机械（电焊机、气焊机、等离子切割机等）、垂直运输机械（吊篮、电梯、电动葫芦、手拉葫芦、卷扬机等）、木工机械（大型圆锯机、皮带锯、旋切机等）、手持工具（气枪、喷漆枪、涂磨机、磨光机、手持电钻、电动扳手、风镐等）、电气设备（配电箱、专用开关箱、操作盘、信号传输系统等）、钢筋加工机械（调直机、切断机、成型机等）、登高设备（升降机、曲臂升降机、移动式操作平台、人字梯、直爬梯等）等机械设备	施工设备部件	齐全、安全部件有效	部件存在磨损、变形、裂纹、轻微松动	关键部件存在严重磨损、变形、裂纹、明显松动
	设备自身安全防护设施	齐全	存在破损、缺失	—
	设备电气设施	满足需要，接线规范	破损，接线不规范，PE 保护线缺失，线路布置混乱	设备电气线路严重破损老化
	吊索具	满足施工需要	存在缺陷	选型不满足施工需求，存在严重缺陷
	移动设备	站位合理	站位不合理，支撑结构垫板设置不规范	站位地基承载力不足，支撑结构未打开
	设备传动装置	—	无防护罩	—
	设备提升系统部件	—	存在轻微缺陷	固定不牢、严重锈蚀、破损，存在严重缺陷
	设备安全限位	—	—	失灵、缺失，超过有效标定期限
	设备外观	新设备	施工设备老化，设备铭牌磨损不清；操作盘字迹磨损不清等	—
	设备资料	设备生产许可证、出厂合格证、检测合格报告、设备铭牌等软件资料齐全等	—	设备为"三无"产品

施工材料	风险评判因素	风险可能性		
		小（W＝1）	中（W＝3）	大（W＝6）
施工建材、施工方法用材（钢板桩、钢支撑桩、钢管、扣件、木料）、安全措施用材（定型化防护栏、跳板、安全网、密目安全网、安全钢丝绳、棉纶钢芯安全绳、钢管、扣件）、危化品（油漆、稀料、氧气瓶、乙炔瓶、煤气罐）等施工材料	材料质量	符合方案要求	需复检材料未复检；安全措施用材存在锈蚀、变形、磨损、裂纹、断股、断丝等缺陷；材料耐火等级不满足需要	施工材料采用"三无"产品；施工方法用材质量不满足施工方案要求
	材料堆放	满足规范要求	混乱、超高	—
	材料运输	满足规范要求	零星危化品材料混装运输	大量危化品材料混装运输
	材料使用	满足规范要求	安全距离不足	—
	材料存储	使用满足规范要求	零星危化品材料储存无专用存放点；危化品材料使用完未及时回收；危化品储存点消防设施不到位；零星危化品与其他材料混放	危化品材料储存无专用存放点、超量储存；危化品与其他材料混放
	材料吊运	使用满足规范要求	捆扎方式不当	捆扎不牢；散件材料未采用专用吊斗

自然环境	风险判定因素	风险可能性		
		小（W＝1）	中（W＝3）	大（W＝6）
地理位置（河道、边坡、洼地、雷暴多发区域等）、地质条件（淤泥土质、流沙土质、松软土质、坚硬土质、地下水位浅等）、天气状况（风、雨、雷、电、雪、冰雹等）	办公、生活等大型临时设施地理位置	选择合理	选择可能存在突发性地质灾害，但概率较小	选取不当，极易受到滑坡、泥石流、洪涝等突发性地质灾害影响
	施工天气状况	施工天气状况良好	施工天气状况不佳，可能对高危作业产生影响	风、雨、雷、电、雪等天气状况极为恶劣，对施工作业影响极大
	地质条件	土质坚硬	差，可能引发基坑边坡坍塌等	极差，极易引发基坑坍塌等

作业环境	风险评判因素	风险可能性		
		小（$W=1$）	中（$W=3$）	大（$W=6$）
危险作业环境（基坑作业、高处作业、有限空间作业、高压线周围作业、交叉作业、夜间作业、昏暗环境作业、有毒有害气体场所作业、噪声超标场所作业、潮湿场所作业、水中作业、狭窄区域作业、高温区域作业、寒冷区域作业、复杂道路作业等）；舒适作业环境	作业环境危险性	舒适的作业环境，各项环境指标佳，符合人的生理心理需求	在危险作业环境内施工，但危险系数较低	在危险作业环境内施工，但危险系数较高；在两项及两项以上危险作业环境内进行作业

安全措施	风险评判因素	风险可能性		
		小（$W=1$）	中（$W=3$）	大（$W=6$）
个人防护用品用具（安全帽、安全带、工作服、反光马甲、绝缘鞋、绝缘手套、防护面罩、护目镜、口罩、防毒面具、耳塞等）、防护措施（防护栏杆、踢脚板、安全网、安全绳、防护盖板、沟槽支护、防护罩、防护棚、防倾倒措施等）、警示措施（警示标识、提示标志、禁止标识、警戒线、警示灯、限载标志等）、防火措施（灭火器、防火毯、接火盆、临时消防水、沙箱等）、隔离措施（外电防护、配电柜隔离板、防鼠板、防火封堵、百叶窗、管道隔离盲板等）、排水措施（水泵设置、排水沟、集水井等）、防腐措施、防雷装置、电气设备重复保护接地等安全措施	防护措施	防护措施完善	关键部位防护措施不完善；非关键部位防护措施存在破损、固定不牢、缺失	关键部位安全防护措施缺失
	警示措施	警示措施完善	警示措施位置放置不合理	警示措施缺失
	个体防护用品用具	个体防护完善	非危险作业环境个体防护用品用具未正确配戴、使用、缺失	危险作业环境个体防护用品用具未正确佩戴、使用、缺失
	防雷装置	防雷系统装置完善	非雷暴多发区，最高设施设备防雷装置不完善或缺失	雷暴多发区，最高设施设备无防雷装置或防雷装置失效

（2）施工条件异常状态可能引发事故后果严重程度评价标准

施工条件异常状态可能引发事故后果严重程度（severity，S）是指施工条件异常状态可能引发事故造成人员伤亡或直接财产损失的大小，由于事故造成的人身伤害或财产损失可能在很大范围内变化，规定需要救护的轻微伤害的可能结果，分值规定为1，以此为一个基准点；而将造成许多人死亡的可能结果，分值规定为15，作为另一个参考点。在1～15之间，插入相应的中间值：划分为轻伤事故、一般事故、较大事故和重特大事故四个评价等级。施工条件异常状态可能引发事故后果严重程度评价标准见附表7。

附表7　施工条件异常状态可能引发事故后果严重程度评价标准

严重程度	定性描述	赋值
轻伤事故	有人员受到轻伤的事故	1
一般事故	造成3人以下死亡，或者10人以下重伤，或者1 000万元以下直接经济损失的事故	3
较大事故	造成3人以上10人以下死亡，或者10人以上50人以下重伤，或者1 000万元以上5 000万元以下直接经济损失的事故	7
重特大事故	造成10人以上死亡，或者50人以上重伤，或者5 000万元以上直接经济损失的事故	15

注：本表所称的"以上"包括本数，所称的"以下"不包括本数。

例2　电梯井口无防护措施。

电梯井口无防护措施属于结构设施临边无防护，施工条件风险可能性大，W值取6；存在人员从电梯井口坠落死亡的风险，施工条件异常状态可能引发事故后果严重程度属于一般事故，S取值为3。$R_1 = W(6) \times S(3) = 18$，查找上述施工条件定量风险等级判定见附表5，属于较大风险。

例3　施工现场采用汽车吊进行起重吊装作业。

汽车吊进行吊装作业施工工艺较成熟，施工条件风险可能性小，W值取1；起重吊装作业存在高空物体坠落致人死亡或财产损失的风险，施工条件异常状态可能引发事故后果严重程度属于一般事故，S取值为3。$R_1 = W(1) \times S(3) = 3$，查找上述施工条件定量风险等级判定见附表5，属于低风险。

例4　汽车吊限载限位传输线脱落断开。

汽车吊限载限位传输线脱落断开，属于安全部件存在缺失，施工条件风险可能性大，W值取6；汽车吊进行起重吊装作业过程中存在吊物超重，吊车司机误操作，引发汽车吊倾覆导致人员死亡或重大财产损失的风险，施工条件异常状态可能引发事故后果严重程度属于一般事故，S取值为3。$R_1 = W(6) \times S(3) = 18$，查找上述施工条件定量风险等级判定见附表5，属于较大风险。

5.2 动态风险评价

动态风险评价是针对施工过程中检查隐患风险评价,指在考虑已采取控制措施的前提下,根据可能发生各类事故的可能性和后果严重程度,确定风险大小和等级。

5.2.1 基础管理动态风险定量风险评价

基础管理动态风险定量风险评价受基础管理因素引发事故概率、因素在失效状态下的危害性、因素在异常状态下所占的比例影响。因此,基础管理动态风险定量风险评价是由基础管理因素引发事故概率、基础管理因素异常比例系数与施工条件异常状态可能引发事故后果严重程度评价值的乘积进行表示,计算公式如下:

$$R_{m2} = P \cdot A \cdot I \tag{3}$$

式中　R_{m2}——基础管理动态风险值;

　　　P——基础管理因素引发事故概率;

　　　A——基础管理因素异常比例系数;

　　　I——基础管理因素异常状态可能引发事故后果严重程度。

基础管理动态风险值判定风险等级按照基础管理动态风险定量风险评价等级进行判定,见附表8。

附表8　基础管理动态风险定量风险评价等级判定

风险等级	取值范围	危险色度
低风险	<18	
一般风险	$18\sim36$	
较大风险	$>36\sim108$	
重大风险	>108	

（1）基础管理因素引发事故概率评价标准

基础管理因素引发事故概率(probability,P)是指基础管理因素在事故原因中出现的概率。基础管理因素引发事故概率评价标准见附表3。

（2）基础管理因素异常比例系数评价标准

基础管理因素异常比例系数(abnormal,A)是指检查过程发现的同类基础管理因素中异常因素占比。基础管理因素异常比例系数越大。风险性越大,基础管理因素异常比例系数评价标准见附表9。

附表 9　基础管理因素异常比例系数评价标准

比例系数	定性描述	赋值
小	因素异常,异常状态因素比例小(≤10%)	2
中	因素异常,异常状态因素比例适中(>10%～30%)	3
大	因素异常,异常状态因素比例大(>30%)	6

（3）基础管理因素异常状态可能引发事故后果严重程度评价标准

基础管理因素异常状态可能引发事故后果严重程度(influence,I)是指异常基础管理因素可能引发事故损失的大小。基础管理因素异常状态可能引发事故后果严重程度评价标准见附表 4。

例 5　施工单位未对作业人员进行安全教育培训(12%的安全教育培训记录缺失)。

经查附表 3 可知,安全教育培训发生概率极高,P 赋值为 10;12%的安全教育培训记录缺失,异常状态因素比例大,经查附表 9,A 赋值 3;产生一般事故,经查附表 4,I 赋值为 3。$R_{m2}=P(10)\times A(3)\times I(3)=90$,查找基础管理动态风险定量风险评价等级判定附表 8,属于较大风险。

5.2.2　施工过程定量风险评价

事故的发生是人员自身危险性、设施结构、施工工艺、施工材料、机械设备、作业环境、自然环境、安全措施等多因素或内部风险因素相互之间耦合作用下发生的。因此,作业过程动态风险评价主要依据人员自身危险性、施工条件风险可能性(设施结构、施工工艺、施工材料、机械设备、作业环境、自然环境、安全措施)、耦合概率和事故发生后果严重程度进行判定,获得风险评价结果。施工过程定量风险判定用下式表示:

$$R_2 = W \cdot H \cdot C \cdot S \tag{4}$$

式中　R_2——施工过程定量风险值;

　　　W——施工条件风险可能性;

　　　H——人员自身危险性;

　　　C——耦合概率;

　　　S——施工条件异常状态可能引发事故后果严重程度。

R_2 动态风险值对应风险等级判定标准。针对可能出现的所有风险结果进行排列组合,得到所有风险结果的整体累加值。参照国家相关事故等级划分规定,将事故不同等级重伤数量划分基准作为动态风险等级取值范围划分的依据,按照风险取值采取就近值取值原则,获得风险等级取值范围,施工过程定量风险等级判定见附表10。

附表10　施工过程定量风险等级判定

风险等级	取值范围	危险色度
低风险	<27	
一般风险	27～81	
较大风险	>81～252	
重大风险	>252	

(1) 施工条件风险可能性评价标准

施工条件风险可能性评价标准参见附表6。

(2) 人员自身危险性评价标准

人员自身危险性(human risk, H)是指作业人员在身体状况和精神状态不佳,作业行为不规范(劳动防护用品穿戴、使用不规范,冒险作业等)、违章频次高的情况下,造成事故发生的可能性。由于人员自身危险性在不同状态下差异较大,对造成事故发生可能性影响不一。若人员身体状况良好、精神状态佳、作业行为规范,所引发事故发生的可能性小;反之,所引发事故发生的可能性大。人员自身危险性评价标准见附表11。

附表11　人员自身危险性评价标准

人员状态	定性描述	赋值
身体状况良好;精神状态佳(精神高度集中、情绪良好),自我保护意识高;作业行为规范(劳动防护用品穿戴规范;操作姿势正确;正确使用工具操作;站位正确;应急处置得当等)	危险性低	1
身体状况差(体弱);精神状态不佳(精神不集中、情绪较为低落);存在作业行为不规范的可能,即当时没有观察到但存在发生作业行为不规范可能(不正确使用关键劳动防护用品、进入危险场所、"攀、爬、坐"不安全位置、误操作、操作姿势不正确、设备运行过程中进行危险操作、未正确使用工具操作、高空抛掷物体、违反"十不吊"要求、应急处置不当等)	危险性中	3
身体状况极差(生病、酒后作业、超过身体极限作业);作业行为严重违规,即作业人员正在违规作业(不正确使用关键劳动防护用品、进入危险场所、"攀、爬、坐"不安全位置、误操作、操作姿势不正确、设备运行过程中进行危险操作、未正确使用工具操作、高空抛掷物体、违反"十不吊"要求、应急处置不当等)	危险性高	6

（3）耦合概率评价标准

耦合概率（coupling probability,C）也可称为耦合度,事故发生是人员自身危险性（身体状况、精神状态、作业行为）和作业条件（设施结构、施工工艺、施工材料、机械设备、作业环境、自然环境、安全措施）之间多风险因素耦合作用下产生的后果。按照风险耦合理论,风险因素越多,风险因素之间相对发生耦合的概率越高,诱发事故的可能性越大。综合作业条件和人员自身危险性参与耦合风险因素的数目和概率。事故的发生不存在风险因素耦合的概率为0,必然存在耦合的概率为1。考虑到一个事故的发生,绝对不存在风险因素耦合是不确切的,即耦合概率为0情况不确切。所以,风险因素发生耦合概率分为耦合概率低、耦合概率中、耦合概率较高、耦合概率高四个等级,将风险因素耦合概率低作为"打分"参考点,定其分数值为1,耦合概率高的分值规定为6。耦合概率评价标准见附表12。

附表 12　耦合概率评价标准

风险因素发生耦合概率	定性描述	赋值
耦合概率低	弱耦合,存在一个风险因素,以及在管理疏漏情况下,风险因素可能产生的因果关系中其他风险因素可能发生的极端结果和人员自身危险性低或中的耦合	1
耦合概率中	中耦合,存在一个风险因素,以及在管理疏漏情况下,风险因素可能产生的因果关系中其他风险因素发生的极端结果和人员自身危险性高的耦合;或存在两个或两个以上风险因素,以及在管理疏漏情况下,风险因素可能产生的因果关系中其他风险因素发生的极端结果和人员自身危险性低的耦合	2
耦合概率较高	强耦合,存在两个或两个以上风险因素,以及在管理疏漏情况下,风险因素可能产生的因果关系中其他风险因素发生的极端结果和人员自身危险性中的耦合	3
耦合概率高	极强耦合,存在两个或两个以上风险因素,以及在管理疏漏情况下,风险因素可能产生的因果关系中其他风险因素发生的极端结果和人员自身危险性高的耦合	6

（4）施工条件异常状态可能引发事故后果严重程度评价标准

施工条件异常状态可能引发事故后果严重程度（severity,S）评价标准见附表7。

例6　电梯井口防护栏杆未固定,周围无人作业。

电梯井口属于关键部位,电梯井口防护栏杆未固定,存在作业人员擅自移动防护栏杆的可能,属于关键部位安全措施存在缺陷,经查附表6,W取值为6;作业人员经过或在电梯井口边上作业存在精力不集中的可能,属于人员自身危险性中,经查附表11,H取值为3;

防护栏杆被移走使得电梯井口无防护和作业人员精力不集中,两个风险因素一旦发生耦合,极易造成作业人员坠落电梯井的风险,属于存在一个风险因素,以及在管理疏漏情况下,风险因素可能产生的因果关系中其他风险因素发生的极端结果和人员自身危险性中的耦合,即耦合概率为低,经查附表12,耦合概率 C 取值为1,引起的后果是1人高处坠落死亡,经查附表7,S 取值为3。$R_2=W(6) \times H(3) \times C(1) \times S(3)=54$,查找风险等级判定见附表10,属于一般风险。

例 7　电梯井口无防护栏杆,作业人员正在进行砌筑作业且无采取任何保护措施。

电梯井口属于关键部位,电梯井口无防护栏杆,属于关键部位安全措施缺失,经查附表6,W 取值为6;作业人员正在电梯井口边上进行作业,且无采取任何保护措施,属于人员自身危险性高,经查附表11,H 取值为6;电梯井口无防护和作业人员正在电梯井口边上进行作业且未采取任何保护措施,两个风险因素一旦发生耦合,极易造成作业人员坠落电梯井的风险,属于存在一个风险因素,以及在管理疏漏情况下,产生的因果关系中其他风险因素可能发生的极端结果和人员自身危险性高的耦合,经查附表12,耦合概率 C 取值为2,引起的后果是1人高处坠落死亡,经查附表7,S 取值为3。$R_2=W(6) \times H(6) \times C(2) \times S(3)=216$,查找风险等级判定见附表10,属于较大风险。

例 8　作业人员违规穿越施工现场起重吊装作业警戒区。

作业人员违规穿越施工现场起重吊装作业警戒区,使人员短时间内处于交叉作业环境,属于施工条件风险可能性高,经查附表6,W 取值为6;作业人员违规穿越吊装区域,属于作业行为严重违规,经查附表11,H 取值为6;起重吊装作业存在物体坠落风险和人员违规穿越处于交叉作业环境,两个风险因素一旦发生耦合,存在起重吊装坠物伤人引发死亡事故的风险,属于存在一个风险因素,以及在管理疏漏情况下,风险因素可能产生的因果关系中其他风险因素发生的极端结果和人员自身危险性高的耦合,经查附表12,耦合概率 C 取值为2,可能造成一般事故,经查附表7,S 取值为3。$R_2=W(6) \times H(6) \times C(2) \times S(3)=216$,查找风险等级判定见附表10,属于较大风险。

例 9　施工现场起重吊装作业未设置警戒线。

起重吊装作业未设置警戒线属安全措施不到位,施工条件风险可能性高,未设置警戒线可能存在人员穿越吊装区域形成人员短时间内处于交叉作业环境,施工条件风险可能性中,经查附表6,W 取值为6;未见人员进入但存在作业人员穿越起重吊装作业区域的可能,属于人员自身危险性为中,经查附表11,H 取值为3;起重吊装作业存在物体坠落风险和人员可能违规穿越处于交叉作业环境,两个风险因素一旦发生耦合,存在起重吊装坠物伤人引发死亡事故的风险,属于存在一个风险因素,以及在管理疏漏情况下,风险因素可能产生的因果关系中其他风险因素发生的极端结果和人员自身危险性中的耦合,即耦合概率为低,经查附表12,耦合概率 C 取值为1,可能造成一般事故,经查附表7,S 取值为3,$R_2=W(6) \times H(3) \times C(1) \times S(3)=54$,查找风险等级判定见附表10,属于一般风险。

附录二　住房和城乡建设部关于印发《房屋市政工程生产安全重大事故隐患判定标准（2022 版）》的通知

各省、自治区住房和城乡建设厅，直辖市住房和城乡建设（管）委，新疆生产建设兵团住房和城乡建设局，山东省交通运输厅：

现将《房屋市政工程生产安全重大事故隐患判定标准（2022 版）》（以下简称《判定标准》）印发给你们，请认真贯彻执行。

各级住房和城乡建设主管部门要把重大风险隐患当成事故来对待，将《判定标准》作为监管执法的重要依据，督促工程建设各方依法落实重大事故隐患排查治理主体责任，准确判定、及时消除各类重大事故隐患。要严格落实重大事故隐患排查治理挂牌督办等制度，着力从根本上消除事故隐患，牢牢守住安全生产底线。

住房和城乡建设部

2022 年 4 月 19 日

附件：

房屋市政工程生产安全重大事故隐患判定标准（2022 版）

第一条　为准确认定、及时消除房屋建筑和市政基础设施工程生产安全重大事故隐患，有效防范和遏制群死群伤事故发生，根据《中华人民共和国建筑法》《中华人民共和国安全生产法》《建设工程安全生产管理条例》等法律和行政法规，制定本标准。

第二条　本标准所称重大事故隐患，是指在房屋建筑和市政基础设施工程（以下简称房屋市政工程）施工过程中，存在的危害程度较大、可能导致群死群伤或造成重大经济损失的生产安全事故隐患。

第三条　本标准适用于判定新建、扩建、改建、拆除房屋市政工程的生产安全重大事故隐患。

县级及以上人民政府住房和城乡建设主管部门和施工安全监督机构在监督检查过程中可依照本标准判定房屋市政工程生产安全重大事故隐患。

第四条　施工安全管理有下列情形之一的，应判定为重大事故隐患：

（一）建筑施工企业未取得安全生产许可证擅自从事建筑施工活动；

（二）施工单位的主要负责人、项目负责人、专职安全生产管理人员未取得安全生产考核合格证书从事相关工作；

（三）建筑施工特种作业人员未取得特种作业人员操作资格证书上岗作业；

（四）危险性较大的分部分项工程未编制、未审核专项施工方案，或未按规定组织专家对"超过一定规模的危险性较大的分部分项工程范围"的专项施工方案进行论证。

第五条 基坑工程有下列情形之一的,应判定为重大事故隐患:

(一)对因基坑工程施工可能造成损害的毗邻重要建筑物、构筑物和地下管线等,未采取专项防护措施;

(二)基坑土方超挖且未采取有效措施;

(三)深基坑施工未进行第三方监测;

(四)有下列基坑坍塌风险预兆之一,且未及时处理:

1. 支护结构或周边建筑物变形值超过设计变形控制值;

2. 基坑侧壁出现大量漏水、流土;

3. 基坑底部出现管涌;

4. 桩间土流失孔洞深度超过桩径。

第六条 模板工程有下列情形之一的,应判定为重大事故隐患:

(一)模板工程的地基基础承载力和变形不满足设计要求;

(二)模板支架承受的施工荷载超过设计值;

(三)模板支架拆除及滑模、爬模爬升时,混凝土强度未达到设计或规范要求。

第七条 脚手架工程有下列情形之一的,应判定为重大事故隐患:

(一)脚手架工程的地基基础承载力和变形不满足设计要求;

(二)未设置连墙件或连墙件整层缺失;

(三)附着式升降脚手架未经验收合格即投入使用;

(四)附着式升降脚手架的防倾覆、防坠落或同步升降控制装置不符合设计要求、失效、被人为拆除破坏;

(五)附着式升降脚手架使用过程中架体悬臂高度大于架体高度的2/5或大于6米。

第八条 起重机械及吊装工程有下列情形之一的,应判定为重大事故隐患:

(一)塔式起重机、施工升降机、物料提升机等起重机械设备未经验收合格即投入使用,或未按规定办理使用登记;

(二)塔式起重机独立起升高度、附着间距和最高附着以上的最大悬高及垂直度不符合规范要求;

(三)施工升降机附着间距和最高附着以上的最大悬高及垂直度不符合规范要求;

(四)起重机械安装、拆卸、顶升加节以及附着前未对结构件、顶升机构和附着装置以及高强度螺栓、销轴、定位板等连接件及安全装置进行检查;

（五）建筑起重机械的安全装置不齐全、失效或者被违规拆除、破坏；

（六）施工升降机防坠安全器超过定期检验有效期，标准节连接螺栓缺失或失效；

（七）建筑起重机械的地基基础承载力和变形不满足设计要求。

第九条　高处作业有下列情形之一的，应判定为重大事故隐患：

（一）钢结构、网架安装用支撑结构地基基础承载力和变形不满足设计要求，钢结构、网架安装用支撑结构未按设计要求设置防倾覆装置；

（二）单榀钢桁架（屋架）安装时未采取防失稳措施；

（三）悬挑式操作平台的搁置点、拉结点、支撑点未设置在稳定的主体结构上，且未做可靠连接。

第十条　施工临时用电方面，特殊作业环境（隧道、人防工程，高温、有导电灰尘、比较潮湿等作业环境）照明未按规定使用安全电压的，应判定为重大事故隐患。

第十一条　有限空间作业有下列情形之一的，应判定为重大事故隐患：

（一）有限空间作业未履行"作业审批制度"，未对施工人员进行专项安全教育培训，未执行"先通风、再检测、后作业"原则；

（二）有限空间作业时现场未有专人负责监护工作。

第十二条　拆除工程方面，拆除施工作业顺序不符合规范和施工方案要求的，应判定为重大事故隐患。

第十三条　暗挖工程有下列情形之一的，应判定为重大事故隐患：

（一）作业面带水施工未采取相关措施，或地下水控制措施失效且继续施工；

（二）施工时出现涌水、涌沙、局部坍塌，支护结构扭曲变形或出现裂缝，且有不断增大趋势，未及时采取措施。

第十四条　使用危害程度较大、可能导致群死群伤或造成重大经济损失的施工工艺、设备和材料，应判定为重大事故隐患。

第十五条　其他严重违反房屋市政工程安全生产法律法规、部门规章及强制性标准，且存在危害程度较大、可能导致群死群伤或造成重大经济损失的现实危险，应判定为重大事故隐患。

第十六条　本标准自发布之日起执行。